U0223592

国家出版基金资助项目

现代数学中的著名定理纵横谈丛书
丛书主编　王梓坤

PARSEVAL EQUALITY

Parseval等式

刘培杰数学工作室　编

内容简介

本书分为15章,从一道北大金秋营不等式问题谈起,详细介绍了帕塞瓦尔恒等式的相关基础理论,以及这个等式在多个数学学科中的应用及其与小波变换的关系.

本书可供大、中学生、数学教师及初、高等数学研究人员参考使用.

图书在版编目(CIP)数据

Parseval等式/刘培杰数学工作室编.—哈尔滨:哈尔滨工业大学出版社,2018.2

(现代数学中的著名定理纵横谈丛书)

ISBN 978-7-5603-7240-2

Ⅰ.①P… Ⅱ.①刘… Ⅲ.①恒等式 Ⅳ.①O1

中国版本图书馆CIP数据核字(2018)第018915号

策划编辑 刘培杰 张永芹
责任编辑 刘春雷
封面设计 孙茵艾
出版发行 哈尔滨工业大学出版社
社　　址 哈尔滨市南岗区复华四道街10号 邮编150006
传　　真 0451-86414749
网　　址 http://hitpress.hit.edu.cn
印　　刷 哈尔滨市石桥印务有限公司
开　　本 787mm×960mm 1/16 印张17.75 字数183千字
版　　次 2018年2月第1版 2018年2月第1次印刷
书　　号 ISBN 978-7-5603-7240-2
定　　价 88.00元

代序

读书的乐趣

你最喜爱什么——书籍.

你经常去哪里——书店.

你最大的乐趣是什么——读书.

这是友人提出的问题和我的回答.真的,我这一辈子算是和书籍,特别是好书结下了不解之缘.有人说,读书要费那么大的劲,又发不了财,读它做什么?我却至今不悔,不仅不悔,反而情趣越来越浓.想当年,我也曾爱打球,也曾爱下棋,对操琴也有兴趣,还登台伴奏过.但后来却都一一断交,“终身不复鼓琴”.那原因便是怕花费时间,玩物丧志,误了我的大事——求学.这当然过激了一些.剩下来唯有读书一事,自幼至今,无日少废,谓之书痴也可,谓之书橱也可,管它呢,人各有志,不可相强.我的一生大志,便是教书,而当教师,不多读书是不行的.

读好书是一种乐趣,一种情操;一种向全世界古往今来的伟人和名人求教的方法，一种和他们展开讨论的方式；一封出席各种活动、体验各种生活、结识各种人物的邀请信；一张迈进科学宫殿和未知世界的入场券；一股改造自己、丰富自己的强大力量．书籍是全人类有史以来共同创造的财富，是永不枯竭的智慧的源泉．失意时读书，可以使人重整旗鼓；得意时读书，可以使人头脑清醒；疑难时读书，可以得到解答或启示；年轻人读书，可明奋进之道；年老人读书，能知健神之理．浩浩乎！洋洋乎！如临大海，或波涛汹涌，或清风微拂，取之不尽，用之不竭．吾于读书，无疑义矣，三日不读，则头脑麻木，心摇摇无主．

潜能需要激发

我和书籍结缘，开始于一次非常偶然的机会．大概是八九岁吧，家里穷得揭不开锅，我每天从早到晚都要去田园里帮工．一天，偶然从旧木柜阴湿的角落里，找到一本蜡光纸的小书，自然很破了．屋内光线暗淡，又是黄昏时分，只好拿到大门外去看．封面已经脱落，扉页上写的是《薛仁贵征东》．管它呢，且往下看．第一回的标题已忘记，只是那首开卷诗不知为什么至今仍记忆犹新：

日出遥遥一点红，飘飘四海影无踪．

三岁孩童千两价，保主跨海去征东．

第一句指山东，二、三两句分别点出薛仁贵(雪、人贵)．那时识字很少，半看半猜，居然引起了我极大的兴趣，同时也教我认识了许多生字．这是我有生以来独立看的第一本书．尝到甜头以后，我便千方百计去找书，向小朋友借，到亲友家找，居然断断续续看了《薛丁山征西》《彭公案》《二度梅》等，樊梨花便成了我心中的女英雄.我真入迷了.从此,放牛也罢,车水也罢,我总要带一本书,还练出了边走田间小路边读书的本领,读得津津有味,不知人间别有他事.

当我们安静下来回想往事时,往往会发现一些偶然的小事却影响了自己的一生.如果不是找到那本《薛仁贵征东》,我的好学心也许激发不起来.我这一生,也许会走另一条路.人的潜能,好比一座汽油库,星星之火,可以使它雷声隆隆、光照天地;但若少了这粒火星,它便会成为一潭死水,永归沉寂.

抄,总抄得起

好不容易上了中学,做完功课还有点时间,便常光顾图书馆.好书借了实在舍不得还,但买不到也买不起,便下决心动手抄书.抄,总抄得起.我抄过林语堂写的《高级英文法》,抄过英文的《英文典大全》,还抄过《孙子兵法》,这本书实在爱得狠了,竟一口气抄了两份.人们虽知抄书之苦,未知抄书之益,抄完毫末俱见,一览无余,胜读十遍.

始于精于一,返于精于博

关于康有为的教学法,他的弟子梁启超说:"康先生之教,专标专精、涉猎二条,无专精则不能成,无涉猎则不能通也."可见康有为强烈要求学生把专精和广博(即"涉猎")相结合.

在先后次序上,我认为要从精于一开始.首先应集中精力学好专业,并在专业的科研中做出成绩,然后逐步扩大领域,力求多方面的精.年轻时,我曾精读杜布(J. L. Doob)的《随机过程论》,哈尔莫斯(P. R. Halmos)的《测度论》等世界数学名著,使我终身受益.简言之,即"始于精于一,返于精于博".正如中国革命一样,必须先有一块根据地,站稳后再开创几块,最后连成一片.

丰富我文采,澡雪我精神

辛苦了一周,人相当疲劳了,每到星期六,我便到旧书店走走,这已成为生活中的一部分,多年如此.一次,偶然看到一套《纲鉴易知录》,编者之一便是选编《古文观止》的吴楚材.这部书提纲挈领地讲中国历史,上自盘古氏,直到明末,记事简明,文字古雅,又富于故事性,便把这部书从头到尾读了一遍.从此启发了我读史书的兴趣.

我爱读中国的古典小说,例如《三国演义》和《东周列国志》.我常对人说,这两部书简直是世界上政治阴谋诡计大全.即以近年来极时髦的人质问题(伊朗人质、劫机人质等),这些书中早就有了,秦始皇的父亲便是受害者,堪称"人质之父".

《庄子》超尘绝俗,不屑于名利.其中"秋水""解牛"诸篇,诚绝唱也.《论语》束身严谨,勇于面世,"己所不欲,勿施于人",有长者之风.司马迁的《报任少卿书》,读之我心两伤,既伤少卿,又伤司马;我不知道少卿是否收到这封信,希望有人做点研究.我也爱读鲁迅的杂文,果戈理、梅里美的小说.我非常敬重文天祥、秋瑾的人品,常记他们的诗句:"人生自古谁无死,留取丹心照汗青""休言女子非英物,夜夜龙泉壁上鸣".唐诗、宋词、《西厢记》《牡丹亭》,丰富我文采,澡雪我精神,其中精粹,实是人间神品.

读了邓拓的《燕山夜话》,既叹服其广博,也使我动了写《科学发现纵横谈》的心.不料这本小册子竟给我招来了上千封鼓励信.以后人们便写出了许许多多的“纵横谈”.

从学生时代起,我就喜读方法论方面的论著.我想,做什么事情都要讲究方法,追求效率、效果和效益,方法好能事半而功倍.我很留心一些著名科学家、文学家写的心得体会和经验.我曾惊讶为什么巴尔扎克在51年短短的一生中能写出上百本书,并从他的传记中去寻找答案.文史哲和科学的海洋无边无际,先哲们的明智之光沐浴着人们的心灵,我衷心感谢他们的恩惠.

读书的另一面

以上我谈了读书的好处,现在要回过头来说说事情的另一面.

读书要选择.世上有各种各样的书:有的不值一看,有的只值看20分钟,有的可看5年,有的可保存一辈子,有的将永远不朽.即使是不朽的超级名著,由于我们的精力与时间有限,也必须加以选择.决不要看坏书,对一般书,要学会速读.

读书要多思考.应该想想,作者说得对吗?完全吗?适合今天的情况吗?从书本中迅速获得效果的好办法是有的放矢地读书,带着问题去读,或偏重某一方面去读.这时我们的思维处于主动寻找的地位,就像猎人追找猎物一样主动,很快就能找到答案,或者发现书中的问题.

有的书浏览即止,有的要读出声来,有的要心头记住,有的要笔头记录.对重要的专业书或名著,要勤做笔记,“不动笔墨不读书”.动脑加动手,手脑并用,既可加深理解,又可避忘备查,特别是自己的灵感,更要及时抓住.清代章学诚在《文史通义》中说:“札记之功必不可少,如不札记,则无穷妙绪如雨珠落大海矣.”

许多大事业、大作品,都是长期积累和短期突击相结合的产物.涓涓不息,将成江河;无此涓涓,何来江河?

爱好读书是许多伟人的共同特性,不仅学者专家如此,一些大政治家、大军事家也如此.曹操、康熙、拿破仑、毛泽东都是手不释卷,嗜书如命的人.他们的巨大成就与毕生刻苦自学密切相关.

王梓坤

◎

目录

第1章 从一道北大金秋营不等式问题谈起

2014 年北京大学数学科学学院举办的中学生数学金秋营中有如下试题:

例 1.1 设 $a_i,b_i,c_i\in\mathbf{R},i=1,2,3,4$,且满足

$$\sum_{i=1}^{4}a_i^2=1,\sum_{i=1}^{4}b_i^2=1,\sum_{i=1}^{4}c_i^2=1$$

$$\sum_{i=1}^{4}a_ib_i=0,\sum_{i=1}^{4}c_ib_i=0,\sum_{i=1}^{4}a_ic_i=0$$

求证

$$a_1^2+b_1^2+c_1^2\leqslant 1$$

这道题对于掌握过一些大学知识的高中生来讲并不难,北京大学数学科学学院的韩京俊从这道试题出发,介绍了更为一般的数学知识. 我们先来看一种基于线性代数的证明.

证法 1 考虑矩阵 $\boldsymbol{A}=(a_{ij})_{1\leqslant i,j\leqslant 4}$,其中 $a_{1j}=a_j,a_{2j}=b_j,a_{3j}=c_j,1\leqslant j\leqslant 4$, $a_{41}=1,a_{4j}=0$,则

$$0 \leqslant (\det \boldsymbol{A})^2 = \det(\boldsymbol{A}\boldsymbol{A}^{\mathrm{T}})$$
$$= 1 - (a_1^2 + b_1^2 + c_1^2)$$

将矩阵求行列式后，这一证明完全可以抹掉线性代数的痕迹，得到“天书”般的证明

$$0 \leqslant (a_2b_3c_4 - a_2c_3b_4 + b_2c_3a_4 - b_2a_3c_4 + c_2a_3b_4 - c_2b_3a_4)^2$$
$$= 1 - (a_1^2 + b_1^2 + c_1^2)$$

当然，对于不熟悉线性代数的读者而言，上述证明也仅限于“欣赏”.

韩京俊又介绍了一种具有几何背景的证明.

证法 2 将欲证命题改写一下，设 $\boldsymbol{a} = (a_1, a_2, a_3, a_4)$，$\boldsymbol{b} = (b_1, b_2, b_3, b_4)$，$\boldsymbol{c} = (c_1, c_2, c_3, c_4)$，$\boldsymbol{d} = (1, 0, 0, 0)$. 那么，原命题等价于当 $|\boldsymbol{a}| = 1$，$|\boldsymbol{b}| = 1$，$|\boldsymbol{c}| = 1$，$|\boldsymbol{d}| = 1$，$\boldsymbol{a} \cdot \boldsymbol{b} = 0$，$\boldsymbol{c} \cdot \boldsymbol{b} = 0$，$\boldsymbol{a} \cdot \boldsymbol{c} = 0$ 时，证明

$$(\boldsymbol{a} \cdot \boldsymbol{d})^2 + (\boldsymbol{b} \cdot \boldsymbol{d})^2 + (\boldsymbol{c} \cdot \boldsymbol{d})^2 \leqslant \boldsymbol{d} \cdot \boldsymbol{d}$$

从几何的角度看，譬如对于内积 $\boldsymbol{a} \cdot \boldsymbol{d} = |\boldsymbol{a}||\boldsymbol{d}| \cdot \cos\alpha$，其中 α 是向量 $\boldsymbol{a}$ 与 $\boldsymbol{d}$ 的夹角. 因为 $\boldsymbol{d}$ 是单位向量，因此 $\boldsymbol{a} \cdot \boldsymbol{d}$ 为向量 $\boldsymbol{a}$ 在单位向量 $\boldsymbol{d}$ 方向上投影的长度，这一长度有刚才提到的几何意义，不会因为坐标轴做旋转变换而改变，类似的 $\boldsymbol{b} \cdot \boldsymbol{d}$，$\boldsymbol{c} \cdot \boldsymbol{d}$，$\boldsymbol{d} \cdot \boldsymbol{d}$ 也有这样的性质. 所以我们可以适当地旋转坐标轴，使得 $\boldsymbol{a}$，$\boldsymbol{b}$，$\boldsymbol{c}$ 在新的坐标轴下的坐标分别为 $(1,0,0,0)$，$(0,1,0,0)$，$(0,0,1,0)$，设此时 $\boldsymbol{d}$ 的坐标为 (x,y,z,w)，则 $x^2 + y^2 + z^2 + w^2 = 1$. 原命题等价于 $x^2 + y^2 + z^2 \leqslant 1$，这是显然的.

能用向量法证明的竞赛题很多，后面我们会继续

讨论.让我们回到原来的问题.上述证明默认了一些事实,还需要一些几何上的观察.下面再来介绍一种分析上的证明,其实质也可看作将之前的证明严格化.

证法3　为方便起见,我们分别用 a,b,c,d 代替 $\boldsymbol{a},\boldsymbol{b},\boldsymbol{c},\boldsymbol{d},\boldsymbol{a}\cdot\boldsymbol{d}$ 等简记为 (a,d) 等,则有

$$\begin{aligned}0&\leqslant|d-(d,a)a-(d,b)b-(d,c)c|^2\\&=(d,d)+(d,a)^2(a,a)+(d,b)^2(b,b)+\\&\quad(d,c)^2(c,c)-2(d,a)^2-2(d,b)^2-2(d,c)^2\\&=(d,d)-(d,a)^2-(d,b)^2-(d,c)^2\end{aligned}$$

移项后即知命题成立.

由我们给出的证明知:如果 a,b,c,d 是三维向量,那么命题中的不等式实际成为了等式.

用上面完全一样的方法我们可以证明下面的问题.

例 1.2　(1)(2008 年 IMO 中国国家队培训题)已知 n 元实数组 $a=(a_1,a_2,\cdots,a_n)$,$b=(b_1,b_2,\cdots,b_n)$,$c=(c_1,c_2,\cdots,c_n)$满足

$$\begin{cases}a_1^2+a_2^2+\cdots+a_n^2=1\\b_1^2+b_2^2+\cdots+b_n^2=1\\c_1^2+c_2^2+\cdots+c_n^2=1\\b_1c_1+b_2c_2+\cdots+b_nc_n=0\end{cases}$$

求证

$$(b_1a_1+b_2a_2+\cdots+b_na_n)^2+(a_1c_1+a_2c_2+\cdots+a_nc_n)^2\leqslant1$$

(2)(2007 年罗马尼亚数学奥林匹克)已知 $\boldsymbol{a}=(a_1,a_2,\cdots,a_n)$,$\boldsymbol{b}=(b_1,b_2,\cdots,b_n)\in\mathbf{R}^n$,满足

Parseval 等式

$$\sum_{i=1}^{n} a_i^2 = \sum_{i=1}^{n} b_i^2 = 1, \sum_{i=1}^{n} a_i b_i = 0$$

求证

$$(\sum_{i=1}^{n} a_i)^2 + (\sum_{i=1}^{n} b_i)^2 \leqslant n$$

证明 对于(1),由

$$0 \leqslant |a-(a,b)b-(a,c)c|^2$$

展开即得

$$(a,b)^2+(a,c)^2 \leqslant 1$$

对于(2),设 $c=(1,1,\cdots,1)$,类似的由

$$0 \leqslant |c-(a,c)a-(b,c)b|^2$$

展开即知命题成立.

用这一方法可以编出许多道类似的试题,随着维数的增加,用其他方法就变得越发难以直接证明.

注意到上述证明中我们仅仅用到了欧氏空间的一些简单的内积性质,抽象出来我们可定义所谓的内积空间.

R 上的线性空间 X 中的一个双线性函数$(\cdot,\cdot)$: $X \times X \to \mathbf{R}$ 称为是一个内积,若它满足:

(1) $(x,y)=(y,x)$, $\forall x,y \in X$(对称性);

(2) $(x,x) \geqslant 0$, $\forall x \in X$; $(x,x)=0$ 当且仅当 $x=0$(正定性).

我们记 $|x|=\sqrt{(x,x)}$.

具有内积的空间称为内积空间.

对于 **C** 上的线性空间,其若为内积空间,我们需将第一条改为 $(x,y)=\overline{(y,x)}$, $\forall x,y \in X$.

欧氏空间 $\mathbf{R}^n$ 显然是内积空间，另外平方可积函数 $\int_{\mathbf{R}} f^2 \mathrm{d}x < +\infty$（记作 $f \in L^2(\mathbf{R})$）也构成内积空间，其内积定义为

$$(u,v) = \int_{\mathbf{R}} u(x)v(x)\mathrm{d}x$$

其中 $u,v \in L^2(\mathbf{R})$.

从而，下面关于内积空间的结论对于欧氏空间 $\mathbf{R}^n$ 以及平方可积空间 L^2 都成立.

我们之前的证明可以毫无难度地用来证明如下结论.

定理 1.1（贝塞尔（Bessel）不等式）　设 X 是一个内积空间，如果 $\boldsymbol{e}_i$ 是单位向量（即 $(\boldsymbol{e}_i,\boldsymbol{e}_i)=1$，且 $(\boldsymbol{e}_i,\boldsymbol{e}_j)=0$），对任意 $\boldsymbol{x} \in X$ 有

$$\sum |(\boldsymbol{x},\boldsymbol{e}_i)|^2 \leqslant \|\boldsymbol{x}\|^2$$

事实上，我们有

$$\|\boldsymbol{x}\|^2 - \sum |(\boldsymbol{x},\boldsymbol{e}_i)|^2 = \left\|\boldsymbol{x} - \sum (\boldsymbol{x},\boldsymbol{e}_i)\boldsymbol{e}_i\right\|^2$$

上述等式的几何意义是较为明显的. 进一步，这里的下标 i 还可以改为指标集 A. 等号成立当且仅当 $\boldsymbol{e}_i$ 构成 X 的一组基，也即

$$\forall \boldsymbol{x} \in X, \boldsymbol{x} = \sum (\boldsymbol{x},\boldsymbol{e}_i)\boldsymbol{e}_i$$

此式称为帕塞瓦尔（Parseval）等式. 值得指出的是帕塞瓦尔等式在傅里叶（Fourier）分析等领域有广泛应用.

欧氏空间 $\mathbf{R}^n$ 中 $\boldsymbol{e}_1=(1,0,\cdots,0),\cdots,\boldsymbol{e}_n=(0,\cdots,0,1)$ 构成 $\mathbf{R}^n$ 的一组基，因此贝塞尔不等式变为帕塞瓦尔等式. 可以看出我们之前给出的证明有着较为深刻的背景和更为一般化的结论.

利用帕塞瓦尔等式还可解决许多竞赛试题,如:

例 1.3 (第 14 届国际大学生数学竞赛(保加利亚,2007))设 $P(z)$ 是整系数多项式,且对于任意模为 1 的复数 z,$|P(z)|\leqslant 2$. 请问:$P(z)$ 可能有多少个非零的系数?

解 我们将证明非零系数的个数可以是 0,1 和 2. 这些值都是可能的. 例如,多项式 $P_0(z)=0$,$P_1(z)=1$ 和 $P_2(z)=1+z$ 满足条件,且分别有 0,1 和 2 个非零系数.

现在考虑满足条件的任意多项式 $P(z)=a_0+a_1z+\cdots+a_nz^n$,且假设其至少有 2 个非零系数. 用 z 的某个幂除以多项式,并在必要时用 $-p(z)$ 替代 $p(z)$,我们可以得到 $a_0>0$,使得条件仍然满足,且非零项的个数保持不变. 因此,不失一般性,我们可以假设 $a_0>0$.

令 $Q(z)=a_1z+\cdots+a_{n-1}z^{n-1}$. 我们的目标是证明 $Q(z)=0$.

考虑单位圆周上满足 $a_nw_k^n=|a_n|$ 的复数 w_0,$w_1,\cdots,w_{n-1}$,即令

$$w_k=\begin{cases}e^{2k\pi i/n}, a_n>0\\ e^{(2k+1)\pi i/n}, a_n<0\end{cases}\quad (k=0,1,\cdots,n)$$

注意到

$$\sum_{k=0}^{n-1}Q(w_k)=\sum_{k=0}^{n-1}Q(w_0e^{2k\pi i/n})=\sum_{j=1}^{n-1}a_jw_0^j\sum_{k=0}^{n-1}(e^{2j\pi i/n})^k=0$$

利用多项式 $P(z)$ 在点 w_k 上的平均值,我们得到

$$\frac{1}{n}\sum_{k=0}^{n-1}P(w_k)=\frac{1}{n}\sum_{k=0}^{n-1}(a_0+Q(w_k)+a_nw_k^n)=a_0+|a_n|$$

和

$$2 \geqslant \frac{1}{n}\sum_{k=0}^{n-1} |P(w_k)| \geqslant \left|\frac{1}{n}\sum_{k=0}^{n-1} P(w_k)\right| = a_0 + |a_n| \geqslant 2$$

显然，这表明 $a_0 = |a_n| = 1$，且对所有的 k，有 $|P(w_k)| = |2 + Q(w_k)| = 2$. 因此，$Q(w_k)$ 的所有值必位于圆周 $|2+z| = 2$ 上，且它们的和为 0. 这只有在 $Q(w_k) = 0(\forall k)$ 时才有可能. 所以多项式 $Q(z)$ 至少有 n 个不同的根，而它的次数至多为 $n-1$，因此，$Q(z) = 0$，而 $P(z) = a_0 + a_n z^n$ 只有两个非零的系数.

注　利用帕塞瓦尔等式（即在单位圆周上对 $|P(z)|^2 = P(z)\overline{P(z)}$ 积分），可以得到

$$\begin{aligned} |a_0|^2 + \cdots + |a_n|^2 &= \frac{1}{2\pi}\int_0^{2\pi} |P(\mathrm{e}^{\mathrm{i}t})|^2 \mathrm{d}t \\ &\leqslant \frac{1}{2\pi}\int_0^{2\pi} 4\mathrm{d}t = 4 \qquad (*) \end{aligned}$$

因此，不可能有多于 4 个非零的系数，且若有多于一个非零的项，则它们的系数为 ± 1.

容易看出式（*）中等号成立时不可能有两个或更多的非零系数，因此只需考虑形如 $1 \pm x^m \pm x^n$ 的多项式. 然而，我们尚不知道是否有比上述证明更简单的方法.

帕塞瓦尔等式最先应用于傅里叶级数中：

设 f 是周期为 2π 的函数，在 $[-\pi,\pi]$ 上可积与绝对可积，f 的傅里叶系数为

$$a_n = \frac{1}{\pi}\int_{-\pi}^{\pi} f(x)\cos nx\mathrm{d}x \quad (n = 0,1,2,\cdots)$$

$$b_n = \frac{1}{\pi}\int_{-\pi}^{\pi} f(x)\sin nx\mathrm{d}x \quad (n = 1,2,\cdots)$$

f 的傅里叶展开式为

$$f(x) \sim \frac{a_0}{2} + \sum_{n=1}^{\infty}(a_n\cos nx + b_n\sin nx)$$

若 f 在 x_0 处有两个有限的广义单侧导数

$$\lim_{t\to 0^+}\frac{f(x_0+t)-f(x_0+0)}{t}$$

$$\lim_{t\to 0^-}\frac{f(x_0-t)-f(x_0-0)}{-t}$$

则 f 的傅里叶级数在 x_0 处收敛于 $\frac{1}{2}(f(x_0+0)+f(x_0-0))$，即

$$\frac{a_0}{2} + \sum_{n=1}^{\infty}(a_n\cos nx_0 + b_n\sin nx_0)$$
$$= \frac{1}{2}(f(x_0+0)+f(x_0-0))$$

如果取某个特殊的 x_0，就可以得到特殊的级数和.

对 $[-\pi,\pi]$ 上的可积和平方可积函数 f，有帕塞瓦尔等式

$$\frac{a_0^2}{2} + \sum_{n=1}^{\infty}(a_n^2+b_n^2) = \frac{1}{\pi}\int_{-\pi}^{\pi}f^2(x)\,\mathrm{d}x$$

利用这个等式，又可以得到一些特殊级数的和. 下面举几个例子.

例 1.4 将 $f(x)=x(-\pi<x<\pi)$ 延拓为 $(-\infty,+\infty)$ 上的以 2π 为周期的函数，使 $f(-\pi)=f(\pi)=\frac{f(-\pi+0)+f(\pi-0)}{2}=0$. 求 f 的傅里叶展开式，并求证

$$\sum_{n=1}^{\infty}\frac{(-1)^{n-1}}{n^2}=\frac{\pi^2}{12},\sum_{n=1}^{\infty}\frac{1}{n^2}=\frac{\pi^2}{6}$$

$$\sum_{n=1}^{\infty}\frac{(-1)^{n-1}}{n^4}=\frac{7\pi^4}{720},\sum_{n=1}^{\infty}\frac{1}{n^4}=\frac{\pi^4}{90}$$

证明　因为$f(x)$为奇函数,所以

$$a_n=\frac{1}{\pi}\int_{-\pi}^{\pi}f(x)\cos nx\mathrm{d}x=0\quad(n=0,1,2,\cdots)$$

$$\begin{aligned}b_n&=\frac{1}{\pi}\int_{-\pi}^{\pi}f(x)\sin nx\mathrm{d}x\\&=\frac{2}{\pi}\int_{0}^{\pi}f(x)\sin nx\mathrm{d}x=\frac{2}{\pi}\int_{0}^{\pi}x\sin nx\mathrm{d}x\\&=\frac{2}{\pi}\left(x\frac{-\cos nx}{n}\Big|_0^{\pi}+\frac{1}{n}\int_0^{\pi}\cos nx\mathrm{d}x\right)\\&=\frac{2(-1)^{n+1}}{n}+\frac{2}{n\pi}\frac{\sin nx}{n}\Big|_0^{\pi}\\&=(-1)^{n+1}\frac{2}{n}\quad(n=1,2,\cdots)\end{aligned}$$

于是,f的傅里叶展开式为

$$\begin{aligned}x&=\sum_{n=1}^{\infty}(-1)^{n+1}\frac{2}{n}\sin nx\\&=2\sum_{n=1}^{\infty}\frac{(-1)^{n+1}}{n}\sin nx\quad(-\pi<x<\pi)\end{aligned}$$

$$\left(\text{或}f(x)=2\sum_{n=1}^{\infty}\frac{(-1)^{n+1}}{n}\sin nx\quad(-\infty<x<+\infty)\right)$$

应用帕塞瓦尔等式就得

$$\begin{aligned}4\sum_{n=1}^{\infty}\frac{1}{n^2}&=\frac{1}{\pi}\int_{-\pi}^{\pi}x^2\mathrm{d}x\\&=\frac{4}{\pi}\cdot\frac{x^3}{3}\Big|_{-\pi}^{\pi}=\frac{2}{3}\pi^2\end{aligned}$$

Parseval 等式

$$\sum_{n=1}^{\infty}\frac{1}{n^2}=\frac{\pi^2}{6}$$

$$又\sum_{n=1}^{\infty}\frac{1}{n^2}=\sum_{n=1}^{\infty}\frac{1}{(2n-1)^2}+\sum_{n=1}^{\infty}\frac{1}{(2n)^2}$$

$$=\sum_{n=1}^{\infty}\frac{1}{(2n-1)^2}+\frac{1}{4}\sum_{n=1}^{\infty}\frac{1}{n^2}$$

故

$$\sum_{n=1}^{\infty}\frac{1}{(2n-1)^2}=\left(1-\frac{1}{4}\right)\sum_{n=1}^{\infty}\frac{1}{n^2}$$

$$=\frac{3}{4}\cdot\frac{\pi^2}{6}=\frac{\pi^2}{8}$$

$$\sum_{n=1}^{\infty}\frac{(-1)^{n-1}}{n^2}=\sum_{n=1}^{\infty}\left(\frac{1}{(2n-1)^2}-\frac{1}{(2n)^2}\right)$$

$$=\sum_{n=1}^{\infty}\frac{1}{(2n-1)^2}-\frac{1}{4}\sum_{n=1}^{\infty}\frac{1}{n^2}$$

$$=\frac{\pi^2}{8}-\frac{1}{4}\cdot\frac{\pi^2}{6}=\frac{\pi^2}{12}$$

将$f(x)=x(-\pi<x<\pi)$的傅里叶展开式两边积分,有

$$\frac{1}{2}x^2=2\sum_{n=1}^{\infty}\frac{(-1)^{n+1}}{n}\left.\frac{-\cos nx}{n}\right|_0^x$$

$$=2\sum_{n=1}^{\infty}\frac{(-1)^n\cos nx}{n^2}+2\sum_{n=1}^{\infty}\frac{(-1)^{n+1}}{n}$$

$$(-\infty<x<+\infty)$$

令$x=\pi$,得

$$\frac{1}{2}\pi^2=2\sum_{n=1}^{\infty}\frac{(-1)^{2n}}{n^2}+2\sum_{n=1}^{\infty}\frac{(-1)^{n+1}}{n^2}$$

$$= 2\sum_{n=1}^{\infty}\frac{1+(-1)^{n+1}}{n^2}$$

$$= 4\sum_{n=1}^{\infty}\frac{1}{(2n-1)^2}$$

即又得$\sum_{n=1}^{\infty}\frac{1}{(2n-1)^2}=\frac{\pi^2}{8}$,从而

$$\sum_{n=1}^{\infty}\frac{1}{n^2}=\sum_{n=1}^{\infty}\frac{1}{(2n-1)^2}+\sum_{n=1}^{\infty}\frac{1}{(2n)^2}$$

$$=\frac{\pi^2}{8}+\frac{1}{4}\sum_{n=1}^{\infty}\frac{1}{n^2}$$

$$\left(1-\frac{1}{4}\right)\sum_{n=1}^{\infty}\frac{1}{n^2}=\frac{\pi^2}{8}$$

同样得到$\sum_{n=1}^{\infty}\frac{1}{n^2}=\frac{\pi^2}{6}$. 于是又有$\sum_{n=1}^{\infty}\frac{(-1)^{n+1}}{n^2}=\frac{\pi^2}{12}$.

代入

$$\frac{1}{2}x^2=2\sum_{n=1}^{\infty}\frac{(-1)^n}{n^2}\cos nx+2\sum_{n=1}^{\infty}\frac{(-1)^{n+1}}{n^2}$$

得

$$x^2=\frac{\pi^2}{3}+4\sum_{n=1}^{\infty}\frac{(-1)^n}{n^2}\cos nx \quad (-\pi<x<\pi)$$

两边再积分,有

$$\frac{x^3}{3}=\frac{\pi^2}{3}x+4\sum_{n=1}^{\infty}\frac{(-1)^n}{n^2}\frac{\sin nx}{n}$$

$$=\frac{\pi^2}{3}\cdot 2\sum_{n=1}^{\infty}(-1)^{n+1}\frac{\sin nx}{n}+$$

$$4\sum_{n=1}^{\infty}(-1)^n\frac{\sin nx}{n^3} \quad (-\pi<x<\pi)$$

$$x^3 = 2\pi^2 \sum_{n=1}^{\infty} \frac{(-1)^{n+1}}{n} \sin nx +$$

$$12 \sum_{n=1}^{\infty} \frac{(-1)^n}{n^3} \sin nx \quad (-\pi < x < \pi)$$

再两边积分,得

$$\frac{x^4}{4} = 2\pi^2 \sum_{n=1}^{\infty} (-1)^{n+1} \frac{1 - \cos nx}{n^2} +$$

$$12 \sum_{n=1}^{\infty} (-1)^n \frac{1 - \cos nx}{n^4} \quad (-\pi < x < \pi)$$

$$x^4 = \left(8\pi^2 \sum_{n=1}^{\infty} \frac{(-1)^{n-1}}{n^2} + 48 \sum_{n=1}^{\infty} \frac{(-1)^n}{n^4}\right) +$$

$$8\pi^2 \sum_{n=1}^{\infty} (-1)^n \frac{\cos nx}{n^2} +$$

$$48 \sum_{n=1}^{\infty} \frac{(-1)^{n+1}}{n^4} \cos nx \quad (-\pi < x < \pi)$$

其中

$$8\pi^2 \sum_{n=1}^{\infty} \frac{(-1)^{n-1}}{n^2} + 48 \sum_{n=1}^{\infty} \frac{(-1)^n}{n^4}$$

为 x^4 的傅里叶展开式的常数项,即

$$8\pi^2 \sum_{n=1}^{\infty} \frac{(-1)^{n-1}}{n^2} + 48 \sum_{n=1}^{\infty} \frac{(-1)^n}{n^4}$$

$$= \frac{1}{2\pi} \int_{-\pi}^{\pi} x^4 \mathrm{d}x = \frac{2}{2\pi} \frac{x^5}{5} \bigg|_0^{\pi} = \frac{\pi^4}{5}$$

于是

$$x^4 = \frac{\pi^4}{5} + 8\pi^2 \sum_{n=1}^{\infty} \frac{(-1)^n}{n^2} \cos nx +$$

$$48 \sum_{n=1}^{\infty} \frac{(-1)^n}{n^4} \cos nx \quad (-\pi < x < \pi)$$

令 $x=0$,再移项就有

$$\sum_{n=1}^{\infty}\frac{(-1)^{n}}{n^{4}}=\frac{1}{48}\left(\frac{\pi^{4}}{5}-8\pi^{2}\sum_{n=1}^{\infty}\frac{(-1)^{n+1}}{n^{2}}\right)$$

$$=\frac{1}{48}\left(\frac{\pi^{4}}{5}-8\pi^{2}\cdot\frac{\pi^{2}}{12}\right)$$

$$=-\frac{7\pi^{4}}{720}$$

$$\sum_{n=1}^{\infty}\frac{(-1)^{n-1}}{n^{4}}=\frac{7}{720}\pi^{4}$$

再令 $x=\pi$,代入得

$$\pi^{4}=\frac{\pi^{4}}{5}+8\pi^{2}\sum_{n=1}^{\infty}\frac{1}{n^{2}}-48\sum_{n=1}^{\infty}\frac{1}{n^{4}}$$

$$=\frac{\pi^{4}}{5}+8\pi^{2}\cdot\frac{\pi^{2}}{6}-48\sum_{n=1}^{\infty}\frac{1}{n^{4}}$$

$$\sum_{n=1}^{\infty}\frac{1}{n^{4}}=\frac{1}{48}\left(-\pi^{4}+\frac{1}{5}\pi^{4}+\frac{4}{3}\pi^{4}\right)$$

$$=\frac{1}{48}\cdot\frac{8\pi^{4}}{15}=\frac{\pi^{4}}{90}$$

该结果也可以从 x^2 的傅里叶展开式的帕塞瓦尔等式得到. 事实上,因为

$$x^{2}=\frac{\pi^{2}}{3}+4\sum_{n=1}^{\infty}\frac{(-1)^{n}}{n^{2}}\cos nx\quad(-\pi<x<\pi)$$

所以

$$\frac{\left(\frac{2}{3}\pi^{2}\right)^{2}}{2}+16\sum_{n=1}^{\infty}\frac{1}{n^{4}}=\frac{1}{\pi}\int_{-\pi}^{\pi}x^{4}\mathrm{d}x$$

$$=\frac{2}{\pi}\cdot\frac{x^{5}}{5}\bigg|_{0}^{\pi}=\frac{2}{5}\pi^{4}$$

Parseval 等式

$$\sum_{n=1}^{\infty}\frac{1}{n^4}=\frac{1}{16}\left(\frac{2}{5}\pi^4-\frac{2}{9}\pi^4\right)=\frac{\pi^4}{90}$$

注 除了从 $a_n=\frac{1}{\pi}\int_{-\pi}^{\pi}f(x)\cos nx\mathrm{d}x, b_n=\frac{1}{\pi}\int_{-\pi}^{\pi}f(x)\sin nx\mathrm{d}x$ 得到 f 的傅里叶展开式外，还可对某已知的傅里叶展开式逐项积分或逐项求导得到，从展开式在某些点处的值和帕塞瓦尔等式，得到 $\sum_{n=1}^{\infty}\frac{1}{n^2}=\frac{\pi^2}{6}$，$\sum_{n=1}^{\infty}\frac{(-1)^{n-1}}{n^2}=\frac{\pi^2}{12}$，$\sum_{n=1}^{\infty}\frac{(-1)^{n-1}}{n^4}=\frac{7\pi^4}{720}$，$\sum_{n=1}^{\infty}\frac{1}{n^4}=\frac{\pi^4}{90}$.

例 1.5 将函数

$$f(x)=\begin{cases}x(\pi-x) & (0\leqslant x\leqslant\pi)\\(\pi-x)(2\pi-x) & (\pi<x\leqslant 2\pi)\end{cases}$$

展开成周期为 2π 的傅里叶级数，然后求和

$$\sum_{k=0}^{\infty}\frac{1}{(2k+1)^6}$$

解
$$\begin{aligned}a_n&=\frac{1}{\pi}\int_0^{2\pi}f(x)\cos nx\mathrm{d}x\\&=\frac{1}{\pi}\left(\int_0^{\pi}x(\pi-x)\cos nx\mathrm{d}x+\int_{\pi}^{2\pi}(\pi-x)(2\pi-x)\cos nx\mathrm{d}x\right)\\&=\frac{1}{\pi}\left(\int_0^{\pi}x(\pi-x)\cos nx\mathrm{d}x-\int_{\pi}^{0}(t-\pi)t\cos n(2\pi-t)\mathrm{d}t\right)\\&=\frac{1}{\pi}\left(\int_0^{\pi}x(\pi-x)\cos nx\mathrm{d}x-\right.\end{aligned}$$

$$\int_0^{\pi} t(\pi - t)\cos nt\mathrm{d}t\Big)$$

$$= 0 \quad (n = 0,1,2,\cdots)$$

$$b_n = \frac{1}{\pi}\int_0^{2\pi} f(x)\sin nx\mathrm{d}x$$

$$= \frac{1}{\pi}\Big(\int_0^{\pi} x(\pi - x)\sin nx\mathrm{d}x +$$

$$\int_{\pi}^{2\pi} (\pi - x)(2\pi - x)\sin nx\mathrm{d}x\Big)$$

$$= \frac{1}{\pi}\Big(\int_0^{\pi} x(\pi - x)\sin nx\mathrm{d}x -$$

$$\int_{\pi}^{0} (t - \pi)t\sin n(2\pi - t)\mathrm{d}t\Big)$$

$$= \frac{1}{\pi}\Big(\int_0^{\pi} x(\pi - x)\sin nx\mathrm{d}x +$$

$$\int_0^{\pi} t(\pi - t)\sin nt\mathrm{d}t\Big)$$

$$= \frac{2}{\pi}\int_0^{\pi} x(\pi - x)\sin nx\mathrm{d}x$$

$$= \frac{2}{\pi}\Big(x(\pi - x)\cdot\frac{-\cos nx}{n}\Big|_0^{\pi} +$$

$$\frac{1}{n}\int_0^{\pi}(\pi - 2x)\cos nx\mathrm{d}x\Big)$$

$$= \frac{2}{n\pi}\Big((\pi - 2x)\frac{\sin nx}{n}\Big|_0^{\pi} - \int_0^{\pi} -2\frac{\sin nx}{n}\mathrm{d}x\Big)$$

$$= \frac{4}{n^2\pi}\frac{-\cos nx}{n}\Big|_0^{\pi} = \frac{4}{n^3\pi}(1 - (-1)^n)$$

$$= \begin{cases}\dfrac{8}{(2k+1)^3\pi} & (n = 2k+1)\\ 0 & (n = 2k)\end{cases}$$

$$(k=0,1,2,\cdots)$$

于是

$$f(x)=\frac{8}{\pi}\sum_{k=0}^{\infty}\frac{\sin(2k+1)x}{(2k+1)^3}$$

$$x\in(-\infty,+\infty)$$

这里$f(x)$视作延拓后的在$(-\infty,+\infty)$上以2π为周期的周期函数. 根据帕塞瓦尔等式有

$$\begin{aligned}
&\sum_{k=0}^{\infty}\left(\frac{8}{(2k+1)^3\pi}\right)^2\\
&=\frac{1}{\pi}\int_0^{2\pi}f^2(x)\mathrm{d}x\\
&=\frac{1}{\pi}\left(\int_0^{\pi}x^2(\pi-x)^2\mathrm{d}x+\right.\\
&\quad\left.\int_{\pi}^{2\pi}(\pi-x)^2(2\pi-x)^2\mathrm{d}x\right)\\
&=\frac{1}{\pi}\left(\int_0^{\pi}x^2(\pi-x)^2\mathrm{d}x+\right.\\
&\quad\left.\int_{\pi}^{0}(t-\pi)^2t^2(-\mathrm{d}t)\right)\\
&=\frac{2}{\pi}\int_0^{\pi}x^2(\pi-x)^2\mathrm{d}x\\
&=\frac{2}{\pi}\left(\pi^2\cdot\frac{x^3}{3}-2\pi\cdot\frac{x^4}{4}+\frac{x^5}{5}\right)\Bigg|_0^{\pi}=\frac{\pi^4}{15}
\end{aligned}$$

从而 $$\sum_{k=0}^{\infty}\frac{1}{(2k+1)^6}=\frac{\pi^2}{64}\cdot\frac{\pi^4}{15}=\frac{\pi^6}{960}$$

例 1.6 试证级数$\sum\limits_{n=2}^{\infty}\frac{\sin nx}{\ln n}$收敛，但不存在$[-\pi,\pi]$上的可积与平方可积函数$f(x)$使得

$\sum_{n=2}^{\infty}\frac{\sin nx}{\ln n}$ 为其傅里叶级数.

证法 1　当 $x=2k\pi(k=0,\pm1,\pm2,\cdots)$ 时，$\sum_{n=2}^{N}\sin nx=0$；当 $x\neq 2k\pi(k=0,\pm1,\cdots)$ 时

$$
\begin{aligned}
\left|\sum_{n=2}^{N}\sin nx\right| &= \left|\frac{\sum_{n=2}^{N}2\sin\frac{x}{2}\sin nx}{2\sin\frac{x}{2}}\right| \\
&= \left|\frac{\cos\frac{3}{2}x-\cos\left(N+\frac{1}{2}\right)x}{2\sin\frac{x}{2}}\right| \\
&\leqslant \frac{1}{\left|\sin\frac{x}{2}\right|}
\end{aligned}
$$

又 $\frac{1}{\ln n}$ 单调递减趋于0，根据狄利克雷(Dirichlet)判别法，$\sum_{n=2}^{\infty}\frac{\sin nx}{\ln n}$ 收敛.

(反证)假设存在 $f(x)$ 以 $\sum_{n=2}^{\infty}\frac{\sin nx}{\ln n}$ 为其傅里叶级数，则由对傅里叶级数逐项积分的定理有

$$
\begin{aligned}
\int_0^{\pi}f(x)\mathrm{d}x &= \sum_{n=2}^{\infty}\int_0^{\pi}\frac{\sin nx}{\ln n}\mathrm{d}x \\
&= \sum_{n=2}^{\infty}\frac{1+(-1)^{n+1}}{n\ln n} \\
&= \sum_{k=1}^{\infty}\frac{2}{(2k+1)\ln(2k+1)}=+\infty
\end{aligned}
$$

此与 $f(x)$ 可积和平方可积相矛盾，故不存在满足题设

条件的函数.

证法 2 级数收敛证法同证法 1. 根据帕塞瓦尔等式

$$\frac{1}{\pi}\int_{-\pi}^{\pi} f^{2}(x)\,\mathrm{d}x = \sum_{n=2}^{\infty} \frac{1}{(\ln n)^{2}}$$

由 $f(x)$ 平方可积,上式左边是一有限数,而右边由

$$\lim_{n\to+\infty} \frac{\frac{1}{n}}{\frac{1}{(\ln n)^{2}}} = \lim \frac{(\ln n)^{2}}{n} = 0$$

和比较判别法知显然发散于 $+\infty$,矛盾.

注 不是每个收敛的三角级数都是某个可积与平方可积的函数 f 的傅里叶级数. 题中的例子就是一个反例.

例 1.7 设 f 在 $[-\pi,\pi]$ 中连续,且在该区间上有可积和平方可积的导数 f',若 f 满足

$$f(-\pi) = f(\pi), \int_{-\pi}^{\pi} f(x)\,\mathrm{d}x = 0$$

则不等式

$$\int_{-\pi}^{\pi} (f'(x))^{2}\mathrm{d}x \geqslant \int_{-\pi}^{\pi} f^{2}(x)\,\mathrm{d}x$$

等号只有当 $f(x) = A\cos x + B\sin x$ 时才成立.

证明 因为

$$\begin{aligned} a_n &= \frac{1}{\pi}\int_{-\pi}^{\pi} f(x)\cos nx\,\mathrm{d}x \\ &= \frac{1}{\pi}\left(\frac{f(x)}{n}\sin nx\Big|_{-\pi}^{\pi} - \frac{1}{n}\int_{-\pi}^{\pi} f'(x)\sin nx\,\mathrm{d}x\right) \\ &= -\frac{b'_n}{n} \quad (n = 1,2,\cdots) \end{aligned}$$

$$a_0=\frac{1}{\pi}\int_{-\pi}^{\pi}f(x)\mathrm{d}x=0$$

$$\begin{aligned}b_n&=\frac{1}{\pi}\int_{-\pi}^{\pi}f(x)\sin nx\mathrm{d}x\\&=\frac{1}{\pi}\left(f(x)\frac{-\cos nx}{n}\Big|_{-\pi}^{\pi}+\right.\\&\qquad\left.\frac{1}{\pi}\int_{-\pi}^{\pi}f'(x)\cos nx\mathrm{d}x\right)\\&=\frac{a'_n}{n}\quad(n=1,2,\cdots)\end{aligned}$$

由帕塞瓦尔等式得

$$\begin{aligned}\frac{1}{\pi}\int_{-\pi}^{\pi}f^2(x)\mathrm{d}x&=\sum_{n=1}^{\infty}(a_n^2+b_n^2)\\&=\sum_{n=1}^{\infty}\frac{1}{n^2}(b'^2_n+a'^2_n)\\&\leqslant\sum_{n=1}^{\infty}(a'^2_n+b'^2_n)\\&\leqslant\frac{a'^2_0}{2}+\sum_{n=1}^{\infty}(a'^2_n+b'^2_n)\\&=\frac{1}{\pi}\int_{-\pi}^{\pi}(f'(x))^2\mathrm{d}x\end{aligned}$$

即$\int_{-\pi}^{\pi}(f'(x))^2\mathrm{d}x\geqslant\int_{-\pi}^{\pi}f^2(x)\mathrm{d}x$.

由上式还知，等号成立

$\Leftrightarrow a'_0=0,a'_n=b'_n=0\quad(n\geqslant 2)$

$\Leftrightarrow a_0=0,a_n=b_n=0\quad(n\geqslant 2)$

$\Leftrightarrow f=A\cos x+B\sin x$

第2章 从柯西－许瓦兹不等式到帕塞瓦尔等式

我们所要证的就是

$$|\langle \boldsymbol{u},\boldsymbol{v}\rangle|^2 \leqslant \|\boldsymbol{u}\|^2\|\boldsymbol{v}\|^2$$

按照惯例我们称上述不等式为许瓦兹(Schwarz)不等式. 但是实际上，柯西(Cauchy)已经对 $\mathbf{R}^n$ 的情况证明了这一不等式，而布尼亚科夫斯基(Bunyakovskii)对 $c(I)$ 证明了这一不等式.

从许瓦兹不等式得出

$$\begin{aligned}&\|\boldsymbol{u}+\boldsymbol{v}\|^2\\ &=\|\boldsymbol{u}\|^2+2R\langle \boldsymbol{u},\boldsymbol{v}\rangle+\|\boldsymbol{v}\|^2\\ &\leqslant\|\boldsymbol{u}\|^2+2|\langle \boldsymbol{u},\boldsymbol{v}\rangle|+\|\boldsymbol{v}\|^2\\ &\leqslant(\|\boldsymbol{u}\|+\|\boldsymbol{v}\|)^2\end{aligned}$$

因而对所有的 $\boldsymbol{u},\boldsymbol{v}\in V$ 有

$$\|\boldsymbol{u}+\boldsymbol{v}\|\leqslant\|\boldsymbol{u}\|+\|\boldsymbol{v}\|.$$

如果 $\boldsymbol{u},\boldsymbol{v}$ 是线性无关的，那么上述不等式是严格的.

现在就得出:如果我们定义 $\boldsymbol{u}$ 和 $\boldsymbol{v}$ 之间的距离是

$$d(\boldsymbol{u},\boldsymbol{v}) = \|\boldsymbol{u}-\boldsymbol{v}\|$$

那么 V 就具有了度量空间的结构.

在 $V=\mathbf{R}^n$ 的情况下,这就是通常的欧几里得(Euclidean)距离

$$d(x,y) = \left(\sum_{j=1}^{n} |\xi_j-\eta_j|^2\right)^{\frac{1}{2}}$$

在 $V=c(I)$ 的情况下,这一距离就是 L^2－模

$$d(f,g) = \left(\int_a^b |f(t)-g(t)|^2 \mathrm{d}t\right)^{\frac{1}{2}}$$

任意内积空间 V 的模都满足平行四边形等式

$$\|\boldsymbol{u}+\boldsymbol{v}\|^2+\|\boldsymbol{u}-\boldsymbol{v}\|^2=2\|\boldsymbol{u}\|^2+2\|\boldsymbol{v}\|^2$$

这可以通过把等式中所有的模的平方都用 $\|\boldsymbol{w}\|^2=\langle\boldsymbol{w},\boldsymbol{w}\rangle$ 代换并利用内积的线性性质而立即得出. 它的几何意义是平行四边形两条对角线的平方和等于其四边的平方和.

反过来还可以证明,任何一个模满足平行四边形等式的向量空间是一个内积空间,这只要如下定义内积即可:

当 $F=\mathbf{R}$ 时,定义

$$\langle\boldsymbol{u},\boldsymbol{v}\rangle=\frac{\|\boldsymbol{u}+\boldsymbol{v}\|^2-\|\boldsymbol{u}-\boldsymbol{v}\|^2}{4}$$

当 $F=\mathbf{C}$ 时,定义

$$\langle\boldsymbol{u},\boldsymbol{v}\rangle=\frac{\|\boldsymbol{u}+\boldsymbol{v}\|^2-\|\boldsymbol{u}-\boldsymbol{v}\|^2+\mathrm{i}\|\boldsymbol{u}+\mathrm{i}\boldsymbol{v}\|^2-\mathrm{i}\|\boldsymbol{u}-\mathrm{i}\boldsymbol{v}\|^2}{4}$$

在任意内积空间 V 中,称向量 $\boldsymbol{u}$ 正交或垂直于向量 $\boldsymbol{v}$, 如果 $\langle\boldsymbol{u},\boldsymbol{v}\rangle=0$. 这个关系是对称的,因为

$\langle \boldsymbol{u},\boldsymbol{v}\rangle=0$蕴涵$\langle \boldsymbol{v},\boldsymbol{u}\rangle=0$. 对垂直的向量 $\boldsymbol{u},\boldsymbol{v}$ 成立毕达哥拉斯(Pythagoras)定理

$$\|\boldsymbol{u}+\boldsymbol{v}\|^2=\|\boldsymbol{u}\|^2+\|\boldsymbol{v}\|^2$$

更一般地,V 的子集 E 称为是正交的,如果对所有 $\boldsymbol{u}\neq\boldsymbol{v},\boldsymbol{u},\boldsymbol{v}\in E$ 都有$\langle \boldsymbol{u},\boldsymbol{v}\rangle=0$,称它们(即子集中的所有向量)是标准正交的,如果除了正交外,每一个 $\boldsymbol{u}\in E$ 还满足$\langle \boldsymbol{u},\boldsymbol{u}\rangle=1$. 一个不包含 0 的正交集合可以通过把每个 $\boldsymbol{u}\in E$ 换成$\dfrac{\boldsymbol{u}}{\|\boldsymbol{u}\|}$而变成标准正交.

例如,如果 $V=F^n$,那么基向量

$$\boldsymbol{e}_1=(1,0,\cdots,0),\boldsymbol{e}_2=(0,1,\cdots,0),\cdots,$$
$$\boldsymbol{e}_n=(0,0,\cdots,1)$$

就构成一个标准正交基. 也容易验证,如果 $I=[0,1]$,那么在 $c(I)$ 中,函数 $e_n(t)=\mathrm{e}^{2\pi int}(n\in\mathbf{Z})$ 构成标准正交基.

设$\{\boldsymbol{e}_1,\cdots,\boldsymbol{e}_m\}$是任意一个内积空间 V 的标准正交集,并设 U 是由 $\boldsymbol{e}_1,\cdots,\boldsymbol{e}_m$ 生成的向量子空间,那么向量 $\boldsymbol{u}=\alpha_1\boldsymbol{e}_1+\cdots+\alpha_m\boldsymbol{e}_m\in U$ 的模就是

$$\|\boldsymbol{u}\|^2=|\alpha_1|^2+\cdots+|\alpha_m|^2$$

这说明 $\boldsymbol{e}_1,\cdots,\boldsymbol{e}_m$ 是线性无关的.

对给定的向量 $\boldsymbol{v}\in V$,为了求出它在 U 中的最佳逼近,设

$$\boldsymbol{u}=\gamma_1\boldsymbol{e}_1+\cdots+\gamma_m\boldsymbol{e}_m$$

其中

$$\gamma_j=\langle \boldsymbol{v},\boldsymbol{e}_j\rangle\quad(j=1,\cdots,m)$$

那么$\langle \boldsymbol{w},\boldsymbol{e}_j\rangle=\langle \boldsymbol{v},\boldsymbol{e}_j\rangle(j=1,\cdots,m)$,因而$\langle \boldsymbol{v}-\boldsymbol{w},\boldsymbol{w}\rangle=$

0. 所以,由毕达哥拉斯定理(勾股定理),有

$$\|\boldsymbol{v}\|^2=\|\boldsymbol{v}-\boldsymbol{w}\|^2+\|\boldsymbol{w}\|^2$$

由于$\|\boldsymbol{w}\|^2=|\gamma_1|^2+\cdots+|\gamma_m|^2$,这就得出贝塞尔不等式

$$|\langle\boldsymbol{v},\boldsymbol{e}_1\rangle|^2+\cdots+|\langle\boldsymbol{v},\boldsymbol{e}_m\rangle|^2\leqslant\|\boldsymbol{v}\|^2$$

当$\boldsymbol{v}\notin U$时,上式是严格的不等式. 对任意$\boldsymbol{u}\in U$,我们也有$\langle\boldsymbol{v}-\boldsymbol{w},\boldsymbol{w}-\boldsymbol{u}\rangle=0$,所以仍由毕达哥拉斯定理得出

$$\|\boldsymbol{v}-\boldsymbol{u}\|^2=\|\boldsymbol{v}-\boldsymbol{w}\|^2+\|\boldsymbol{w}-\boldsymbol{u}\|^2$$

这说明$\boldsymbol{w}$是U中唯一的最接近$\boldsymbol{v}$的点.

从任何线性无关的向量$\boldsymbol{v}_1,\cdots,\boldsymbol{v}_m$的集合,我们可以归纳地构造一个标准正交集$\boldsymbol{e}_1,\cdots,\boldsymbol{e}_m$,使得$\boldsymbol{e}_1,\cdots,\boldsymbol{e}_k$和$\boldsymbol{v}_1,\cdots,\boldsymbol{v}_k$对$1\leqslant k\leqslant m$生成相同的向量子空间. 先取$\boldsymbol{e}_1=\frac{\boldsymbol{v}_1}{\|\boldsymbol{v}_1\|}$,现在假设$\boldsymbol{e}_1,\cdots,\boldsymbol{e}_k$已经确定,令

$$\boldsymbol{w}=\boldsymbol{v}_{k+1}-\langle\boldsymbol{v}_{k+1},\boldsymbol{e}_1\rangle\boldsymbol{e}_1-\cdots-\langle\boldsymbol{v}_{k+1},\boldsymbol{e}_k\rangle\boldsymbol{e}_k$$

则$\langle\boldsymbol{w},\boldsymbol{e}_j\rangle=0\,(j=1,\cdots,k)$. 此外$\boldsymbol{w}\neq0$,由于$\boldsymbol{w}$是$\boldsymbol{v}_1,\cdots,\boldsymbol{v}_{k+1}$的线性组合,其中$\boldsymbol{v}_{k+1}$的系数为1. 取$\boldsymbol{e}_{k+1}=\frac{\boldsymbol{w}}{\|\boldsymbol{w}\|}$,我们就得出了标准正交集合$\boldsymbol{e}_1,\cdots,\boldsymbol{e}_{k+1}$,它和$\boldsymbol{v}_1,\cdots,\boldsymbol{v}_{k+1}$生成同样的线性子空间. 这一构造过程为施密特(E. Schmidt)正交化程序,由于施密特(1907年)在处理线性积分方程时使用了这一程序. 正规的勒让德(Legendre)多项式是在空间$c(I)$中,其中$I=[0,1]$,对线性无关的函数$1,t,t^2,\cdots$应用这一程序得出的.

由此得出,任意有限维内积空间 V 都有标准正交基 $\boldsymbol{e}_1,\cdots,\boldsymbol{e}_n$,并且任意 $\boldsymbol{v}\in V$ 成立

$$\|\boldsymbol{v}\|^2=\sum_{j=1}^{n}|\langle\boldsymbol{v},\boldsymbol{e}_j\rangle|^2$$

在无限维内积空间 V 中,标准正交集 E 甚至可能有不可数个元素.然而,对给定的 $\boldsymbol{v}\in V$,至多有可数个向量 $\boldsymbol{e}\in E$ 使得 $\langle\boldsymbol{v},\boldsymbol{e}\rangle\neq 0$. 因为如果 $\{\boldsymbol{e}_1,\cdots,\boldsymbol{e}_m\}$ 是 E 的任意有限子集,那么由贝塞尔不等式可知

$$\sum_{j=1}^{m}|\langle\boldsymbol{v},\boldsymbol{e}_j\rangle|^2\leqslant\|\boldsymbol{v}\|^2$$

因此对任意 $n\in\mathbf{Z}$,至多存在 n^2-1 个向量 $\boldsymbol{e}\in E$ 使得 $|\langle\boldsymbol{v},\boldsymbol{e}\rangle|>\frac{\|\boldsymbol{v}\|}{\boldsymbol{n}}$.

如果 E 的元素的所有有限的线性组合所构成的向量子空间 U 在 V 中是稠密的,那么根据有限的标准正交集的最佳逼近性质可以推出帕塞瓦尔等式,即对每一个 $\boldsymbol{v}\in V$,成立

$$\sum_{\boldsymbol{e}\in E}|\langle\boldsymbol{v},\boldsymbol{e}\rangle|^2=\|\boldsymbol{v}\|^2$$

帕塞瓦尔等式对内积空间 $c(I)$ 和标准正交集 $E=\{\mathrm{e}^{2\pi int}:n\in\mathbf{Z}\}$ 成立,其中 $I=[0,1]$. 由魏尔斯特拉斯(Weierstrass)逼近定理,任意 $f\in c(I)$ 都是三角多项式的一致极限.对于这一情况的结果是由帕塞瓦尔导出的.

玻尔(Bohr)意义下的几乎周期函数是一个在 $\mathbf{R}$ 上可以被广义三角多项式

$$\sum_{j=1}^{m}c_j\mathrm{e}^{\mathrm{i}\lambda_j t}$$

一致逼近的函数 $f:\mathbf{R}\to\mathbf{C}$，其中 $c_j\in\mathbf{C}$，$\lambda_j\in\mathbf{R}$，$(j=1,\cdots,m)$. 对任意几何周期函数 f,g，极限

$$\langle f,g\rangle = \lim_{T\to\infty}\frac{1}{2T}\int_{-T}^{T} f(t)\,\overline{g(t)}\,\mathrm{d}t$$

存在. 所有几乎周期函数的集合 B 按照这种方式具有内积空间的结构. 集合 $E=\{\mathrm{e}^{\mathrm{i}\lambda t}:\lambda\in\mathbf{R}\}$ 是一个不可数的标准正交集并且对这个集合成立帕塞瓦尔等式.

一个有限维的内积空间作为度量空间必定是完备的. 然而一个无限维的内积空间，就像我们已经对 $c(I)$ 说过的那样，却不一定是完备的. 完备的内积空间称为希尔伯特(Hilbert)空间.

希尔伯特(1906年)考虑的例子是由所有复数的使得 $\sum\limits_{k\geqslant 1}|\xi_k|^2<\infty$ 成立的无限序列 $x=(\xi_1,\xi_2,\cdots)$ 组成的向量空间 l^2，其内积定义为

$$\langle x,y\rangle = \sum_{k\geqslant 1}\xi_k\overline{\eta_k}$$

另一个例子是向量空间 $L^2(I)$，其中 $I=[0,1]$，即由所有的使得 $\int_0^1 |f(t)|^2\mathrm{d}t<\infty$ 成立的勒贝格(Lebesgue)可测函数 $f:I\to\mathbf{C}$(的等价类)组成的向量空间，其内积定义为

$$\langle f,g\rangle = \int_0^1 f(t)\,\overline{g(t)}\,\mathrm{d}t$$

对任何 $f\in L^2(I)$，我们可以指定一个由内积 $\langle f,e_n\rangle$ 组成的序列 $\hat{f}\in\ell^2$ 与其对应，其中 $e_n(t)=\mathrm{e}^{2\pi\mathrm{i}nt}(n\in\mathbf{Z})$. 这样定义的映射 $F:L^2(I)\to\ell^2$ 是线性的，由帕塞瓦尔等式可知成立

$$\| Ff \| = \| f \|$$

事实上,F 是一个等距映射,由里斯—菲舍尔(Riesz - Fischer)(1907 年)定理可知,这是一一对应的映射.

第3章 直交函数系与广义傅里叶级数中的帕塞瓦尔等式

设 $\rho(x)$ 为定义在 $[a,b]$ 上的权函数. 若函数 $f(x)$ 与 $g(x)$ 满足条件

$$\int_a^b \rho(x)f(x)g(x)\mathrm{d}x = 0$$

则说函数 $f(x)$ 与 $g(x)$ 在 $[a,b]$ 上关于权函数 $\rho(x)$ 是直交的. 又如果函数系统

$$\omega_1(x),\omega_2(x),\cdots,\omega_k(x),\cdots$$

中的每一对函数在 $[a,b]$ 上关于权函数 $\rho(x)$ 均为直交,那么称该系统为 $[a,b]$ 上的关于权函数 $\rho(x)$ 的直交函数系. 特别,若 $\rho(x)\equiv 1$,那就可以不必提到权函数.

在这里让我们列举几个最常见的直交函数系.

例 3.1 三角函数系

$$1,\cos x,\sin x,\cos 2x,\sin 2x,\cdots,\cos nx,\sin nx,\cdots$$

是定义在 $[-\pi,\pi]$ 上的直交函数系.

例 3.2　余弦函数系与正弦函数系

$$1,\cos x,\cos 2x,\cdots,\cos nx,\cdots$$

$$\sin x,\sin 2x,\cdots,\sin nx,\cdots$$

均是$[0,\pi]$上的直交函数系.

例 3.3　勒让德多项式

$$\mathrm{P}_n(x)=\frac{1}{2^n n!}\left(\frac{\mathrm{d}}{\mathrm{d}x}\right)^n(x^2-1)^n$$

$$(n=0,1,2,\cdots)$$

是$[-1,1]$上的直交多项式系.

例 3.4　切比雪夫(Chebyshev)多项式系 $T_n(x)=\cos(n\mathrm{arc}\cos x)$ $(n=0,1,2,\cdots)$是$[-1,1]$上对权函数$(1-x^2)^{-\frac{1}{2}}$而言的直交系.

例 3.5　考虑施图姆－刘维尔(Sturm－Liouville)型微分方程边值问题:$y''+\lambda\rho(x)y=0,y(a)=y(b)=0$. 此处$\rho(x)>0$是定义在$[a,b]$上的连续函数,而$\lambda$为数值参数. 除去平凡解$y(x)\equiv 0$不予考虑之外,凡不恒等于0的解$y(x)$均称为基本函数,而对应的$\lambda$值称为特征值(注意并非任何$\lambda$值都对应有基本函数). 根据微分方程理论,上述边值问题的特征值总是存在的,而且除常数因子不计外,对应于每一特征值都只有一个基本函数. 特征值可以由小而大地排列起来,因而对应的基本函数也可排成一列,例如

$$\lambda_1,\quad \lambda_2,\quad \lambda_3,\quad \cdots$$

$$y_1(x),y_2(x),y_3(x),\cdots$$

可以证明,上列的基本函数系在$[a,b]$上关于权$\rho(x)$是直交系.

事实上,假如 $i\neq k$,则

$$y''_i+\lambda_i\rho(x)y_i=0,y''_k+\lambda_k\rho(x)y_k=0$$

用 y_k,y_i 分别乘第一、第二式,再相减则得

$$(\lambda_i-\lambda_k)\rho(x)y_iy_k+\frac{\mathrm{d}}{\mathrm{d}x}(y_ky_i'-y_iy_k')=0$$

两边积分又得

$$(\lambda_i-\lambda_k)\int_a^b y_iy_k\mathrm{d}x+[y_ky_i'-y_iy_k']_a^b=0$$

由边界条件及 $\lambda_i\neq\lambda_k$ 便得知

$$\int_a^b\rho(x)y_iy_k\mathrm{d}x=0$$

证毕.

下面着重介绍广义的傅里叶展开问题. 设 $\{w_k(x)\}(k=1,2,3,\cdots)$ 在 $[a,b]$ 上关于权函数 $\rho(x)$ 作成直交函数系,其中每一个 $\omega_k(x)$ 均不几乎处处等于零且均在空间 L_p^2 中,因而

$$A_k=\int_a^b\rho(x)\omega_k^2(x)\mathrm{d}x\quad(k=1,2,\cdots)$$

都是有限正数. 特别,若 $A_k=1(k=1,2,\cdots)$,则称 $\{\omega_k(x)\}$ 为标准直交系$\left(\text{显然,}\left\{\frac{\omega_k(x)}{\sqrt{A_k}}\right\}\text{总是标准直交系}\right)$.

设 $f(x)\in L_p^2$,则称按下式算出的常数

$$c_k=\frac{1}{A_k}\int_a^b\rho(x)\omega_k(x)f(x)\mathrm{d}x\quad(k=1,2,\cdots)$$

为 $f(x)$ 的广义傅里叶系数,从而有如下的广义傅里叶级数

$$f(x) \sim \sum_{k=1}^{\infty} c_k \omega_k(x)$$

由于我们还不能断定上面的傅里叶级数是否平均收敛于$f(x)$,所以只能用联结符号“∾”去表示它们之间的相应关系. 尽管如此,这个级数的部分和却能用来圆满地解答一般形式的最小二乘方问题. 这便是下面的:

定理 3.1(托普勒(Toepler)) 对于任意指定的正整数n,用线性组合式

$$F(x) = \sum_{k=1}^{n} a_k \omega_k(x)$$

作成的函数来对给定的$f(x)$进行平方逼近时,为使偏差(平均平方偏差)

$$\| F - f \| = \left(\int_a^b \rho(x)(F(x) - f(x))^2 \mathrm{d}x\right)^{\frac{1}{2}}$$

达到最小值,函数$F(x)$必须等于广义傅里叶级数的部分和

$$S_n(x) = \sum_{k=1}^{n} c_k \omega_k(x)$$

而偏差的最小值等于

$$\| S_n(x) - f(x) \| = \left(\int_a^b \rho(x)(f(x))^2 \mathrm{d}x - \sum_{k=1}^{n} A_k c_k^2\right)^{1/2}$$

证明 根据$\{\omega_k\}$的直交性易算出

$$\begin{aligned} & \| F - f \|^2 \\ = & \int_a^b \rho(x)(F(x) - f(x))^2 \mathrm{d}x \\ = & \int_a^b \rho F^2 \mathrm{d}x + \int_a^b \rho f^2 \mathrm{d}x - 2\int_a^b \rho F f \mathrm{d}x \end{aligned}$$

$$= \int_a^b \rho\left(\sum_{k=1}^n a_k^2\omega_k^2\right)\mathrm{d}x + \int_a^b \rho f^2\mathrm{d}x - 2\int_a^b \rho\left(\sum_{k=1}^n a_k\omega_k f\right)\mathrm{d}x$$

$$= \sum_{k=1}^n A_k a_k^2 + \int_a^b \rho f^2\mathrm{d}x - 2\sum_{k=1}^n A_k a_k c_k$$

$$= \int_a^b \rho f^2\mathrm{d}x + \sum_{k=1}^n A_k(a_k - c_k)^2 - \sum_{k=1}^n A_k c_k^2$$

因此要使 $\|F-f\|^2$ 取最小值,唯有令 $a_k=c_k$. 亦即,只有当 $F(x)$ 恰好等于傅里叶级数的部分和 $S_n(x)$ 时才给出了偏差 $\|F-f\|$ 的最小值. 证毕.

注意 $\|S_n-f\|\geqslant 0$,因此根据最小值的那个表达式立即推出

$$\sum_{k=1}^n A_k c_k^2 \leqslant \int_a^b \rho(x)(f(x))^2\mathrm{d}x$$

又因为不等式的右端与 n 无关,故可令 $n\to\infty$ 而得出

$$\sum_{k=1}^\infty A_k c_k^2 \leqslant \int_a^b \rho(x)(f(x))^2\mathrm{d}x \tag{3.1}$$

通常称式(3.1)为广义贝塞尔不等式.

根据偏差的最小值表达式知上述的贝塞尔不等式能改为所谓的帕塞瓦尔等式

$$\sum_{k=1}^\infty A_k c_k^2 = \int_a^b \rho(x)(f(x))^2\mathrm{d}x$$

的充要条件是

$$\lim_{n\to\infty}\|S_n(x)-f(x)\|=0$$

换言之,傅里叶级数的部分和 $S_n(x)$ 平均收敛于 $f(x)$ 这件事是同 $f(x)$ 的帕塞瓦尔等式成立这件事互相等价的. 因此,L_ρ^2 空间中的一个傅里叶级数是否收敛的问题也就归结为帕塞瓦尔等式是否成立的问题.

这里有一个问题:在什么条件下,给定的数列 $\{c_k\}$

能够有资格作为 L_ρ^2 中某一函数 $f(x)$ 的傅里叶系数，并且作成的傅里叶级数平均收敛于 $f(x)$？正像通常的傅里叶级数那样，对于这个问题的回答有如下的：

定理 3.2（里斯－菲格尔） 设 $\{\omega_k(x)\}$ 在 $[a,b]$ 上关于权函数 $\rho(x)$ 作成直交函数系. 若数列 $\{c_k\}$（$k=1,2,\cdots$）满足条件

$$\sum_{k=1}^{\infty} A_k c_k^2 < +\infty$$

其中 $A_k = \int_a^b \rho\omega_k^2 \mathrm{d}x$，则 L_ρ^2 中存在唯一的函数 $f(x)$，使得 $f(x)$ 的傅里叶系数恰好是 $\{c_k\}$ 且 $\sum_{k=1}^{n} c_k\omega_k(x) \xrightarrow[\rho]{2} f(x)$.

证明 记 $$S_n(x) = \sum_{k=1}^{n} c_k\omega_k(x)$$

则于 $m>n$ 时依 ω_k 间的直交性显然有

$$\|S_m - S_n\|^2 = \left\|\sum_{k=n+1}^{m} c_k\omega_k\right\|^2 = \int_a^b \rho\left(\sum_{k=n+1}^{m} c_k\omega_k\right)^2 \mathrm{d}x$$

$$= \sum_{k=n+1}^{m} A_k c_k^2 \to 0 \quad (m > n \to \infty)$$

因此，$\{S_n\}$ 为一基本序列，并从而由 L_ρ^2 的完备性得知其极限 $\lim\limits_{n\to\infty} S_n(x)$ 亦在 L_ρ^2 中（当然这里所说的极限是按照平均收敛的意义而言的）. 亦即有 L_ρ^2 中的函数 $f(x)$ 使得

$$\lim_{n\to\infty} \|S_n - f\| = 0$$

现在应该验证 $\{c_k\}$ 恰好是 $f(x)$ 的傅里叶系数. 由于

$$\int_a^b \rho(f-S_n)\omega_k \mathrm{d}x \leqslant \left(\int_a^b \rho(f-S_n)^2 \mathrm{d}x\right)^{1/2}\left(\int_a^b \rho\omega_k^2 \mathrm{d}x\right)^{1/2}$$

$$= \| f - S_n \| \sqrt{A_k} \to 0 \quad (n \to \infty)$$

故 $$\int_a^b \rho f \omega_k \mathrm{d}x = \lim_{n\to\infty}\int_a^b \rho S_n \omega_k(x)\mathrm{d}x = c_k A_k$$

这表明 c_k 恰好是 $f(x)$ 的傅里叶系数,从而 S_n 恰好是 $f(x)$ 的傅里叶级数的前 n 项部分和,而极限关系式 $\lim\limits_{n\to\infty}\| S_n - f\| = 0$恰好表明该傅里叶级数是平均收敛的:$S_n \xrightarrow[\rho]{2} f$.

又因为序列 $S_n(x)$ 的极限是唯一的,因此作为极限函数而存在的 $f(x)$ 也是唯一的. 证毕.

若一个直交函数系 $\{\omega_k\}$ 对于 L_ρ^2 中的每一函数帕塞瓦尔等式都成立,则称它为封闭的直交系.

若 $\{\omega_k\}$ 为封闭的直交系,而 $f(x)$ 与 $g(x)$ 为 L_ρ^2 中的任意两函数,它们的傅里叶系数分别为 $\{\alpha_k\}$ 与 $\{\beta_k\}$,则必成立下列的广义帕塞瓦尔等式

$$\int_a^b \rho(x) f(x) g(x) \mathrm{d}x = \sum_{k=1}^{\infty} A_k \alpha_k \beta_k$$

事实上,因为 $f+g$ 的傅里叶系数为 $\{\alpha_k + \beta_k\}$,因此利用通常的帕塞瓦尔等式应该有

$$\int_a^b \rho(f^2 + 2fg + g^2)\mathrm{d}x = \sum_{k=1}^{\infty} A_k(\alpha_k^2 + 2\alpha_k\beta_k + \beta_k^2)$$

$$\int_a^b \rho f^2 \mathrm{d}x = \sum_{k=1}^{\infty} A_k \alpha_k^2, \int_a^b \rho \boldsymbol{g}^2 \mathrm{d}x = \sum_{k=1}^{\infty} A_k \beta_k^2$$

故由上列三式间的比较便得出广义的帕塞瓦尔等式.

给定一个直交系 $\{\omega_k\}$,如果 L_ρ^2 中再也没有一个函数(几乎处处等于0的函数除外)能和一切 ω_k 相直交,那么 $\{\omega_k\}$ 便称为完备的直交系.

直交系的完备性实际是和封闭性等价的. 这就是下述的

定理 3.3 $\{\omega_k\}$是一个完备直交系的充分必要条件是:它是一个封闭直交系.

证明 如果$\{\omega_k\}$是封闭直交系,那么当一函数f与每一ω_k都直交时,该函数的傅里叶系数就都等于0:$c_k=0(k=1,2,\cdots)$. 因而根据帕塞瓦尔等式就得到

$$\int_a^b \rho f^2 \mathrm{d}x = 0$$

注意ρ为非负而且至多只在一个零测度集上可能等于0,因此可以断言$f(x)$只能几乎处处等于0. 这就表明$\{\omega_k\}$必是一个完备直交系.

反之,如果$\{\omega_k\}$不是封闭的,那么在L_ρ^2中就有使帕塞瓦尔等式不成立的函数$g(x)$,亦即有

$$\sum_{k=1}^{\infty} A_k c_k^2 < \int_a^b \rho(x)(g(x))^2 \mathrm{d}x$$

其中c_k为$g(x)$的傅里叶系数. 既然$\sum\limits_{k=1}^{\infty} A_k c_k^2 < +\infty$,故按里斯-菲舍尔定理,$L_\rho^2$中又必存在函数$f(x)$,以$\{c_k\}$作为它的傅里叶系数且$\sum\limits_{k=1}^{n} c_k\omega_k(x) \xrightarrow[\rho]{2} f(x)$ $(n\to\infty)$,从而有

$$\sum_{k=1}^{\infty} A_k c_k^2 = \int_a^b \rho(x)[f(x)]^2 \mathrm{d}x$$

以此与上述不等式相比较,可知差函数$h(x)=f(x)-g(x)$不能几乎处处等于0. 然而$h(x)$的傅里叶系数都是0(亦即$h(x)$与一切ω_k直交),这表明$\{\omega_k\}$必为非

完备直交系. 定理证毕.

作一简单总结,我们知道下列诸概念都是彼此等价的(也就是通常数理逻辑中所说的“同义反复”):

(1) $\{\omega_k\}$ 是完备直交系;

(2) $\{\omega_k\}$ 是封闭直交系;

(3) 帕塞瓦尔等式对每个 $f\in L_p^2$ 都成立;

(4) L_p^2 中每个 f 的傅里叶级数都平均收敛;

(5) 只有几乎处处取零值的函数才能同一切 ω_k 相直交;

(6) 当两个函数有相同的傅里叶级数时,它们必定几乎处处相等;

(7) 对 L_p^2 中的每个 f 用 $\omega_1,\omega_2,\cdots,\omega_n$ 的线性组合来作平方逼近时,偏差的最小值恒与 $\frac{1}{n}$ 同时趋于0;

(8) 由 $\{\omega_k\}$ 中的函数的一切线性组合构成的类是在 L_p^2 中稠密的(亦就是说:对 L_p^2 中的每个 f 及对任意 $\varepsilon>0$,都存在满足不等式 $\|F-f\|<\varepsilon$ 的线性组合 $F(x)=\sum\limits_{1}^{n}a_k\omega_k$).

注意上述的等价命题(7)是直接可以从托普勒定理的结论得出的. 又(8)与(7)的等价关系也是十分明显的.

帕塞瓦尔等式与差分方程的稳定性

第4章

§1　定义与简单的例子

虽然差分方程的稳定性已得到广泛的讨论,但还很少碰到确切的定义. 因此,这一课题需要作进一步的澄清. 顺便讲一下,舍入误差的一般理论也是这样,而稳定性是其中重要的内容.

为了便于说明,有必要从名词上来区分一下两个通常都被称为“误差”的概念. 令 $Y(x,t)$ 是一给定的差分问题的解,这差分问题可以在 t 方向逐步地求解,又假设在单一格点 (x_0,t_0) 处我们把值 $Y(x_0,t_0)$ 换成 $Y(x_0,t_0)+\varepsilon$. 在实践中,这可以是一次舍入或一个错误所产生的结果. 我们把 ε 看作在 (x_0,t_0) 处的误差.

如果用值 $Y(x_0,t_0)+\varepsilon$ 继续求解下去不会再引进新的误差,且如果在以后的点上我们得到值 $Y^*(x,t)$,则 $Y^*(x,t)-Y(x,t)$ 将称为由 (x_0,t_0) 处误差 ε 所引起的解的偏差. 如果误差在多于一个点上出现,则可以说由这些误差所引起的累积偏差. 在线性问题中,而且只有在线性问题中由两个误差所引起的偏差总等于每一误差单独引起的偏差的和.

原则上,即使在讨论不稳定的情形下,偏差也是可以控制的. 对于给定的增量 h,k,及一个给定的 (x,t) 区域,偏差增长的速度总存在确定的界. 因此,只要计算具有足够的精确度,我们可以使结果任意接近于没有误差的理论上的结果. 所需要的精确度无疑是远远超过了目前任何计算机的实际可能,但尽管如此,"稳定"与"不稳定"问题之间的区别在这里还没有用数字的语言来定义. 从偏差的界来找出稳定性的判别准则是自然的.

就舍入误差说来,一个有限差分近似的理想状况最好是,由每一步出现的误差在解中所引起的最大可能的偏差,随着这些误差的最大值一起趋向于0,而且关于网格宽度 h 是一致的. 遗憾的是这样的理想对于线性问题是不能实现的,而对于非线性问题大概也是如此. 其原因是在一个线性问题中,每一步所引进的误差对解的影响是迭加起来的. 我们举一个例子来说明这个概念,虽然这个例子本身几乎是显然的.

对于常微分方程问题

$$y'=-y,y(0)=1 \qquad (4.1)$$

当 $x \geqslant 0$ 时用下述差分近似来数值地求解

$$Y(x+h)-Y(x)=-hY(x),Y(0)=1$$

每一步所引进的误差是 $\varepsilon(x)$，对此我们只假设

$$|\varepsilon(x)| \leqslant \delta$$

于是在实际计算中，问题是用方程

$$Y^*(x+h)-Y^*(x)=-hY^*(x)+\varepsilon(x+h)$$

$$Y^*(0)=1+\varepsilon(0)$$

来求解的，而解的偏差

$$w(x)=Y^*(x)-Y(x)$$

适合问题

$$w(x+h)=(1-h)w(x)+\varepsilon(x+h),w(0)=\varepsilon(0)$$

绝对值 $|w(x)|$ 满足不等式

$$|w(x+h)| \leqslant (1-h)|w(x)|+\delta,|w(0)| \leqslant \delta$$

因此，问题

$$\omega(x+h)=(1-h)\omega(x)+\delta,\omega(0)=\delta \quad (4.2)$$

的解就给出了 $|w(x)|$ 的上界. 差分方程(4.2)可以用解答系数线性微分方程同样的方法来求解：从直接观察就知常数 $\omega_P=\dfrac{\delta}{h}$ 是一个特解. 齐次方程 $\omega(x+h)=(1-h)\omega(x)$ 的解是 $(1-h)^{\frac{x}{h}}$；因此

$$\omega(x)=C(1-h)^{\frac{x}{h}}+\frac{\delta}{h}$$

是差分方程(4.2)的通解. 利用初始条件来确定常数 C，就得到

$$\omega(x)=\frac{\delta}{h}(1-(1-h)^{\frac{x}{h+1}}) \quad (4.3)$$

如果关于误差 $\varepsilon(x)$ 其他什么也不知道，那么函数

$\omega(x)$是对于总的偏差最好的上界估计. 这个量是随着δ一起趋向于0的. 但当h趋向于0时它却按幂h^{-1}线性地增加. 下面的情况是典型的:选择一个小的网格宽度虽然有希望得到微分方程解的一个好的近似,但却增加了差分方程解的最大可能的偏差.

如果微分方程(4.1)换成$y'=y$,那么偏差的界变为

$$\omega(x)=\frac{\delta}{h}\left((1+h)^{\frac{x}{h+1}}-1\right)\leqslant\frac{\delta}{h}\left(e^{x}(1+h)-1\right) \tag{4.4}$$

因为这时舍入误差随着x指数地增长,所以在有些文献中也把这种情形说成是不稳定的,但这样的说法是会使人误解的. 因为这种指数增长为微分问题的解$y=e^{x}$本身所遮盖,所以不论是在式(4.3)还是在式(4.4)中,只要$\frac{\delta}{h}$小,相对偏差$\frac{\omega(x)}{y}$就对一切$x\geqslant0$一致地小.

不要把式(4.4)中$\omega(x)$的按指数增长与所碰到的偏差的不稳定增长(那里是用函数$\varepsilon\lambda^{2(t/k-1)}$,$\lambda>1$来估计的)混同起来. 在那里$\lambda$是不依赖于$k$的,因此对于变量$t$的任何正的固定的值,当$k$趋向于0时函数$\varepsilon\lambda^{2(t/k-1)}$指数地增长. 另外,式(4.4)中的函数$\omega(x)$当网格宽度$h$趋向于0时只是按$h^{-1}$线性地增长. 另一个差别是:$\omega(x)$涉及每一步出现的舍入误差累积引起的偏差,而$\varepsilon\lambda^{2(t/k-1)}$却是初值中仅只一个误差所引起的偏差的一个下界. 容易知道,对于微分方程$y'=y$,单个误差的影响当$h\to0$时是有界的.

对于高于一阶的差分方程,即使单个误差的影响关于 h^{-1} 也常常是无界的.作为一个简单的例子,考虑逼近于微分方程 $y''=y$ 的差分方程

$$Y(x+h)-2Y(x)+Y(x-h)=h^2Y(x) \quad (4.5)$$

用 $r^{\frac{x}{h}}$ 代替 Y,其中 r 是待定的,则容易证明,如果

$$\begin{cases} r_1=1+\dfrac{h^2}{2}+\dfrac{1}{2}\sqrt{4h^2+h^4}=1+h+O(h^2) \\ r_2=1+\dfrac{h^2}{2}-\dfrac{1}{2}\sqrt{4h^2+h^4}=1-h+O(h^2) \end{cases} \quad (4.6)$$

那么 $r_1^{\frac{x}{h}}, r_2^{\frac{x}{h}}$ 就是两个线性无关的解.

设在 $x=0$ 引进一个误差 ε. 相应的偏差(记为 Y)是方程(4.5)的具有初值

$$Y(0)=\varepsilon, Y(h)=0$$

的解.如果我们把这个解写成 $c_1r_1^{\frac{x}{h}}+c_2r_2^{\frac{x}{h}}$,借助于(4.6)就可以算出偏差.经过计算(这里不写出)就能证明,它等于

$$-\varepsilon(h^{-1}\sin hx+O(1)) \quad (h\to 0)$$

因此,由在所有格点上的误差引起的最大可能的累积偏差具有阶 $O(\delta h^{-2})$,其中 δ 与以前一样是误差的上界.对于更高阶的差分方程,在偏差的估计中可以出现 h^{-1} 的更高幂次.

按照这样的讨论,把稳定性与不稳定性看作是量的概念比之看作质的概念似乎更为自然,也即不说稳定与不稳定而只说较大的或较小的稳定.累积偏差绝对值的阶可以作为稳定程度的一个自然的测度.更确

切地说,我们是指在一给定的区域内,当网格宽度 h 及最大的绝对误差 δ 趋向于0时,最大偏差的绝对值关于 h 及 δ 的阶.

我们仍然可以问通常什么样的阶被认为是稳定的.其实,大多数人称一个过程为稳定,是指累计偏差随 δ 一起趋向于0,且当 h 趋向于0时增长速度不比 h^{-1} 的某个幂次快.这就是本节中所要采用的稳定性定义.不稳定性是指偏差按 h^{-1} 指数地增长,这样的增长在实际计算中一般认为是难以控制的.这样的定义可以认为是合理的,因为对于至今已在数学上被分析过的所有问题,偏差绝对值的阶或者是 h^{-1} 的低次幂,或者就是 h^{-1} 的一个指数函数,所以在稳定与不稳定方法的本质之间是存在着真正空隙的.

遗憾的是累积偏差绝对值的阶很难确切地求出.通常我们或者利用解为已知的某些问题对一差分过程作试验性的检查,或者对于由某种特殊类型的误差所引起的偏差进行理论上的研究.我们证明了,如果 $k/h>1$,在单个点处的误差就随 h^{-1} 指数地增长.这就指出了极强地累积的不稳定性.

对于某些类型的线性偏差分方程,容易来研究由一条形如 $\varepsilon\sin\alpha x$,$\varepsilon\cos\alpha x$(或更一般地 $\varepsilon e^{i\alpha x}$)的误差线所引起的偏差.如果相应的偏差随 h^{-1} 增长得快,那么我们断定,对于任何形状的误差,总的偏差至少以同样的速度增长.如果增长的速度较慢,或者如果误差按 h^{-1} 还是有界的,那么总的偏差似乎将以一可以控制得住的速度增长.

这些说法不是非常精确的,而要依问题的性质来定. 常常说:由一条形如 $\varepsilon e^{i\alpha x}$ 的误差线所引起的偏差就能显示出这条线的所有点上任意误差所引起的总的偏差的行为,其理由是任何误差线在格点可以写成一个有限三角级数(或者一个傅里叶积分). 但这样的说法过于简单化了. 即使是对不稳定的方法,通常由一条特殊的误差线 $\varepsilon e^{i\alpha x}$ 所引起的偏差,当 $h\to 0$ 时也不比 h^{-1} 的某个幂次增长得快. 但在不稳定的情形,最大偏差可以随 α 迅速地增长,所以由傅里叶级数(或积分)的所有项引起的累积偏差就可以有比 h^{-1} 任何幂次更高的阶. 重要的是要记住,在我们的稳定性定义中,要求的是:对于一切数值上小于 δ 的可能误差,而不仅仅是对于某些特殊形状的误差,偏差具有定义中所指定的性质.

在结束这样的一般讨论以前,还应指出,有一种不同于这里所考虑的现象,它往往也被认为是在计算上不稳定的. 为了说明这种现象,我们来考虑差分方程

$$Y(x+2h)-Y(x)=-2hY(x+h)$$

它形式地逼近于微分方程 $y'=-y$. 因为这个差分方程是二阶的,所以它的解不能由它在 $x=0$ 的初值唯一确定. $Y(h)$ 的值也必须给定. 为了说明误差的增长情况,我们假设在 $x=0$ 的值是一个正确值,但在 $x=h$ 有一误差 δ. 那么由这个误差所引起的偏差就是差分方程相应于初值 $Y(0)=0, Y(h)=\delta$ 的解. 容易求出这个偏差是

$$\frac{\delta}{2\sqrt{1+h^2}}(\sqrt{1+h^2}-h)^{\frac{x}{h}}-(-\sqrt{1+h^2}-h)^{\frac{x}{h}}$$

它近似地等于

$$\frac{\delta}{2}(e^{-x}-(-1)^{\frac{x}{h}}e^{x})$$

因此在一固定点 x 的累积偏差就是 $O(\delta h^{-1})$，根据我们的定义，这正是稳定的情形. 但是“额外”项 $(-1)^{\frac{x}{h}}e^{x}$的存在将使相对误差很大，除非计算有高的精确度或者计算限制在小的 x 区间内. 虽然在我们的定义下这种现象并不算是不稳定的，但它却可以使在其他方面都合理的数值过程变得不能使用，特别是对于常微分方程. “额外”误差项的出现是与我们用一较高阶的差分方程去逼近微分方程这个事实有关的.

到目前为止，所讨论的误差的界都是把所有不同的舍入误差的影响彼此系统地增强的这种可能性也考虑在内，这是太悲观了. 实际上，舍入误差的分布具有一个随机过程的许多特点，因此，误差的影响一般将部分地彼此抵消. 所以在这方面利用概率论中的观念是合理的. 例如我们可以把每一步引进的舍入误差都看作随机变数，那么偏差也是一随机变数，且可把后一随机变数的标准离差看作舍入误差影响的一个真实测度.

最简单的假设是：每一点的误差具有均值0及不变的方差 σ^2，且各个误差是彼此无关的. 最后，这一假设不如另外两个来得合适，它可以用一更复杂的假设来代替.

对于一维的线性齐次问题，由点 $x=rh$ 处的单一误差 ε_r 所引起的点 $x=sh$ 处的偏差 $e_r(x,h)$是

$$e_r(x,h)=M_r(x,h)\varepsilon_r$$

由前述的统计假设,我们求得在点 $x=sh$ 的总偏差

$$e(x,h)=\sum_{r=0}^{s}e_r(x,h)$$

的方差 $V(e(x,h))$ 为

$$V(e(x,h))=V\Big(\sum_{r=0}^{s}e_r(x,h)\Big)=\sigma^2\sum_{r=0}^{s}M_r^2(x,h)$$

标准离差 s. d. $[e(x,h)]$ 是

$$\text{s. d. }[e(x,h)]=\sigma\sqrt{\sum_{r=0}^{\frac{x}{h}}M_r^2(x,h)}$$

另外,若 δ 是在每一点上最大可能的误差,则最大可能的累积偏差就是

$$\max|e(x,h)|=\delta\sum_{r=0}^{\frac{x}{h}}|M_r(x,h)|$$

如果我们处理的是稳定的情形,那么 $M_r(x,h)$ 是 $O(h^{-\alpha})$,其中 α 是某个非负的数. 因此 s. d. $[e(x,h)]=\sigma O(h^{-\alpha-\frac{1}{2}})$,但是

$$\max|e(x,h)|=\delta O(h^{-\alpha-1})$$

这些公式证明了舍入误差的影响有一部分相互抵消掉了. 应当着重指出,这一论断仅对线性问题才是正确的.

同样的论证也可应用于两个独立变量的线性齐次问题. 由在 $x=rh,t=sk$ 的一个误差 ε_{rs} 所引起的在 (x,t) 的偏差 $e_{rs}(x,t,h)$ 是 $e_{rs}(x,t,h)=M_{rs}(x,t,h)\varepsilon_{rs}$. 这样,对于总偏差

$$e(x,t,h)=\sum_{r,s}e_{rs}(x,t,h)$$

就得到等式

$$\text{s. d.}[e(x,t,h)]=\sigma\sqrt{\sum_{r,s}M_{rs}^2(x,t,h)}$$

和对一切能在(x,t)产生非 0 偏差的格点来求的. 然而,如我们在一维情形所做的那样,把这个公式中的所有 $M_{rs}(x,t,h)$用某个公共的界来代替现在是有些浪费的,这点将在以后说明.

§2　对波动方程的应用

若在波动方程的数值解中误差 $\varepsilon(x)$仅仅在一条线(例如 $t=0$)的格点上出现,则偏差 $e(x,t)$就是波动方程当$f(x)=\varepsilon(x)$, $g(x)=-\frac{1}{k}\varepsilon(x)$时的解. 如果 $\varepsilon(x)$的有限傅里叶级数是

$$\varepsilon(x)=\sum_{n=1}^{N-1}\alpha_n\sin nx \tag{4.7}$$

其中

$$\alpha_n=\frac{2}{N}\sum_{r=1}^{N-1}\varepsilon(rh)\sin nrh \tag{4.8}$$

经过简短的计算后就得到表达式

$$e(x,t)=-\sum_{n=1}^{N-1}\alpha_n\left(\sum_{s=1}^{\frac{t}{k}-1}\gamma_n(sk)\right)\sin nx\quad(t>0) \tag{4.9}$$

把 α_n 的表达式(4.8)代入,我们就把式(4.9)变成

$$e(x,t) = \sum_{r=1}^{N-1} g_r(x,t)\varepsilon(rh) \quad (t>0) \quad (4.10)$$

其中

$$g_r(x,t) = -\frac{2}{N}\sum_{n=1}^{N-1}\Big(\sum_{s=1}^{\frac{t}{k}-1}\gamma_n(sk)\Big)\sin nx\sin nrh \quad (t>0)$$

(4.11)

我们已经知道,当 $\lambda<1$ 时 $|\gamma_n(t)|\leqslant(1-\lambda^2)^{-1/2}$,因此

$$\Big|\sum_{s=1}^{t/k-1}\gamma_n(sk)\Big| < \frac{t}{k}(1-\lambda^2)^{-\frac{1}{2}} = O(h^{-1})$$

于是从条件(4.11)就推出,在 x 的任何有限区间内一致地有

$$g_r(x,t) = O(h^{-1}), \text{当 } h\to 0$$

再由式(4.10)就知道在线 $t=sk$ 的每一点误差 δ(δ 是这些误差的一个上界)引起一个阶为 $O(\delta h^{-2})$ 的偏差,这与讨论的二阶线性常差分方程的情形是一样的.由此,我们立刻可以断定,由所有格点上的误差(不超过 δ)引起的总偏差至多是 $O(\delta h^{-3})$.然而正像我们就将看到的,这并不是最好的可能估计.

对于 $\varepsilon(x)=\delta\sin nx$,式(4.9)的偏差 $e(x,t)$ 等于

$$-\delta\sum_{s=1}^{t/k-1}\gamma_n(sk)\sin nx$$

因此是 $O(\delta h^{-1})$;也即 $e(x,t)$ 与单个误差所引起的偏差具有相同的阶.由于级数(4.9)有 π/h 项,我们可以料想到由任何一条误差线所引起的偏差的阶将是

$O(\delta h^{-2})$，然而可以证明这样引起的偏差是小于 $O(\delta h^{-2})$ 的. 证明是基于离散傅里叶级数的帕塞瓦尔等式

$$\frac{2}{N}\sum_{r=1}^{N-1} f^2(rh) = \sum_{n=1}^{N-1} A_n^2$$

这个等式的推导如下：把恒等式 $f(x) - \sum_{n=1}^{N-1} A_n \sin nx = 0$ 平方，再对格点求和并利用关于正弦与余弦乘积的和的正交关系. 因为级数(4.9)的右端是 $e(x,t)$ 的离散的傅里叶级数，故应用帕塞瓦尔等式二次，一次对式(4.9)，一次对式(4.8)，并注意到不等式 $|\gamma_n(t)| \leqslant (1-\lambda^2)^{-1/2}$，就得到

$$\begin{aligned}\frac{1}{N}\sum_{r=1}^{N-1} e^2(rh,t) &= \frac{1}{2}\sum_{n=0}^{N-1}\alpha_n^2\left(\sum_{s=1}^{t/k-1}\gamma_n(sk)\right)^2 \\ &\leqslant \frac{t^2}{k^2(1-\lambda^2)N}\sum_{r=1}^{N-1}\varepsilon^2(rh) \\ &\leqslant \frac{t^2\delta^2}{h^2\lambda^2(1-\lambda^2)}\end{aligned}$$

因此，由在 $t=0$ 的一条误差线所引起的、在直线 $t=\text{const}$ 上的偏差的均方值具有阶 $O(\delta^2 h^{-2})$. 所以对 $\lambda<1$，由在直线 $t=0$ 上的误差所引起的、在一个点上的偏差之阶不超过 $O(\delta h^{-3/2})$，而所有误差的累积偏差至多是 $O(\delta h^{-5/2})$.

对于 $\lambda=1$，累积偏差仅是 $O(\delta h^{-2})$. 这时利用公式，就知道，对于在 $t=0$ 的误差线 $\varepsilon(x)$，也即对 $f(x)=\varepsilon(x)$，$g(x)=-h^{-1}\varepsilon(x)$ 且 $|\varepsilon(x)|\leqslant\delta$，我们有

$$|e(x,t)| \leqslant (s+2)\delta = \left(\frac{t}{h}+1\right)\delta$$

这就证明了我们的结论. 特别,取 $\varepsilon(\sigma h)=(-1)^{\sigma}\delta$ 并算出在 $x=t$ 上一点的偏差,就可知道当 $\lambda=1$ 时 $O(\delta h^{-2})$ 是最好可能的结果. 因此,研究这是否是 $\lambda=1$ 的一个特殊性质,或者对 $\lambda<1$ 的估计是否可以得到改进,都将是有意义的.

最后来说一下统计误差. 若对 $r=\pm1,\pm2,\cdots$,假定 $\varepsilon(rh)$ 的值都是具有均值 0 与方差 σ^2 的独立随机变量,则式(4.8)中的傅里叶系数 α_n 以及由在 $t=0$ 的这条误差线所引起的偏差也都是随机变量,它们的方差分别是

$$V(\alpha_n)=\frac{4}{N^2}\sigma^2\sum_{r=1}^{N-1}\sin^2 nrh=\frac{2\sigma^2}{N}$$

及

$$V(e(x,t))=\frac{2}{N}\sigma^2\sum_{n=1}^{N-1}\Big(\sum_{s=1}^{t/k-1}\gamma_n(sk)\Big)^2\sin^2 nx$$

在前面曾证明

$$\Big|\sum_{s=1}^{t/k-1}\gamma_n(sk)\Big|=O(h^{-1})$$

因此,我们得到

$$V(e(x,t))=O(\sigma^2h^{-2})$$

对格线 $t=0,k,\cdots$ 求和,我们就知道累积偏差的方差具有阶 $O(\delta^2h^{-3})$,因为每条线上所提供的都是同阶的量. 于是它的标准离差是 $O(\delta h^{-3/2})$. 这说明了实际的偏差一般将大大地小于对最大可能偏差所得到的阶 $O(\delta h^{-5/2})$.

非线性波动方程中基于二进形式单位分解的索伯列夫潜入定理

第5章

我们可以利用帕塞瓦尔等式证明如下的

定理 5.1 设 $\Psi(x)$ 为集合 $\{x \mid |x| \geqslant a\}$ $(a>0)$ 的特征函数，则：

(1) 若 $\frac{1}{2}<s_0<\frac{n}{2}$，成立

$$\|\Psi f\|_{L^{\infty,2}(\mathbf{R}^n)} \leqslant C a^{s_0-\frac{n}{2}} \|f\|_{\dot{H}^{s_0}(\mathbf{R}^n)} \tag{5.1}$$

(2) 对任何给定的 $p>2$，成立

$$\|\Psi f\|_{L^{p,2}(\mathbf{R}^n)} \leqslant C a^{-(n-1)s_0} \|f\|_{\dot{H}^{s_0}(\mathbf{R}^n)} \tag{5.2}$$

其中 $s_0=\frac{1}{2}-\frac{1}{p}$.

在(5.1)和(5.2)两式中，C 为一与 f 及 a 均无关的正常数，而 $\dot{H}^{s_0}(\mathbf{R}^n)$ 为齐次索伯列夫(Sobolev)空间，其范数为

$$\|f\|_{\dot{H}^{s_0}(\mathbf{R}^n)} = \| |\xi|^{s_0} \hat{f}(\xi) \|_{L^2(\mathbf{R}^n)} \tag{5.3}$$

其中$\widehat{f}(\xi)$是$f(x)$的傅里叶变换.

证明 (1)利用标度变换,只需在 $a=4$ 的情形证明相应的不等式(5.1)及(5.2).

事实上,在 $a>0$ 的一般情形,可令 $x=by$,而 $b=\frac{a}{4}$,并记

$$\tilde{f}(y)=f(by)=f(x) \tag{5.4}$$

注意到

$$\widehat{f(by)}=b^{-n}\widehat{f}\left(\frac{\eta}{b}\right) \tag{5.5}$$

其中函数上方的"︿"表示该函数的傅里叶变换. 由式(5.3)易见有

$$\begin{aligned}\|\tilde{f}(y)\|_{\dot{H}^{s_0}(\mathbb{R}^n)}&=\|f(by)\|_{\dot{H}^{s_0}(\mathbb{R}^n)}\\&=b^{-n}\left\||\eta|^{s_0}\widehat{f}\left(\frac{\eta}{b}\right)\right\|_{L^2(\mathbb{R}^n)}\\&=b^{s_0-\frac{n}{2}}\||\xi|^{s_0}\widehat{f}(\xi)\|_{L^2(\mathbb{R}^n)}\\&=b^{s_0-\frac{n}{2}}\|f\|_{\dot{H}^{s_0}(\mathbb{R}^n)}\end{aligned} \tag{5.6}$$

易见,若记 $\tilde{\Psi}$ 为集合$\{x\mid |x|\geqslant 4\}$的特征函数,就有

$$\|\tilde{\Psi}\tilde{f}\|_{L^{\infty,2}(\mathbb{R}^n)}=\|\Psi f\|_{L^{\infty,2}(\mathbb{R}^n)} \tag{5.7}$$

及

$$\|\tilde{\Psi}\tilde{f}\|_{L^{p,2}(\mathbb{R}^n)}=b^{-\frac{n}{p}}\|\Psi f\|_{L^{p,2}(\mathbb{R}^n)} \tag{5.8}$$

这样,由对 $\tilde{f}$ 在 $a=4$ 时成立的不等式,就可以得到在一般情形 $a>0$ 时的不等式(5.1)及(5.2).

(2)现在证明 $a=4$ 时的式(5.1),即证明:设$\Psi(x)$为集合$\{x\mid |x|\geqslant 4\}$的特征函数,则在$\frac{1}{2}<s_0<\frac{n}{2}$

时,成立

$$\| \Psi f \|_{L^{\infty,2}(\mathbb{R}^n)} \leqslant C \| f \|_{\dot{H}^{s_0}(\mathbb{R}^n)} \tag{5.9}$$

在集合$\{x \mid |x| \geqslant 4\}$上成立

$$\Psi f(x) \equiv f(x) \equiv \sum_{j=1}^{\infty} \Phi_j(x) f(x) \overset{\text{def}}{=\!=} \sum_{j=1}^{\infty} f_j(x) \tag{5.10}$$

对$f_1(x) = \Phi_1(x) f(x)$,其支集$\subseteq \{x \mid 1 \leqslant |x| \leqslant 4\}$. 注意到此时通过自变量的同胚变换, 范数$\| f_1 \|_{L^{\infty}(\mathbb{R};L^2(\mathbb{R}^{n-1}))}$与范数$\| f_1 \|_{L^{\infty,2}(\mathbb{R}^n)}$等价,在$s_0 > \dfrac{1}{2}$时就有

$$\| f_1 \|_{L^{\infty,2}(\mathbb{R}^n)} \leqslant C \| f_1 \|_{\dot{H}^{s_0}(\mathbb{R}^n)} \tag{5.11}$$

由庞加莱(Poincaré)不等式及帕塞瓦尔等式,并注意到f_1具有紧支集,我们有

$$\begin{aligned}
& \| f_1 \|_{\dot{H}^{s_0}(\mathbb{R}^n)} \\
\leqslant & C \| f_1 \|_{\dot{H}^{s_0}(\mathbb{R}^n)} \\
= & C \| |\xi|^{s_0} \widehat{f}_1(\xi) \|_{L^2(\mathbb{R}^n)} \\
= & C \left\| |\xi|^{s_0} \int_{\mathbb{R}^n} \widehat{\Phi}_1(\xi - \eta) \widehat{f}(\eta) \, d\eta \right\|_{L^2(\mathbb{R}^n)} \\
\leqslant & \Big(\left\| \int_{\mathbb{R}^n} |\xi - \eta|^{s_0} |\widehat{\Phi}_1(\xi - \eta) \widehat{f}(\eta)| \, d\eta \right\|_{L^2(\mathbb{R}^n)} + \\
& \left\| \int_{\mathbb{R}^n} |\widehat{\Phi}_1(\xi - \eta)| |\eta|^{s_0} |\widehat{f}(\eta)| \, d\eta \right\|_{L^2(\mathbb{R}^n)} \Big) \\
= & C(\| \Phi_1^* f_* \|_{L^2(\mathbb{R}^n)} + \| \Phi_{1*} f^* \|_{L^2(\mathbb{R}^n)}) \\
\leqslant & C(\| f_* \|_{L^{\gamma}(\mathbb{R}^n)} \| \Phi_1^* \|_{L^{n/s_0}(\mathbb{R}^n)} + \\
& \| \Phi_{1*} \|_{L^{\infty}(\mathbb{R}^n)} \| f^* \|_{L^2(\mathbb{R}^n)})
\end{aligned} \tag{5.12}$$

其中

Parseval 等式

$$
\begin{cases}
\widehat{\Phi}_1^*(\xi) = |\xi|^{s_0} |\widehat{\Phi}_1(\xi)| \\
\widehat{f}_*(\xi) = |\widehat{f}(\xi)| \\
\widehat{\Phi}_{1*}(\xi) = |\widehat{\Phi}_1(\xi)| \\
\widehat{f}^*(\xi) = |\xi|^{s_0} |\widehat{f}(\xi)|
\end{cases} \tag{5.13}
$$

而

$$
\frac{1}{\gamma} + \frac{s_0}{n} = \frac{1}{2} \tag{5.14}
$$

(这里需进一步假设 $s_0 < \frac{n}{2}$). 由索伯列夫嵌入定理,有

$$
\|f_*\|_{L^r(\mathbf{R}^n)} \leqslant C \|f_*\|_{\dot{H}^{s_0}(\mathbf{R}^n)} = C\|f\|_{\dot{H}^{s_0}(\mathbf{R}^n)} \tag{5.15}
$$

又由帕塞瓦尔等式,有

$$
\|f^*\|_{L^2(\mathbf{R}^n)} = \|f\|_{\dot{H}^{s_0}(\mathbf{R}^n)} \tag{5.16}
$$

由 $s_0 < \frac{n}{2}$,利用豪斯道夫 - 杨(Hausdorff - Young)不等式,并注意到 Φ_1 具有紧支集,就有

$$
\begin{aligned}
\|\Phi_1^*\|_{L^{n/s_0}(\mathbb{R}^n)} &\leqslant C \|\widehat{\Phi}_1^*\|_{L^{n/(n-s_0)}(\mathbb{R}^n)} \\
&= C \| |\xi|^{s_0} \widehat{\Phi}_1(\xi) \|_{L^{n/(n-s_0)}(\mathbb{R}^n)} \\
&< +\infty
\end{aligned} \tag{5.17}
$$

此外,易见

$$
\|\Phi_{1*}\|_{L^\infty(\mathbb{R}^n)} \leqslant \|\widehat{\Phi}_1\|_{L^1(\mathbb{R}^n)} < +\infty \tag{5.18}
$$

将式(5.15)~(5.18)代入(5.12),就可由式(5.11)得到

$$
\|f_1\|_{L^{\infty,2}(\mathbb{R}^n)} \leqslant C\|f\|_{\dot{H}^{s_0}(\mathbb{R}^n)} \tag{5.19}
$$

再一次利用标度变换,就可由式(5.18)得到

$$\|f_j\|_{L^{\infty,2}(\mathbb{R}^n)} \leqslant 2^{(j-1)\left(s_0-\frac{n}{2}\right)} C\|f\|_{\dot{H}^{s_0}(\mathbb{R}^n)} \quad (j=1,2,\cdots) \tag{5.20}$$

事实上,对任意给定的$j=1,2,\cdots$,可令$y=2^{-(j-1)}x$,并记

$$\begin{cases}\tilde{f}_j(y)=f_j(2^{(j-1)}y)=f_j(x)\\ \tilde{f}(y)=f(2^{(j-1)}y)=f(x)\end{cases} \tag{5.21}$$

类似于式(5.6)及(5.7),就有

$$\|\tilde{f}_j\|_{L^{\infty,2}(\mathbb{R}^n)} = \|f_j\|_{L^{\infty,2}(\mathbb{R}^n)} \tag{5.22}$$

$$\|\tilde{f}\|_{\dot{H}^{s_0}(\mathbb{R}^n)} = 2^{(j-1)\left(s_0-\frac{n}{2}\right)}\|\boldsymbol{f}\|_{\dot{H}^{s_0}(\mathbb{R}^n)} \tag{5.23}$$

这样,由式(5.10),并注意到$s_0<\dfrac{n}{2}$,就得到

$$\begin{aligned}\|\Psi f\|_{L^{\infty,2}(\mathbb{R}^n)} &\leqslant \sum_{j=1}^{\infty}\|f_j\|_{L^{\infty,2}(\mathbb{R}^n)}\\ &= C\sum_{j=1}^{\infty}2^{(j-1)\left(s_0-\frac{n}{2}\right)}\|f\|_{\dot{H}^{s_0}(\mathbb{R}^n)}\\ &\leqslant C\|f\|_{\dot{H}^{s_0}(\mathbb{R}^n)}\end{aligned}$$

这就是所要证明的式(5.9).

(3)现在证明 $a=4$ 时的式(5.2),即证明:设$\Phi(x)$为集合$\{x\,|\,|x|\geqslant 4\}$的特征函数,则对任何给定的$p>2$,当$s_0=\dfrac{1}{2}-\dfrac{1}{p}$时,成立

$$\|\Psi f\|_{L^{p,2}(\mathbb{R}^n)} \leqslant C\|f\|_{\dot{H}^{s_0}(\mathbb{R}^n)} \tag{5.24}$$

这一证明和式(5.9)的证明是类似的,下面仅对不同之处进行说明.此时,类似地有

$$\|f_1\|_{L^{p,2}(\mathbb{R}^n)} \leqslant C\|f_1\|_{\dot{H}^{s_0}(\mathbb{R}^n)} \tag{5.25}$$

其中$s_0=\dfrac{1}{2}-\dfrac{1}{p}$.因此,类似于式(5.19),有

$$\|f_1\|_{L^{p,2}(\mathbb{R}^n)} \leqslant C\|f\|_{\dot{H}^{s_0}(\mathbb{R}^n)} \tag{5.26}$$

此外，注意到此时除式(5.22)与(5.23)外，类似于式(5.8)，还有

$$\| \tilde{f}_j \|_{L^{p,2}(\mathbb{R}^n)} = 2^{-(j-1)\frac{n}{p}} \| f_j \|_{L^{p,2}(\mathbb{R}^n)} \quad (5.27)$$

就可由式(5.26)利用标度变换得到

$$\| f_j \|_{L^{p,2}(\mathbb{R}^n)} \leqslant 2^{-(j-1)(n-1)s_0} C \| f \|_{\dot{H}^{s_0}(\mathbb{R}^n)} \quad (j=1,2,\cdots)$$

从而就容易得到所要求的式(5.24). 证毕.

帕塞瓦尔等式与线性波动方程的解的估计式[1]

第6章

§1　利用帕塞瓦尔等式建立二维线性波动方程的解的估计式

考虑下述二维线性齐次波动方程的柯西问题

$$\Box u(t,x)=0,(t,x)\in \mathbf{R}^{*}\times \mathbf{R}^{2} \tag{6.1}$$

$$t=0:u=f(x),u_{t}=g(x)\quad (x\in \mathbf{R}^{2}) \tag{6.2}$$

定理6.1　对二维柯西问题(6.1)与(6.2)的解 $u=u(t,x)$,成立下述估计式.

(1)成立

---

① 李大潜,周忆.非线性波动方程.北京:科学技术出版社,68－73.

$$\|u(t,\cdot)\|_{L^2(\mathbf{R}^2)}$$
$$\leqslant \|f\|_{L^2(\mathbf{R}^2)} + C\sqrt{\ln(2+t)}\cdot$$
$$\|(1+|\cdot|^2)g\|_{L^2(\mathbf{R}^2)} \tag{6.3}$$

(2)若

$$\int_{\mathbf{R}^2} g(x)\mathrm{d}x = 0 \tag{6.4}$$

则成立

$$\|u(t,\cdot)\|_{L^2(\mathbf{R}^2)}$$
$$\leqslant \|f\|_{L^2(\mathbf{R}^2)} + C\|(1+|\cdot|^2)g\|_{L^2(\mathbf{R}^2)} \tag{6.5}$$

其中 C 为一个正常数.

证明 $u=u(t,x)$关于 x 的傅里叶变换为

$$\widehat{u}(t,\xi) = \cos(|\xi|t)\widehat{f}(\xi) + \frac{\sin(|\xi|t)}{|\xi|}\widehat{g}(\xi) \tag{6.6}$$

从而,由帕塞瓦尔等式有

$$\|u(t,\cdot)\|_{L^2_x} = \|\widehat{u}(t,\cdot)\|_{L^2_\xi}$$
$$\leqslant \|\widehat{f}\|_{L^2} + \left\|\frac{\sin(|\xi|t)}{|\xi|}\widehat{g}(\xi)\right\|_{L^2}$$
$$= \|f\|_{L^2} + \left\|\frac{\sin(|\xi|t)}{|\xi|}\widehat{g}(\xi)\right\|_{L^2} \tag{6.7}$$

对变量 ξ 采用极坐标:$\xi=r\omega$,其中 $r=|\xi|$,而 $\omega=(\cos\theta,\sin\theta)$,就有

$$I(t) \xlongequal{\text{def}} \left\|\frac{\sin(|\xi|t)}{|\xi|}\widehat{g}(\xi)\right\|_{L^2}^2$$
$$= \iint \frac{\sin^2(rt)}{r}\widehat{g}^2(r\omega)\mathrm{d}r\mathrm{d}\theta \tag{6.8}$$

从而利用分部积分易得

$$I'(t) = \iint \sin(2rt)\widehat{g}^2(r\omega)\mathrm{d}r\mathrm{d}\theta$$

$$= \frac{1}{t}\iint \cos(2rt)\hat{g}(r\omega)\partial_r\hat{g}(r\omega)\,\mathrm{d}r\mathrm{d}\theta$$

于是就得到

$$|I'(t)| \leqslant \frac{1}{t}\left(\iint \hat{g}^2(r\omega)\,\mathrm{d}r\mathrm{d}\theta\right)^{\frac{1}{2}}\left(\iint (\partial_r\hat{g}^2(r\omega))^2\,\mathrm{d}r\mathrm{d}\theta\right)^{\frac{1}{2}}$$

在上式右端的两个积分中分别直接做一次分部积分，并利用帕塞瓦尔等式，就得到

$$|I'(t)| \leqslant \frac{C}{t}\|(1+|\cdot|^2)g\|_{L^2}^2 \quad (\forall t>0) \tag{6.9}$$

其中 C 是一个正常数.

注意到在 $t=0$ 附近，例如在 $0\leqslant t\leqslant 1$ 时，有

$$\sin^2(rt) \leqslant (rt)^2 \leqslant r^2$$

由式(6.8)并利用帕塞瓦尔等式，有

$$I(t) \leqslant \|g\|_{L^2}^2 \quad (\forall 0\leqslant t\leqslant 1) \tag{6.10}$$

综合式(6.9)与(6.10)，容易得到

$$I(t) \leqslant C\ln(2+t)\|(1+|\cdot|^2)g\|_{L^2}^2 \quad (\forall t\geqslant 0) \tag{6.11}$$

从而由式(6.7)立刻得到所要证的式(6.3).

另外，若式(6.4)成立，由傅里叶变换的定义，此条件等价于

$$\hat{g}(0)=0 \tag{6.12}$$

从而利用分部积分易知

$$\begin{aligned}\frac{\hat{g}(\xi)}{|\xi|} &= \frac{1}{|\xi|}\int_0^1 \partial_s\hat{g}(s\xi)\,\mathrm{d}s = \int_0^1 \partial_r\hat{g}(s\xi)\,\mathrm{d}s \\ &= \partial_r\hat{g}(\xi) - |\xi|\int_0^1 s\partial_r^2\hat{g}(s\xi)\,\mathrm{d}s \end{aligned} \tag{6.13}$$

其中 $\xi=r\omega$.

由式(6.7)，易知

$$\begin{aligned}
&\| u(t,\cdot)\|_{L^2}\\
\leqslant\ & \| f\|_{L^2}+\left\|\frac{\widehat{g}(\xi)}{|\xi|}\right\|_{L^2}\\
\leqslant\ & \| f\|_{L^2}+\|\widehat{g}\|_{L^2}+\left\|\frac{\widehat{g}(\xi)}{|\xi|}\right\|_{L^2(B_1)}
\end{aligned}\tag{6.14}$$

其中 $B_1=\{\xi\mid|\xi|\leqslant 1\}$. 再由式(6.13)，有

$$\begin{aligned}
\left\|\frac{\widehat{g}(\xi)}{|\xi|}\right\|_{L^2(B_1)} &\leqslant \|\partial_r\widehat{g}\|_{L^2(B_1)}+\int_0^1 s\|\partial_r^2\widehat{g}(s\xi)\|_{L^2(B_1)}\mathrm{d}s\\
&= \|\partial_r\widehat{g}\|_{L^2(B_1)}+\int_0^1 s^2\|\partial_r^2\widehat{g}(\xi)\|_{L^2(B_1)}\mathrm{d}s\\
&\leqslant \|\partial_r\widehat{g}\|_{L^2}+\|\partial_r^2\widehat{g}\|_{L^2}
\end{aligned}$$

于是，由式(6.14)并注意到帕塞瓦尔等式，就立刻可得所要证的式(6.5).

§2 利用帕塞瓦尔等式给出 $n(\geqslant 4)$ 维线性波动方程的解的一个 L^2 估计式

在本节中，我们将在一个估计的基础上，对 $n(\geqslant 4)$ 维线性波动方程的柯西问题的解建立一个新的 L^2 估计式. 这一估计式对四维非线性波动方程具有小初值的柯西问题的解，建立其生命跨度下界的精确估计时发挥关键的作用.

先来证明如下的引理. 该引理的结果通常称为莫拉维兹(Morawetz)估计.

引理6.1　设 $n\geqslant 3$,而 $u=u(t,x)$ 是 n 维线性波动方程的柯西问题

$$\Box u(t,x)=0 \tag{6.15}$$

$$t=0: u=0, u_t=g(x) \tag{6.16}$$

的解,则成立如下的时空估计式

$$\| |x|^{-s}u \|_{L^2(\mathbf{R}\times\mathbf{R}^n)}\leqslant C\|g\|_{\dot{H}^{s-\frac{3}{2}}(\mathbf{R}^n)} \tag{6.17}$$

其中 s 满足

$$1<s<\frac{n}{2} \tag{6.18}$$

$\dot{H}^{s-\frac{3}{2}}(\mathbf{R}^n)$ 的定义见第5章式(5.3),而 C 是一个正常数.

证明　先来证明:设 s 满足式(6.18),则对于任何给定的 $v\in\dot{H}^s-(\mathbf{R}^n)$,成立

$$\sup_{r>0} r^{\frac{n}{2}-s}\|v(r\omega)\|_{L^2(S^{n-1})}\leqslant C\|v\|_{\dot{H}^s(\mathbf{R}^n)} \tag{6.19}$$

其中 $x=r\omega, r=|x|$,而 $\omega\in S^{n-1}$.

事实上,由第5章定理5.1的(1)(在其中取 $a=1$),对任何给定的 $h\in\dot{H}^s(\mathbf{R}^n)$,易得

$$\|h\|_{L^2(S^{n-1})}\leqslant C\|h\|_{\dot{H}^s(\mathbf{R}^n)} \tag{6.20}$$

对任何给定的 $v\in\dot{H}^s(\mathbf{R}^n)$,在上式中取 $h(x)=v(\lambda x)\xlongequal{\text{def}}h_\lambda(x)$,其中 λ 是一个任意给定的正数,就得到

$$\|h_\lambda\|_{L^2(S^{n-1})}\leqslant C\|h_\lambda\|_{\dot{H}^s(\mathbf{R}^n)} \tag{6.21}$$

但

Parseval 等式

$$\| h_\lambda \|_{L^2(S^{n-1})} = \| v(\lambda\omega) \|_{L^2(S^{n-1})} \qquad (6.22)$$

而

$$\| h_\lambda \|_{\dot{H}^s(\mathbf{R}^n)} = \| |\xi|^s \widehat{h_\lambda} \|_{L^2(\mathbf{R})} = \| |\xi|^s \widehat{v(\lambda x)} \|_{L^2(\mathbf{R}^n)}$$

由傅里叶变换的定义,有

$$\widehat{v(\lambda x)} = \lambda^{-n} \widehat{v}\left(\frac{\xi}{\lambda}\right)$$

从而易得

$$\begin{aligned} \| h_\lambda \|_{\dot{H}^s(\mathbf{R}^n)} &= \| |\xi|^s \widehat{v(\lambda x)} \|_{L^2(\mathbf{R}^n)} \\ &= \lambda^{-n} \left\| |\xi|^s \widehat{v}\left(\frac{\xi}{\lambda}\right) \right\|_{L^2(\mathbf{R})} \\ &= \lambda^{s-\frac{n}{2}} \| |\xi|^s \widehat{v}(\xi) \|_{L^2(\mathbf{R}^n)} \\ &= \lambda^{s-\frac{n}{2}} \| v \|_{\dot{H}^s(\mathbf{R}^n)} \end{aligned} \qquad (6.23)$$

将式(6.22)与(6.23)代入(6.21),就立刻可得:对任何给定的 $\lambda > 0$,成立

$$\| v(\lambda\omega) \|_{L^2(S^{n-1})} \leqslant C\lambda^{s-\frac{n}{2}} \| v \|_{\dot{H}^s(\mathbf{R}^n)} \qquad (6.24)$$

在上式中特取 $\lambda = r = |x|$. 就立刻可得式(6.19).

对 v 的傅里叶变换 $\widehat{v}$ 应用式(6.24),就得到

$$\left(\int_{S^{n-1}} | \widehat{v}(\lambda\omega) |^2 \mathrm{d}\omega \right)^{\frac{1}{2}} \leqslant C\lambda^{s-\frac{n}{2}} \| |x|^s v \|_{L^2(\mathbf{R}^n)} \qquad (6.25)$$

由此利用对偶性,就可得到

$$\left\| |x|^{-s} \int_{S^{n-1}} \mathrm{e}^{\mathrm{i}\lambda x \cdot \omega} h(\omega) \mathrm{d}\omega \right\|_{L^2(\mathbf{R}^n)} \leqslant C\lambda^{s-\frac{n}{2}} \| h \|_{L^2(S^{n-1})} \qquad (6.26)$$

事实上

$$\text{上式左边} = \sup_{v\neq 0}\frac{\int_{\mathbf{R}^n} v(x)\,|x|^{-s}\int_{S^{n-1}} \mathrm{e}^{\mathrm{i}\lambda x\cdot\omega}h(\omega)\,\mathrm{d}\omega\mathrm{d}x}{\|v\|_{L^2(\mathbf{R}^n)}} \tag{6.27}$$

令

$$\bar{v}(x) = |x|^{-s}v(x) \tag{6.28}$$

就有

$$\begin{aligned}&\int_{\mathbf{R}^n} v(x)\,|x|^{-s}\int_{S^{n-1}} \mathrm{e}^{\mathrm{i}\lambda x\cdot\omega}h(\omega)\,\mathrm{d}\omega\mathrm{d}x\\ &= \int_{S^{n-1}}\left(\int_{\mathbf{R}^n} \mathrm{e}^{\mathrm{i}\lambda x\cdot\omega}\bar{v}h(\omega)\,\mathrm{d}x\right)h(\omega)\,\mathrm{d}\omega\\ &= \int_{S^{n-1}} \widehat{\bar{v}}(\lambda\omega)h(\omega)\,\mathrm{d}\omega\end{aligned}$$

从而

$$\begin{aligned}&\left|\int_{\mathbf{R}^n} v(x)\,|x|^{-s}\int_{S^{n-1}} \mathrm{e}^{\mathrm{i}\lambda x\cdot\omega}h(\omega)\,\mathrm{d}\omega\mathrm{d}x\right|\\ &\leqslant \|\widehat{\bar{v}}(\lambda\omega)\|_{L^2(S^{n-1})}\|h\|_{L^2(S^{n-1})}\end{aligned} \tag{6.29}$$

而利用式(6.25)并注意到式(6.28),有

$$\begin{aligned}\|\widehat{\bar{v}}(\lambda\omega)\|_{L^2(s^{n-1})} &\leqslant C\lambda^{s-\frac{n}{2}}\||x|^s\bar{v}\|_{L^2(\mathbf{R}^n)}\\ &= C\lambda^{s-\frac{n}{2}}\|v\|_{L^2(\mathbf{R}^n)}\end{aligned} \tag{6.30}$$

这样,由式(6.27)就得到式(6.26).

现在考虑波动方程柯西问题(6.15)和(6.16)的解 $u = u(t,x)$,有

$$u = \mathrm{Im}\,v \tag{6.31}$$

而

$$\widehat{v}(t,\xi) = \frac{\mathrm{e}^{\mathrm{i}t|\xi|}}{|\xi|}\widehat{g}(\xi) \tag{6.32}$$

将上式对 t 作傅里叶变换,就得到 v 的时空傅里叶变换

$$v^{\#}(\tau,\xi)=\begin{cases}\dfrac{\delta(\tau-|\xi|)}{|\xi|}\widehat{g}(\xi),\tau>0\\0,\tau<0\end{cases}\tag{6.33}$$

从而 v 关于时间的傅里叶变换为:当 $\tau>0$ 时

$$\begin{aligned}\tilde{v}(\tau,x)&=\int_{\mathbf{R}^n}e^{ix\cdot\xi}\frac{\delta(\tau-|\xi|)}{|\xi|}\widehat{g}(\xi)d\xi\\&=\tau^{n-2}\int_{S^{n-1}}e^{ix\cdot\omega\tau}\widehat{g}(\tau\omega)d\omega\end{aligned}\tag{6.34}$$

而当 $\tau<0$ 时,$\tilde{v}(\tau,x)=0$. 于是,利用式(6.26)就可得到:对 $\tau>0$,成立

$$\|\,|x|^{-s}\tilde{v}(\tau,x)\|_{L^2(\mathbf{R}^n)}\leqslant C\tau^{\frac{n}{2}-2+s}\|\widehat{g}(\tau\omega)\|_{L^2(S^{n-1})}\tag{6.35}$$

注意到当 $\tau<0$ 时,$\tilde{v}(\tau,x)=0$,将上式对 τ 取 L^2 范数,并利用帕塞瓦尔等式,就得到

$$\begin{aligned}&\|\,|x|^{-s}v(t,x)\|_{L^2(\mathbf{R}^n\times\mathbf{R}^n)}\\&\leqslant C\Big(\int_0^{\infty}\tau^{2(\frac{n}{2}-2+s)}\int_{S^{n-1}}\widehat{g}^{\,2}(\tau\omega)d\omega d\tau\Big)^{\frac{1}{2}}\\&=C\Big(\int_{\mathbf{R}^n}|\xi|^{2s-3}\widehat{g}^{\,2}(\xi)d\xi\Big)^{\frac{1}{2}}\\&=C\|g\|_{\dot{H}^{s-\frac{3}{2}}(\mathbf{R}^n)}\end{aligned}\tag{6.36}$$

从而注意到式(6.31)就立刻得到所要证明的式(6.17). 引理6.1 证毕.

第7章 $L^2(\mathbf{R}^n)$中的帕塞瓦尔等式

大家知道,按通常收敛的意义,对于L^2中的一个函数,其定义的傅里叶变换一般不存在(不过,后面学习分布理论时,我们知道在分布意义下是存在的).虽然如此,L^2中的函数的傅里叶变换仍可在较自然的方法下根据哈恩-巴拿赫(Hahn-Banach)延拓定理来导出;而且由于L^2是希尔伯特空间,L^2中的函数的傅里叶变换理论还是最为完善的.我们这里介绍与此相关的三个定理.下面的帕塞瓦尔等式由傅里叶变换的逆定理和高斯(Gauss)函数$g(x)$的性质来证明:

定理7.1(帕塞瓦尔等式) $\forall f\in L^1\cap L^2$,有$\|f\|_2=(2\pi)^{-\frac{n}{2}}\|\widehat{f}\|_2$.

证明 由于$f\in L^1\cap L^2$,因此对于高斯函数$g(x)$,我们有$f*g_t(x)$和$\widehat{f}(x)\widehat{g}(t\xi)$均属于$L^1$.这样由傅里叶变换

的逆定理有

$$\begin{aligned}&\int|f*g_t(x)|^2\mathrm{d}x\\=&\int f*g_t(x)\overline{f*g_t(x)}\mathrm{d}x\\=&\int F^{-1}(F(f*g_t))(x)\overline{f*g_t(x)}\mathrm{d}x\end{aligned}$$

把傅里叶逆变换的表达式代进去，并利用绝对可积性交换积分顺序，得到

$$\begin{aligned}&\int|f*g_t(x)|^2\mathrm{d}x\\=&(2\pi)^{-n}\int(F(f*g_t))(x)\overline{Ff*g_t(x)}\mathrm{d}x\end{aligned}$$

再利用卷积的傅里叶变换为傅里叶变换的乘积，得到

$$\int|f*g_t(x)|^2\mathrm{d}x=(2\pi)^{-n}\int|\widehat{f}(x)\widehat{g}(t\xi)|^2\mathrm{d}x$$

由于$\int|f*g_t(x)|^2\mathrm{d}x\to\int|f(x)|^2\mathrm{d}x$，因此$\int|\widehat{f}(x)\cdot\widehat{g}(t\xi)|^2\mathrm{d}x$收敛为一个有界量，这导致$\int|\widehat{f}(x)|^2\mathrm{d}x$有界. 另外$\int|\widehat{f}(x)\widehat{g}(t\xi)|^2\mathrm{d}x\to\int|\widehat{f}(x)|^2\mathrm{d}x$，这样就有

$$\int|f(x)|^2\mathrm{d}x=(2\pi)^{-n}\int|\widehat{f}(x)|^2\mathrm{d}x$$

在具体计算中我们并不关心上面的帕塞瓦尔等式中的常数，有时将上面的帕塞瓦尔等式简单写成

$$\int|f(x)|^2\mathrm{d}x=\int|\widehat{f}(x)|^2\mathrm{d}x$$

上面的帕塞瓦尔等式指出傅里叶变换 F 是 $L^1\cap L^2\to L^2$ 的连续算子. 根据哈恩－巴拿赫延拓定理，F 定义了

一个 L^2 中所有函数的傅里叶变换. 注意到 $f_t(x) = f * g_t(x)$ 与 $\widehat{f}(x)\mathrm{e}^{-\frac{x^2t^2}{4}}$ 的关系,完全类似地采用上面的证明就可得到乘法公式.

定理 7.2(乘法公式)　设 $f,g \in L^2(\mathbf{R}^n)$,则

$$\int\widehat{f}(x)g(x)\mathrm{d}x = \int f(x)\widehat{g}(x)\mathrm{d}x$$

证明　证明本定理的关键在于如何让积分顺序可交换,为此我们利用高斯函数把 $f(x)$ 和 $g(x)$ 变成"好函数"

$$f_s(x) = \pi^{-\frac{n}{2}}s^{-n}\int f(y)\mathrm{e}^{-\frac{|x-y|^2}{s^2}}\mathrm{d}y$$

和

$$g_t(x) = \pi^{-\frac{n}{2}}t^{-n}\int g(y)\mathrm{e}^{-\frac{|x-y|^2}{s^2}}\mathrm{d}y$$

来研究. 实际上,由于 $\widehat{f_s}(x) = \widehat{f}(x)\mathrm{e}^{-\frac{x^2s^2}{4}}$,我们有

$$\int\widehat{f}(x)g_t(x)\mathrm{e}^{-\frac{x^2s^2}{4}}\mathrm{d}x = \int\widehat{f_s}(x)g_t(x)\mathrm{d}x$$

把 $\widehat{f_s}(x)$ 的傅里叶变换公式具体写出来

$$\int\widehat{f}(x)g_t(x)\mathrm{e}^{-\frac{x^2s^2}{4}}\mathrm{d}x = \iint f_s(y)\mathrm{e}^{-\mathrm{i}yx}g_t(x)\mathrm{d}x\mathrm{d}y$$

利用绝对可积性,在右边我们先对 x 积分,利用卷积的傅里叶变换为傅里叶变换的乘积,就得到

$$\int\widehat{f}(x)g_t(x)\mathrm{e}^{-\frac{x^2s^2}{4}}\mathrm{d}x = \int f_s(y)\widehat{g}(y)\mathrm{e}^{-\frac{y^2s^2}{4}}\mathrm{d}x$$

然后分别令 $s\to0$ 和 $t\to0$ 就得到所需要的结论.

下面要用到结论:"对于 $L^2(\mathbf{R}^n)$ 的一个闭的真子空间 E,存在 $0\neq\varphi\in L^2(\mathbf{R}^n)$,使得 $\varphi\perp E$". 这一点超出本章内容,不介绍证明. 这里闭的这个条件是不可少

的;否则令 E 为 $L^2(\mathbf{R}^n)$ 中所有阶梯函数组成的空间,则不存在非零的 $\varphi \in L^2(\mathbf{R}^n)$ 使得 $\varphi \perp E$. $L^2(\mathbf{R}^n)$ 上的酉算子是指算子范数为 1 的一一对应的满映射. 对于傅里叶变换,更精确地有傅里叶变换算子 F 在范数相差一个常数意义下,是 $L^2(\mathbf{R}^n)$ 上的酉算子,即

定理 7.3 F 是 $L^2(\mathbf{R}^n)$ 上的酉算子.

证明 帕塞瓦尔等式意味着 F 是等距的,下面证明 F 是满映射. 为此令

$$E = \{f : f = \widehat{g}, g \in L^2(\mathbf{R}^n)\}$$

则 E 是 $L^2(\mathbf{R}^n)$ 的一个闭子空间. 假定 $E \neq L^2$,则有 $0 \neq \varphi \in L^2(\mathbf{R}^n)$,使得

$$\int f(x)\,\overline{\varphi(x)}\,\mathrm{d}x = 0 \quad (\forall f \in E)$$

这就是说,对一切 $g \in L^2(\mathbf{R}^n)$,有

$$\int \widehat{g}(x)\,\overline{\varphi(x)}\,\mathrm{d}x = 0$$

由乘法公式有

$$\int g(x)\widehat{\overline{\varphi}}(x)\,\mathrm{d}x = \int \widehat{g}(x)\,\overline{\varphi(x)}\,\mathrm{d}x = 0$$

特别地,取 $g = \widehat{\varphi} \in L^2(\mathbf{R}^n)$,得到 $\| \widehat{\varphi} \|_2 = 0 = \| \varphi \|_2$,由此而得 $E = L^2$.

第8章 帕塞瓦尔等式在局部域 K_p 上分形 PDE 的一般理论中的应用

局部域 K_p 上的拟微分算子在局部域微分方程理论中占据极其重要的地位. 本章作为局部域上微分方程理论的基础,以 p 级数域为研究对象. 有两个原因:一是 p 级数域的运算是按位的模 p 加法,不进位,因此比较简单,作为局部域上的微分方程理论研究的入门,是比较适宜的;二是关于一般局部域,包括 p 级数域、p 进数域、两种域的有限代数扩张,其上的微分方程理论很不成熟,是当今的前沿课题,问题非常多,有待于进一步的深入研究.

1. 局部域 K_p 上的傅里叶分析

假定读者已经熟悉局部域 K_p 上的傅里叶分析的一般结果,如检验函数空间 $S(k_p)$、分布空间 $S^*(K_p)$、象征类$S^{\alpha}_{p\delta}(K_p)\equiv S^{\alpha}_{p\delta}(K_p\times\Gamma_p)$,$\varphi\in S(K_p)$与$f\in S^*(K_p)$的傅

里叶变换与逆傅里叶变换、两个元的卷积及卷积的傅里叶变换公式等.

2. 局部域 K_p 上的拟微分算子

局部域 K_p 上的拟微分算子 T_α 的定义如下：

设 $\xi \in \Gamma_p$，记 $\langle \xi \rangle = \max\{1, |\xi|\}$，则 $\langle \xi \rangle^\alpha \in S^\alpha_{\rho\delta}(K_p)$，$\alpha \in \mathbf{R}, \rho \geqslant 0, \sigma \geqslant 0$. 以 $\langle \xi \rangle^\alpha$ 为象征的拟微分算子记为 T_α，则

$$T_\alpha \varphi(\langle \xi \rangle^\alpha \varphi^\wedge)^\vee \quad (\forall_\varphi \in S(K_p)) \tag{8.1}$$

并且定义

$$\langle T_\alpha f, \varphi \rangle = \langle f, T_\alpha \varphi \rangle \quad (\forall f \in S^*(K_p)) \tag{8.2}$$

对于 $\alpha > 0$，算子 T_α 称为 α 阶 p 型导算子；对于 $\alpha < 0$，算子 T_α 称为 $-\alpha$ 阶 p 型积分算子；对于 $\alpha = 0$，算子 T_0：$T_0 f = f = If$ 为恒同算子.

为研究局部域 K_p 上的拟微分算子 T_α 的卷积核，先定义一个分布 $\pi_\alpha \in S(K_p)$.

定义 8.1（分布 π_α） 设 $\alpha \in \mathbf{C}$，对于 $\operatorname{Re} \alpha > 0$，定义一个分布 $\pi_\alpha \in S^*(K_p)$

$$\langle \pi_\alpha, \varphi \rangle = \int_{K_p} |x|^{\alpha - 1} \varphi(x) \mathrm{d}x \quad (\forall \varphi \in S(K_p)) \tag{8.3}$$

上述积分是绝对收敛的，从而保证了定义（8.3）的合理性. 进而，注意到分布 π_α 在 $\operatorname{Re} \alpha > 0$ 上是全纯的，故可将 π_α 解析延拓到复平面 $\mathbf{C}$ 上，使 $\forall \varphi \in S(K_p)$，有

$$\langle \pi_\alpha, \varphi \rangle = \int_{B^0} |x|^{\alpha - 1}(\varphi(x) - \varphi(0)) \mathrm{d}x +$$

$$\int_{K_p\setminus B^0} |x|^{\alpha-1}\varphi(x)\mathrm{d}x + \frac{1-p^{-1}}{1-p^{-\alpha}}\varphi(0) \tag{8.4}$$

显见,在复平面 $\mathbf{C}$ 上,除了 $\alpha_k = \dfrac{2k\pi \mathrm{i}}{\ln p}(k\in\mathbf{Z})$ 外,π_α 是解析的,从而对于任意非零实数 $\alpha\neq 0$,分布 π_α 的定义是合理的.

式(8.3)和(8.4)可简化为:对于 $\alpha\in\mathbf{R},\alpha\neq 0$,有

$$\langle \pi_\alpha,\varphi\rangle = \int_{K_p}|x|^{\alpha-1}(\varphi(x)-\varphi(0))\mathrm{d}x \quad (\forall\varphi\in S(K_p)) \tag{8.5}$$

为求算子 T_α 的卷积核,现在证明两个引理.

引理 8.1　设 $\alpha\in\mathbf{R}$,对于 $\alpha\neq 0$,有

$$\int_{B^0}|x|^{-\alpha-1}(\chi(-\xi x)-1)\mathrm{d}x$$
$$=\left(\frac{p^{-\alpha}-p^{-\alpha-1}}{1-p^{-\alpha}}+\frac{1-p^{-\alpha-1}}{1-p^{\alpha}}|\xi|^{\alpha}\right)(1-\Delta_0)$$

其中

$$\Delta_0(x)=\begin{cases}1, x\in B^0\\ 0, x\notin B^0\end{cases}, B^0=\{x\in K_p \mid |x|\leqslant 1\}$$

证明　作变量代换 $t=\xi x,\mathrm{d}t=|\xi|\mathrm{d}x$,得到

$$\int_{B^0}|x|^{-\alpha-1}(x(-\xi x)-1)\mathrm{d}x$$
$$=|\xi|^{-1}\int_{|t|\leqslant|\xi|}|\xi^{-1}t|^{-\alpha-1}(\chi(-t)-1)\mathrm{d}t$$
$$=|\xi|^{\alpha}\int_{|t|\leqslant|\xi|}|t|^{-\alpha-1}(\chi(-t)-1)\mathrm{d}t$$

若 $|\xi|\leqslant 1$,则 $\chi(-t)=1$,且 $\displaystyle\int_{|t|\leqslant|\xi|}|t|^{-\alpha-1}(\chi(-t)-$

1) dt = 0;若 $|\xi| = p^N > 1$,即 $N > 0$,则

$$\begin{aligned}
&\int_{|t|\leqslant|\xi|} |t|^{-\alpha-1}(\chi(-t)-1)\mathrm{d}t \\
&= \int_{p\leqslant|t|\leqslant|\xi|} |t|^{-\alpha-1}(\chi(-t)-1)\mathrm{d}t \\
&= \sum_{r=1}^{N} p^{-\alpha r-r}\left(\int_{|t|=p^r}\chi(-t)\mathrm{d}t - p^r\left(1-\frac{1}{p}\right)\right) \\
&= -p^{-\alpha-1} - \left(1-\frac{1}{p}\right)p^{-\alpha}\frac{1-p^{-\alpha N}}{1-p^{-\alpha}} \\
&= \frac{p^{-\alpha}-p^{-\alpha-1}}{1-p^{-\alpha}}|\xi|^{-\alpha} + \frac{1-p^{-\alpha-1}}{1-p^{\alpha}}
\end{aligned}$$

因此

$$\begin{aligned}
&\int_{B^0} |x|^{-\alpha-1}(\chi(-\xi x)-1)\mathrm{d}x \\
&= \left(\frac{p^{-\alpha}-p^{-\alpha-1}}{1-p^{-\alpha}} + \frac{1-p^{-\alpha-1}}{1-p^{\alpha}}|\xi|^{\alpha}\right)(1-\Delta_0)
\end{aligned}$$

定义 8.2(局部常值函数) 称函数 $\psi: K_p \to \mathbf{C}$ 为局部常值的,若 $\forall x \in K_p$,存在整数 $l(x) \in \mathbf{Z}$,使得 $\psi(x+y) = \psi(x)$, $y = B^{l(x)}$;局部常值函数的全体记为 $\mathbf{H}(K_p)$.

引理 8.2 设 $\alpha \in \mathbf{R}$,令

$$\kappa_\alpha = \begin{cases}
\left(\dfrac{1-p^{\alpha}}{1-p^{-\alpha-1}}\pi_{-\alpha} + \dfrac{1-p^{\alpha}}{1-p^{\alpha+1}}\right)\Delta_0 & (\alpha \neq 0, -1) \\
\left(1-\dfrac{1}{p}\right)(1-\log_p|x|)\Delta_0 & (\alpha = -1) \\
\delta & (\alpha = 0)
\end{cases}$$

则

$$(\kappa_\alpha)^\wedge = \langle \xi \rangle^{\alpha}$$

证明　由定义知，分布 κ_α 具有紧支集，$\operatorname{supp}\kappa_\alpha \subset B^0$，因此，不难证明，$(\kappa_\alpha)^\wedge$ 是局部常值函数.

（1）当 $\alpha \neq 0, -1$ 时，利用式（8.4），富比尼（Fubini）定理与引理 8.1，有

$$
\begin{aligned}
&\left\langle \left(\frac{1-p^\alpha}{1-p^{-\alpha-1}} \pi_{-\alpha} \Delta_0 \right)^\wedge, \varphi \right\rangle = \left\langle \frac{1-p^\alpha}{1-p^{-\alpha-1}} \pi_{-\alpha} \Delta_0, \varphi^\wedge \right\rangle \\
&= \int_{B^0} \frac{1-p^\alpha}{1-p^{-\alpha-1}} |x|^{-\alpha-1} (\varphi^\wedge(x) - \varphi^\wedge(0)) \mathrm{d}x + \\
&\quad \frac{1-p^{-1}}{1-p^{-\alpha-1}} \varphi^\wedge(0) \\
&= \frac{1-p^\alpha}{1-p^{-\alpha-1}} \int_{B^0} |x|^{-\alpha-1} \int_{\Gamma_p} \varphi(\xi) (\chi(-\xi x) - 1) \mathrm{d}\xi \mathrm{d}x + \\
&\quad \frac{1-p^{-1}}{1-p^{-\alpha-1}} \langle 1, \varphi \rangle \\
&= \frac{1-p^\alpha}{1-p^{-\alpha-1}} \int_{\Gamma_p} \varphi(\xi) \int_{B^0} |x|^{-\alpha-1} (\chi(-\xi x) - 1) \mathrm{d}x \mathrm{d}\xi + \\
&\quad \frac{1-p^{-1}}{1-p^{-\alpha-1}} \langle 1, \varphi \rangle \\
&= \frac{1-p^\alpha}{1-p^{-\alpha-1}} \left\langle \left(\frac{p^{-\alpha} - p^{-\alpha-1}}{1-p^{-\alpha}} + \frac{1-p^{-\alpha-1}}{1-p^\alpha} |\xi|^\alpha \right) \cdot \right. \\
&\quad \left. (1-\Delta_0), \varphi \right\rangle + \frac{1-p^\alpha}{1-p^{-\alpha-1}} \langle 1, \varphi \rangle \\
&= \left\langle \left(|\xi|^\alpha - \frac{1-p^{-1}}{1-p^{-\alpha-1}} \right) (1-\Delta_0), \varphi \right\rangle + \\
&\quad \frac{1-p^{-1}}{1-p^{-\alpha-1}} \langle 1, \varphi \rangle \\
&= \left\langle |\xi|^\alpha (1-\Delta_0) + \frac{1-p^{-1}}{1-p^{-\alpha-1}} \Delta_0, \varphi \right\rangle
\end{aligned}
$$

因此

$$(\kappa_\alpha)^\frown = |\xi|^\alpha(1-\Delta_0)+\frac{1-p^{-1}}{1-p^{-\alpha-1}}\Delta_0+\frac{1-p^\alpha}{1-p^{\alpha+1}}\Delta_0$$

$$=|\xi|^\alpha(1-\Delta_0)+\Delta_0=\langle\xi\rangle^\alpha$$

（2）当 $\alpha=-1$ 时

$$(\kappa_{-1})^\frown=\left(1-\frac{1}{p}\right)\int_{B^0}(1-\log_p|x|)\chi(-\xi x)\mathrm{d}x$$

$$=\left(1-\frac{1}{p}\right)\left(\Delta_0-\int_{B^0}\log_p|x|\chi(-\xi x)\mathrm{d}x\right)$$

计算积分 $\int_{B^0}\log_p|x|\chi(-\xi x)\mathrm{d}x$. 若 $|\xi|\leqslant 1$，则

$$\int_{B^0}\log_p|x|\chi(-\xi x)\mathrm{d}x=\sum_{r=0}^{+\infty}\int_{|x|=p^{-r}}\log_p|x|\,\mathrm{d}x$$

$$=\sum_{r=0}^{+\infty}(-r)p^{-r}\left(1-\frac{1}{p}\right)$$

$$=\frac{1}{1-p}$$

因此

$$(\kappa_{-1})^\frown(\xi)=\left(1-\frac{1}{p}\right)\left(1-\frac{1}{1-p}\right)=1\quad(|\xi|\leqslant 1)$$

若 $|\xi|=p^N>1$，则

$$\int_{|x|\leqslant|\xi|^{-1}}\log_p|x|\chi(-\xi x)\mathrm{d}x+$$

$$\int_{|\xi|^{-1}<|x|\leqslant 1}\log_p|x|\chi(-\xi x)\mathrm{d}x$$

$$=\sum_{r=N}^{+\infty}(-r)p^{-r}\left(1-\frac{1}{p}\right)+\sum_{r=0}^{N-1}(-r)\int_{|x|=p^{-r}}\chi(-\xi x)\mathrm{d}x$$

$$=-\left(1-\frac{1}{p}\right)\sum_{r=N}^{+\infty}rp^{-r}+(-N+1)(-p^{-N})$$

$$= \frac{p^{-N}}{p^{-1}-1} = \frac{|\xi|^{-1}}{p^{-1}-1}$$

因此

$$(\kappa_{-1})^{\wedge}(\xi) = \left(1-\frac{1}{p}\right)\left(-\frac{|\xi|^{-1}}{p^{-1}-1}\right) = |\xi|^{-1} \quad (|\xi|>1)$$

综上得到

$$(\kappa_{-1})^{\wedge}(\xi) = \langle\xi\rangle^{-1}$$

(3) 当 $\alpha=0$ 时,得到

$$(\kappa_{\alpha})^{\wedge} = \delta^{\wedge} = 1 = \langle\xi\rangle^{0}$$

引理得证.

定理 8.1　κ_α 具有半群性质

$$\kappa_\alpha * \kappa_\beta = \kappa_{\alpha+\beta} \quad (\alpha,\beta\in\mathbf{R})$$

证明　对于 $\alpha,\beta\in\mathbf{R}$, $\operatorname{supp}\ \kappa_\alpha\subset B^0$, $\operatorname{supp}\ \kappa_\beta\subset B^0$ 从而 $\kappa_\alpha*\kappa_\beta$ 存在,因此

$$(\kappa_{\alpha+\beta})^{\wedge} = \langle\xi\rangle^{\alpha+\beta} = \langle\xi\rangle^{\alpha}\cdot\langle\xi\rangle^{\beta} = (\kappa_\alpha)^{\wedge}\cdot(\kappa_\beta)^{\wedge} = (\kappa_\alpha*\kappa_\beta)^{\wedge}$$

故得到 $\kappa_\alpha*\kappa_\beta=\kappa_{\alpha+\beta}$.

算子 T_α 具有如下性质:

定理 8.2　设 $\alpha\in\mathbf{R}$,则:

(1) $\forall f\in S^*(K_p)\Rightarrow T_\alpha f=\kappa_\alpha*f$,即算子 T_α 有卷积核 κ_α;

(2) $\forall f\in S^*(K_p),\alpha,\beta\in\mathbf{R}\Rightarrow T_{\alpha+\beta}f=T_\alpha T_\beta f=T_{\beta+\alpha}f$. 从而 $T_\alpha T_{-\alpha}f=T_0 f=f$,即 $(T_\alpha)^{-1}=T_{-\alpha}$.

证明　(1) 对于 $\alpha\in\mathbf{R}$ 与 $f\in S^*(K_p)$,由 $\operatorname{supp}\ \kappa_\alpha\subset B^0$,从而 $\kappa_\alpha*f$ 存在. 利用引理 8.2,得

$$T_\alpha f=(\langle\xi\rangle^\alpha f^\wedge)^\vee=((\kappa_\alpha)^\wedge\cdot f^\wedge)^\vee=((\kappa_\alpha*f)^\wedge)^\vee=\kappa_\alpha*f$$

$$\begin{aligned}(2)\ T_\alpha T_\beta f&=T_\alpha(T_\beta f)=\kappa_\alpha*(\kappa_\beta*f)\\&=(\kappa_\alpha*\kappa_\beta)*f=\kappa_{\alpha+\beta}*f\\&=T_{\alpha+\beta}f\end{aligned}$$

下面寻找拟微分算子 T_α 在分布空间 $S^*(K_p)$ 中的不动点集,为分形微分方程理论作准备.

由于 $T_0=I$ 为恒同算子, $\forall f\in S^*(K_p)\Rightarrow T_0f=f$, 故本小节中设 $\alpha\neq0$.

定理 8.3　对于 $\alpha\in\mathbf{R}$,空间 $S(K_p)$, $S^*(K_p)$, $\mathbf{H}(K_p)$是算子 T_α 的不变空间.

证明留作练习.

然而,算子 T_α 的不动点集却与$f\in S^*(K_p)$的支集有关.

定义 8.3(空间 $\mathbf{E}(K_p)$)　对于$f\in S^*(K_p)$,定义

$$\mathbf{E}(K_p)=\{f\in S^*(K_p):\operatorname{supp}f^\wedge\subset\Gamma^0\}$$

它是傅里叶变换具有紧支集且支集 $\operatorname{supp}f^\wedge$含在 Γ^0 中的分布的全体.

定理 8.4　设 $\alpha\in\mathbf{R},\alpha\neq0$,则 $T_\alpha g=g$ 当且仅当 $g\in\mathbf{E}(k_p)$.

证明　充分性. 取 $g\in\mathbf{E}(k_p)$由 $\operatorname{supp}g^\wedge\subset\Gamma^0$,有

$$(\kappa_\alpha*g)^\wedge=(\kappa_\alpha)^\wedge\cdot g^\wedge=\langle\xi\rangle^\alpha g^\wedge=g^\wedge$$

这最后一步是因为 $\xi\in B^0\Rightarrow\langle\xi\rangle=1$. 于是据定理 8.2(1)与傅里叶变换的唯一性,得 $T_\alpha g=\kappa_\alpha*g=g$,充分性得证.

必要性. 设 $T_\alpha g=g,g\in S^*(K_p)$. 若 $\operatorname{supp}g^\wedge\not\subset\Gamma^0$,则必存在检验函数 $\varphi\in S(K_p)$, $\operatorname{supp}\varphi\subset K_p\backslash B^0$,使得

$$\langle g^{\frown},\varphi_{r_0}\rangle \neq 0 \tag{8.6}$$

由 $\varphi\in S(K_p)$，必存在整数 $N\in\mathbf{N}$，使得 $\mathrm{supp}\ \varphi\subset B^{-N}$，且

$$\varphi = \sum_{r=1}^{N}\varphi\cdot\Phi_{B^{-r}\backslash B^{-r+1}} = \sum_{r=1}^{N}\varphi_r$$

其中 $\varphi_r=\varphi\Phi_{B^{-r}\backslash B^{-r+1}}\in S(k_p)$. 于是，式(8.6)给出：存在 $r_0(1\leqslant r\leqslant N)$，使得

$$\langle g^{\frown},\varphi_{r_0}\rangle \neq 0$$

另外，由 $T_\alpha g=\kappa_\alpha * g=g$ 得 $g^{\frown}=\langle\xi\rangle^{\alpha}g^{\frown}$，故

$$\begin{aligned}\langle g^{\frown},\varphi_{r_0}\rangle &= \langle\langle\xi\rangle^{\alpha}g^{\frown},\varphi_{r_0}\rangle = \langle g^{\frown},\langle\xi\rangle^{\alpha}\varphi_{r_0}\rangle\\ &= \langle g^{\frown},p^{\alpha r_0}\varphi_{r_0}\rangle = p^{\alpha r_0}\langle g^{\frown},\varphi_{r_0}\rangle\end{aligned}$$

因此有 $p^{\alpha r_0}=1$. 但这与 $\alpha\neq 0,r_0\neq 0$ 矛盾，故 $\mathrm{supp}\ g^{\frown}\subset\Gamma^0$，必要性得证.

定理 8.5　T_α 的不动点集 $\mathbf{E}(K_p)$ 是 $\mathbf{H}(K_p)$ 的子集，且

$$\mathbf{E}(K_p)=\{f\in\mathbf{H}(K_p)\mid f\ \text{在}\ B^0\ \text{的陪集上取常值}\}$$

拟微分算子 T_α 关于实参数 $\alpha\in\mathbf{R}$ 是连续的.

定理 8.6　设 $\alpha\in\mathbf{R}$，则 κ_α 关于 α 在空间 $S^*(K_p)$ 内连续，特别地

$$\lim_{\alpha\to 0}\kappa_\alpha=\delta\quad(\text{在}\ S^*(K_p)\ \text{中})$$

$$\lim_{\alpha\to -1}\kappa_\alpha=\kappa_{-1}\quad(\text{在}\ S^*(K_p)\ \text{中})$$

证明　显然，对于 $\alpha\in\mathbf{R}$，$\langle\xi\rangle^{\alpha}$ 关于参数 α 在 $S^*(K_p)$ 内连续. 进而，由逆傅里叶变换算子在空间 $S^*(K_p)$ 中的连续性知，$(\langle\xi\rangle^{\alpha})^{\smile}$ 关于参数 α 在 $S^*(K_p)$ 内连续，因此核 κ_α 关于参数 α 在 $S^*(K_p)$ 内连续.

定理 8.7 设 $\alpha\in\mathbf{R}$，对于 $f\in S^*(K_p)$，有

$$\lim_{\beta\to\alpha}T^{\beta}f=T^{\alpha}f$$

证明 首先证明，$\forall\varphi\in S(K_p)$，有 $\lim\limits_{\beta\to\alpha}T^{\beta}\varphi=T^{\alpha}\varphi$. 事实上，设整数 $l\leqslant N$，记函数集合

$D_l^N=\{\varphi\in S(K_p)\mid\mathrm{supp}\ \varphi\subset B^l, g$ 在 B^N 的陪集上取常值$\}$

$\forall\varphi\in S(K_p)$，都存在指标对 (N,l)，使得 $\varphi\in D_l^N$，$\varphi^{\wedge}\in D_{-N}^{-l}$.

注意到，$\langle\xi\rangle^{\beta}-\langle\xi\rangle^{\alpha}\in\mathbf{H}(K_p)$，且 $\langle\xi\rangle^{\beta}-\langle\xi\rangle^{\alpha}$ 在 B^0 的陪集上取常值，故

$$(\langle\xi\rangle^{\beta}-\langle\xi\rangle^{\alpha})\varphi^{\wedge}(\xi)\in D_{-\max\{0,N\}}^{-l}$$

因此

$$T^{\beta}\varphi-T^{\alpha}\varphi=(((\langle\xi\rangle^{\beta}-\langle\xi\rangle^{\alpha})\varphi^{\wedge}(\xi))^{\vee}\in D_l^{\max\{0,N\}}$$

另外，由于 $\varphi^{\wedge}\in D_{-N}^{-l}$，故

$$\begin{aligned}T^{\beta}\varphi-T^{\alpha}\varphi&=\int_{\Gamma_p}(((\langle\xi\rangle^{\beta}-\langle\xi\rangle^{\alpha})\varphi^{\wedge}(\xi))\chi_{\xi}(x)\mathrm{d}\xi\\&=\int_{\Gamma^l\setminus\Gamma^0}(((\langle\xi\rangle^{\beta}-\langle\xi\rangle^{\alpha})\varphi^{\wedge}(\xi))\chi_{\xi}(x)\mathrm{d}\xi\end{aligned}$$

有

$$|T^{\beta}\varphi-T^{\alpha}\varphi|\leqslant M\int_{\Gamma^l\setminus\Gamma^0}|\langle\xi\rangle^{\beta}-\langle\xi\rangle^{\alpha}|\mathrm{d}\xi$$

其中 M 是依赖于 φ 的常数. 再由勒贝格控制收敛定理，当 $\beta\to\alpha$ 时，一致成立 $T^{\beta}\varphi-T^{\alpha}\varphi\to0$. 于是，有

$$T^{\beta}\varphi\xrightarrow{S}T^{\alpha}\varphi\quad(\forall\varphi\in S(K_p))$$

其次，对于 $f\in S^*(K_p)$，$\varphi\in S(K_p)$，有

$$\langle T^{\beta}f-T^{\alpha}f,\varphi\rangle=\langle f,T^{\beta}\varphi-T^{\alpha}\varphi\rangle$$

当 $\beta\to\alpha$ 时，有 $T^{\beta}\varphi\xrightarrow{S}T^{\alpha}\varphi$，再由分布 f 的连续性，得

$\langle f, T^\beta\varphi - T^\alpha\varphi\rangle \to 0$，故

$$T^\beta f \xrightarrow{S^*} T^\alpha f \quad (\forall f \in S^*(K_p))$$

定理得证.

3. 局部域 K_p 上的拟微分算子 T_α 的谱理论

与建立经典微分方程理论的思路相类似，下面研究局部域 K_p 上的微分算子的谱理论.

首先，介绍拟微分算子 T_α 在希尔伯特空间 $L^2(K_p)$ 中的性质.

定义 8.4（算子 T_α 的定义域）　设 $\alpha \in \mathbf{R}$，记函数集合

$$D(T_\alpha) = \{f \in L^2(K_p) : \langle \xi \rangle^\alpha f^\wedge(\xi) \in L^2(K_p)\}$$

易见，$D(T_\alpha)$ 是算子 T_α 在空间 $L^2(K_p)$ 中的定义域

$$\forall f \in D(T_\alpha) \Rightarrow T_\alpha f = (\langle \xi \rangle^\alpha f^\wedge(\xi))^\vee$$

引理 8.3　$\langle \xi \rangle^\alpha \in L^2(K_p)$ 当且仅当 $\alpha < -\frac{1}{2}$.

证明　由

$$\begin{aligned}\int_{K_p} \langle \xi \rangle^{2\alpha} \mathrm{d}\xi &= \int_{B^0} 1 \cdot \mathrm{d}\xi + \int_{K_p \setminus B^0} |\xi|^{2\alpha} \mathrm{d}\xi \\ &= 1 + \sum_{r=1}^{+\infty} p^{2\alpha r} p^r (1 - p^{-1}) \\ &= 1 + (1 - p^{-1}) \sum_{r=1}^{+\infty} p^{(1+2\alpha)r} \\ &= \frac{p^{2\alpha} - 1}{p^{2\alpha+1} - 1}\end{aligned}$$

级数 $\sum_{r=1}^{+\infty} p^{(1+2\alpha)r}$ 收敛，当且仅当 $\alpha < -\frac{1}{2}$. 引理得证.

定理 8.8　对于算子 T_α 的定义域 $D(T_\alpha)$，若

$\alpha\leqslant 0$,则 $D(T_\alpha)=L^2(K_p)$;若 $\alpha>0$,则 $D(T_\alpha)\subsetneqq L^2(K_p)$. 进而,$D(T_\alpha)$ 在 $L^2(K_p)$ 中稠密,$\overline{D(T_\alpha)}=L^2(K_p)$.

证明 若 $\alpha\leqslant 0$,则$\langle\xi\rangle^\alpha\leqslant 1$,故由

$$\begin{aligned} f\in L^2(K_p)\Rightarrow & f^\frown\in L^2(K_p) \\ & \Rightarrow|\langle\xi\rangle^\alpha f^\frown(\xi)| \\ & \leqslant|f^\frown(\xi)|\in L^2(K_p) \end{aligned}$$

知 $D(T_\alpha)=L^2(K_p)$.

若 $\alpha>0$,则由引理 8. 3,以及傅里叶变换是 $L^2(K_p)$上的等距同构算子,必存在 $g\in L^2(K_p)$,使得 $g^\frown\langle\xi\rangle=(\xi)^{-\alpha-\frac{1}{2}}\in L^2(K_p)$. 再据引理 8. 3,有

$$\langle\xi\rangle^\alpha g^\frown=\langle\xi\rangle^{-\frac{1}{2}}\notin L^2(K_p)$$

因此,虽然 $g\in L^2(K_p)$,却有 $g\notin D(T_\alpha)$,故 $D(T_\alpha)\subsetneqq L^2(K_p)$.

至于稠密性,由 $S(K_p)\subset D(T_\alpha)$ 与 $\overline{S(K_p)}=L^2(K_p)$得到.

定理 8. 9 对于算子 T_α 的值域 $T_\alpha(D(T_\alpha))$,若 $\alpha\geqslant 0$,则 $T_\alpha(D(T_\alpha))=L^2(K_p)$;若 $\alpha<0$,则 $T_\alpha(D(T_\alpha))\subsetneqq L^2(K_p)$. 进而,$T_\alpha(D(T_\alpha))$ 在 $L^2(K_p)$ 中稠密,$\overline{T_\alpha(D(T_\alpha))}=L^2(K_p)$.

证明 若 $\alpha\geqslant 0$,则$\langle\xi\rangle^{-\alpha}\leqslant 1$,故取 $g\in L^2(K_p)$,并考察方程 $T_\alpha f=g$,则

$$f=T_{-\alpha}g=(\langle\xi\rangle^{-\alpha}g^\frown)^\smile$$

于是

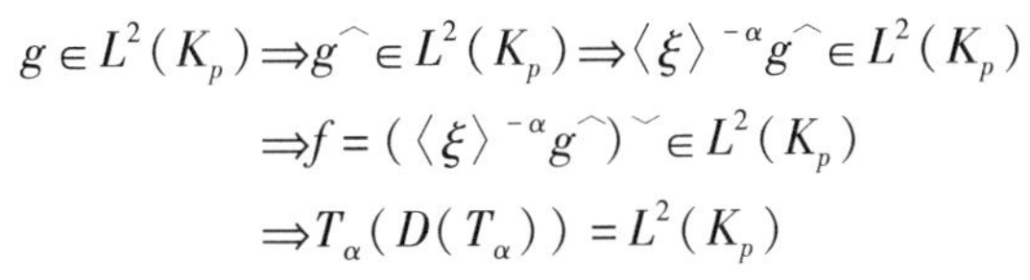

$$g\in L^2(K_p)\Rightarrow g^{\frown}\in L^2(K_p)\Rightarrow\langle\xi\rangle^{-\alpha}g^{\frown}\in L^2(K_p)$$
$$\Rightarrow f=(\langle\xi\rangle^{-\alpha}g^{\frown})^{\smile}\in L^2(K_p)$$
$$\Rightarrow T_\alpha(D(T_\alpha))=L^2(K_p)$$

若 $\alpha<0$,则利用引理8.3,以及傅里叶变换算子在 $L^2(K_p)$ 中的等距同构,必存在 $g\in L^2(K_p)$,使得 $g^{\frown}(\xi)=\langle\xi\rangle^{\alpha-\frac{1}{2}}\in L^2(K_p)$. 于是,可考察方程 $T_\alpha f=g$,则

$$f=T_{-\alpha}g=(\langle\xi\rangle^{-\alpha}g^{\frown})^{\smile}=(\langle\xi\rangle^{\alpha-\frac{1}{2}})^{\smile}\notin L^2(K_p)$$

从而,不存在函数 $g\in L^2(K_p)$,使得 $T_\alpha f=g$,因此 $T_\alpha(D(T_\alpha))\subsetneqq L^2(K_p)$.

至于稠密性,取 $\varphi\in S(K_p)$,则方程 $T_\alpha f=\varphi$ 在 $S(K_p)\subset D(T_\alpha)$ 中有唯一解,从而 $T_\alpha(D(T_\alpha))\supset S(K_p)$,所以 $T_\alpha(D(T_\alpha))$ 在 $L^2(K_p)$ 中稠密.

定理8.10　设 $\alpha\in\mathbf{R}$,则算子 T_α 是 $L^2(K_p)$ 上的非负自伴算子.

证明　利用帕塞瓦尔等式,容易得到,对于 $\varphi,\psi\in D(T_\alpha)$,有

$$\langle T_\alpha\psi,\varphi\rangle=\langle T_{\frac{\alpha}{2}}\psi,T_{\frac{\alpha}{2}}\varphi\rangle=\int_{\Gamma_p}\langle\xi\rangle^\alpha\psi^{\frown}(\xi)\,\overline{\varphi^{\frown}}(\xi)\,\mathrm{d}\xi$$

于是

$$\|T_\alpha\psi\|_2^2=(T_\alpha\psi,T_\alpha\psi)=\int_{\Gamma_p}\langle\xi\rangle^{2\alpha}|\psi^{\frown}(\xi)|^2\mathrm{d}\xi$$

这里 $(T_\alpha\psi,T_\alpha\psi)$ 是 $L^2(K_p)$ 的内积,这样,有

$$(T_\alpha\psi,T_\alpha\psi)=\|T_\alpha\psi\|_2^2>0\quad(\forall\psi\in D(T_\alpha),\psi\neq0)$$

据非负自伴算子理论,得到 $T_{\frac{\alpha}{2}}=(T_\alpha)^{\frac{1}{2}}$,且

$$D(T_\alpha)=\{\psi\in D(T_{\frac{\alpha}{2}}):T_{\frac{\alpha}{2}}\psi\in D(T_{\frac{\alpha}{2}})\}$$

进而,存在 $L^2(K_p)$ 上的非负二次型 $Q^\alpha(\cdot,\cdot)$,其定

义域为

$$D(T_{\frac{\alpha}{2}})\times D(T_{\frac{\alpha}{2}})$$

使得

$$Q^{\alpha}(\varphi,\psi)=(T_{\frac{\alpha}{2}}\varphi,T_{\frac{\alpha}{2}}\psi),(\varphi,\psi)\in D(T_{\frac{\alpha}{2}})\times D(T_{\frac{\alpha}{2}})$$

根据非负自伴算子理论,引入新内积 $\overline{Q}^{\alpha}(\varphi,\psi)=Q^{\alpha}(\varphi,\psi)+(\varphi,\psi)$,则

$$(D(T_{\frac{\alpha}{2}}),\overline{Q}^{\alpha})$$

成为一个希尔伯特空间.

下面讨论拟微分算子 T_{α} 在希尔伯特空间 $L^2(K_p)$ 中的固有值,固有函数与完整直交系.

为研究拟微分,算子 T_Q 在 $L^2(k_p)$ 空间中的固有值问题,考虑方程

$$T_{\alpha}\psi=\lambda\psi,\psi\in L^2(K_p) \tag{8.7}$$

由定理 8.10,算子 T_{α} 的所有固有值 λ 为非负的,$\lambda\geqslant 0$.

设 $\lambda=0$,则式(8.7)成为 $T_{\alpha}\psi=0$,这蕴涵 $\psi=0$,因此 $\lambda=0$ 不是固有值.

对于 $\lambda>0$,将式(8.7)写为 $(T_{\alpha}-\lambda)\psi=0$,并作傅里叶变换

$$0=(T_{\alpha}\psi-\lambda\psi)^{\wedge}(\xi)=(\langle\psi\rangle^{\alpha}-\lambda)\psi^{\wedge}(\xi)$$

由此知算子 T_{α} 的固有值具有形式

$$\lambda_N=p^{N\alpha}\quad(N\in P=\{0,1,2,\cdots\})$$

若 $L^2(K_p)$ 中存在由 T_{α} 的固有函数组成的完整直交系 $\{\psi_N(x)\}$,则函数 $\psi_N(x)$ 的傅里叶变换为

$$(\psi_N)^{\wedge}(\xi)=\begin{cases}\Phi_{\{|\xi|=p^{-N}\}}(\xi)\rho_N(\xi),N>0\\ \Phi_{\{|\xi|\leqslant 1\}}(\xi)\rho_0(\xi),N=0\end{cases}$$

其中

$$\Phi_{\{|\xi|=p^{-N}\}}(\xi)=\begin{cases}1 & (|\xi|=p^{-N})\\0 & (|\xi|\neq p^{-N})\end{cases}$$

$$\int_{\{|\xi|=p^{-N}\}}|\rho_N(\xi)|^2\mathrm{d}\xi=1\quad(N\in\mathbf{N}^*)$$

$$\Phi_{\{|\xi|\leqslant 1\}}(\xi)=\begin{cases}1,|\xi|\leqslant 1\\0,|\xi|>1\end{cases}\int_{\{|\xi|\leqslant 1\}}|\rho_0(\xi)|^2\mathrm{d}\xi=1$$

于是,有

定理8.11　设 $\alpha\in\mathbf{R}$,则算子 T_α 的固有值的集合为 $\{\lambda_N\}_{N=0}^{+\infty}$,即

$$\{\lambda_N\}_{N=0}^{+\infty}=\begin{cases}\{1,p^\alpha,p^{2\alpha},\cdots\} & (\alpha>0)\\\{1\} & (\alpha=0)\\\{\cdots,p^{2\alpha},p^\alpha,1\} & (\alpha<0)\end{cases}$$

为构造由拟微分算子 T_α 的固有函数组成的 $L^2(K_p)$ 中的完整直交系,先证明两个定理.

引理8.4　设 $\psi(x)=\chi_{p^{-1}}(x)\Phi_{B^0}(x)$,则 $\psi(x)$ 是算子 T_α 的一个固有函数,即

$$T_\alpha\psi(x)=p^\alpha\psi(x),\alpha\in\mathbf{R}$$

证明　易见

$$\begin{aligned}\psi^\wedge(\xi)&=\int_{K_p}\chi_{p^{-1}}(x)\Phi_{B^0}(x)\bar{\chi}_\xi(x)\mathrm{d}x\\&=\int_{B^0}\chi((p^{-1}-\xi)x)\mathrm{d}x\\&=\Phi_{p^{-1}+\Gamma^0}(\xi)\end{aligned}$$

且

$$\langle\xi\rangle^\alpha\psi^\wedge(\xi)=\langle\xi\rangle^\alpha\Phi_{p^{-1}+\Gamma^0}(\xi)=p^\alpha\Phi_{p^{-1}+\Gamma^0}(\xi)$$

因此

$$\begin{aligned} T_\alpha\psi(x) &= (\langle\xi\rangle^\alpha\psi^\wedge(\xi))^\vee(x) \\ &= p^\alpha\int_{p^{-1}+\Gamma^0}\chi_\xi(x)\,\mathrm{d}\xi \\ &= p^\alpha\int_{\Gamma^0}\chi_{p^{-1}}(x)\chi_\xi(x)\,\mathrm{d}\xi \\ &= p^\alpha\chi_{p^{-1}}(x)\int_{\Gamma^0}\chi_\xi(x)\,\mathrm{d}\xi \\ &= p^\alpha\chi_{p^{-1}}(x)\Phi_{B^0}(x) \\ &= p^\alpha\psi(x) \end{aligned}$$

引理得证.

引理 8.5 设 $\psi(x)=\chi_{p^{-1}}(x)\Phi_{B^0}(x)$, $a,b\in K_p$, $a\neq 0$,则

$$T_\alpha\psi(ax+b)=\begin{cases} p^\alpha|a|^\alpha\psi(ax+b) & (|a|>p^{-1}) \\ \psi(ax+b) & (|a|\leqslant p^{-1}) \end{cases}$$

证明 $\psi(ax+b)$的傅里叶变换为

$$\begin{aligned} (\psi(ax+b))^\wedge(\xi) &= |a|^{-1}\chi_\xi(a^{-1}b)\psi^\wedge(a^{-1}\xi) \\ &= |a|^{-1}\chi_\xi(a^{-1}b)\Phi_{a(p^{-1}+\Gamma^0)}(\xi) \end{aligned}$$

由此得

$$\begin{aligned} &T_\alpha\psi(ax+b) \\ &= (\langle\xi\rangle^\alpha(\psi(ax+b))^\wedge(\xi))^\vee(x) \\ &= \int_{\Gamma_p}\langle\xi\rangle^\alpha|a|^{-1}\chi_{a^{-1}b}(\xi)\Phi_{a(p^{-1}+\Gamma^0)}(\xi)\chi_x(\xi)\,\mathrm{d}\xi \\ &= |a|^{-1}\int_{a(p^{-1}+\Gamma^0)}\langle\xi\rangle^\alpha\chi_{x+a^{-1}b}(\xi)\,\mathrm{d}\xi \end{aligned}$$

若 $|a|\leqslant p^{-1}$,则 $a(p^{-1}+\Gamma^0)\subset\Gamma^0$,故

$$T_\alpha\psi(ax+b)$$

$$=|a|^{-1}\int_{a(p^{-1}+\Gamma^0)}\langle\xi\rangle^{\alpha}\chi_{x+a^{-1}b}(\xi)\mathrm{d}\xi$$

$$=\int_{\Gamma^0}\chi_{x+a^{-1}b}(a(p^{-1}+\xi))\mathrm{d}\xi$$

$$=\int_{\Gamma^0}\chi(p^{-1}(ax+b))\chi(\xi(ax+b))\mathrm{d}\xi$$

$$=\chi(p^{-1}(ax+b))\Phi_{B^0}(ax+b)$$

$$=\psi(ax+b)$$

若 $|a|>p^{-1}$，则 $\forall\xi\in a(p^{-1}+\Gamma^0)$，有 $|\xi|=p|a|$，故

$$\begin{aligned}T_{\alpha}\psi(ax+b) &= \int_{a(p^{-1}+\Gamma^0)}|\xi|^{\alpha}|a|^{-1}\chi_{x+a^{-1}b}(\xi)\mathrm{d}\xi\\ &= p^{\alpha}|a|^{\alpha}\int_{a(p^{-1}+\Gamma^0)}|a|^{-1}\chi_{x+a^{-1}b}(\xi)\mathrm{d}\xi\\ &= p^{\alpha}|a|^{\alpha}\psi(ax+b)\end{aligned}$$

引理得证.

定理 8.12　设 $\alpha\in\mathbf{R}$，则算子 T_{α} 的固有函数组成的集合

$$\{\psi_{N,j,I}\mid N\in\mathbf{Z},j=1,\cdots,p-1,I=z_I+B^0\}$$

组成 $L^2(K_p)$ 的完整直交基，其中

$$\psi_{N,j,I}(x)=p^{\frac{-N}{2}}\chi_j(p^{N-1}x)\Phi_{B^0}(p^Nx-z_I)$$
$$(N\in\mathbf{Z},j=1,\cdots,p-1,I=z_1+B^0)$$

且

$$T_{\alpha}\psi_{1-N,j,I}(x)=\begin{cases}p^{N\alpha}\psi_{1-N,j,I}(x) & (N>0)\\ \psi_{1-N,j,I}(x) & (N\leqslant 0)\end{cases}\tag{8.8}$$

证明　第一步，证式(8.8). 由

$$\psi_{N,j,I}(x)$$
$$=p^{\frac{-N}{2}}\chi_j(p^{N-1}x)\Phi_{B^0}(p^Nx-z_I)$$

$$=p^{\frac{-N}{2}}\chi_j(p^{-1}(p^N x))\Phi_{B^0}(p^N jx-jz_I)$$
$$=p^{\frac{-N}{2}}\chi_j(p^{-1}z_I)\chi_j(p^{-1}(p^N x-z_I))\Phi_{B^0}(p^N jx-jz_I)$$
$$=p^{\frac{-N}{2}}\chi_j(p^{-1}z_I)\psi(p^N jx-jz_I)$$

若 $N<1$，则 $|p^N|>p^{-1}$，故

$$\begin{aligned}T_\alpha\psi_{N,j,I}(x)&=p^{\frac{-N}{2}}\chi_j(p^{-1}z_I)T_\alpha\psi(p^N jx-jz_I)\\&=p^{\frac{-N}{2}}\chi_j(p^{-1}z_I)p^\alpha|p^N|^\alpha\psi(p^N jx-jz_I)\\&=p^{(1-N)\alpha}\psi_{N,j,I}(x)\end{aligned}$$

若 $N\geqslant 1$，则 $|p^N|\leqslant p^{-1}$，故

$$\begin{aligned}T_\alpha\psi_{N,j,I}(x)&=p^{\frac{-N}{2}}\chi_j(p^{-1}z_I)T_\alpha\psi(p^N jx-jz_I)\\&=p^{\frac{-N}{2}}\chi_j(p^{-1}z_I)\psi(p^N jx-jz_I)\\&=\psi_{N,j,I}(x)\end{aligned}$$

将 N 换为 $1-N$，则式(8.8)得证.

第二步，证 $\{\psi_{N,j,I}\}$ 的直交性. 考察 $L^2(K_p)$ 的内积 $(\psi_{N,j,I},\psi_{N',j',I'})$，有

$$\begin{aligned}&(\psi_{N,j,I},\psi_{N',j',I'})\\&=\int_{p^{-N}I\cap p^{-N'}I'}p^{\frac{-N}{2}}\chi_j(p^{N-1}x)p^{\frac{-N'}{2}}\overline{\chi_{j'}}(p^{N'-1}x)\,\mathrm{d}x\\&=\delta_{NN'}\int_{p^{-N}(I\cap I')}p^{-N}\chi_j(p^{N-1}x)\overline{\chi_{j'}}(p^{N-1}x)\,\mathrm{d}x\\&=\delta_{NN'}\delta_{II'}\int_{p^{-N}I}p^{-N}\chi_{j-j'}(p^{N-1}x)\,\mathrm{d}x\\&=\delta_{NN'}\delta_{II'}\delta_{jj'}\end{aligned}$$

又易证：$\forall\,\psi_{N,j,I}$ 有

$$\int_{K_p}\psi_{N,j,I}(x)\,\mathrm{d}x=0$$

第三步，证 $\{\psi_{N,j,I}\}$ 的完整性. 考察 Φ_{B^0} 的傅里叶系

数$(\Phi_{B^0},\psi_{N,j,I})$，有

$$(\Phi_{B^0},\psi_{N,j,I}) = p^{\frac{-N}{2}}\int_{B^0\cap p^{-N}I}\bar{\chi}_j(p^{N-1}x)\,\mathrm{d}x$$

若 $N\leqslant 0$，则$(\Phi_{B^0},\psi_{N,j,I}) = 0$；若 $N\geqslant 0$，则$(\Phi_{B^0},\psi_{N,j,I}) = p^{\frac{-N}{2}}\delta_{I,B^0}$，因此

$$\begin{aligned}\sum_{N,J,I}|(\Phi_{B^0},\psi_{N,j,I})|^2 &= (p-1)\sum_{N=1}^{+\infty}p^{-N} = 1\\ &= \|\Phi_{B^0}\|_2^2\end{aligned}$$

从而关于 Φ_{B^0}的傅里叶系数有帕塞瓦尔等式成立. 完整性得证.

别索夫空间中的帕塞瓦尔等式

第 9 章

现代分析的严格基础是建立在分布理论之上的. 为了更好地研究分布对象, 皮特(Peetre)和特里贝尔(Triebel)利用利特尔伍德—佩利(Littlewood - Paley)分析将大多数的函数空间分类成别索夫(Besov)空间和特里贝尔 - Lizorkin 空间. 特里贝尔 - Lizorkin 空间包含了索伯列夫空间,当然也就包含了其特例勒贝格(Lebesgue)空间 L^p,但这类空间的处理需要更多的实技巧,这里就不介绍了. 我们只介绍别索夫空间,它包含了 L^2 空间、赫尔德(Hölder)空间、济格蒙德(Zygmund)空间、博灵(Beurling)代数、单峰代数、特殊原子生成的空间、布洛赫(Bloch)空间等;但不包含 L^p $(p \neq 2)$ 空间. 为了研究函数空间中性质可能不好的分布,利特尔伍德—佩利分析将之转化为研究一列好性质的函数 f_j;这是小

波出现前分析分布的方法. 这样的一列函数不一定属于具体的函数空间,而在应用上不能表示成固定空间中的函数就不能用有限元方法进行数值计算;小波的出现改变了这一状况,它把分布表示成一些“好函数”的线性组合,它的范数只与这些组合系数的绝对值有关,而对分布的任何运算都将转化成对这些“好函数”的运算.

利特尔伍德—佩利分析是利用 $\mathbf{R}^n$ 上的一个函数族 $\{\psi_v\}_{v\in\mathbf{Z}}$ 来进行的. 存在 C_1, C_2 满足 $\frac{1}{2}<C_1<C_2<2$,使得 ψ_v 满足如下的条件:

(1) $\psi_v \in S(\mathbf{R}^n)$;

(2) $\operatorname{supp}\widehat{\psi_v} \subset \left\{\xi\in\mathbf{R}^n \,\middle|\, \frac{1}{2}\leqslant 2^{-v}|\xi|\leqslant 2\right\}$;

(3) 当 $C_1\leqslant 2^{-v}|\xi|\leqslant C_2$ 时, $|\widehat{\psi_v}(\xi)|\geqslant C>0$;

(4) $|\partial^\alpha\widehat{\psi_v}(\xi)|\leqslant C_\alpha 2^{-v|\alpha|}, \forall\alpha\in\mathbf{N}^n$;

(5) $\sum\limits_{v=\infty}^{\infty}\widehat{\psi_v}(\xi) = 1$.

对于任意的分布 $f\in S'/P(\mathbf{R}^n)$, 定义 $f_v = F^{-1}(\widehat{\psi_v}\widehat{f})$, 于是,从形式上有 $f=\sum\limits_{v=-\infty}^{\infty}f_v$.

不同的利特尔伍德—佩利分析之间的傅里叶变换的支集在环线上,这使得所定义的函数空间不变. 对于小波,除梅耶(Meyer)小波外,都不具有这一性质,不过不同的正则小波基之间相差一个几乎对角化的矩阵,由此我们可以得到小波刻画的不变性. 对于两组小波基 $\{\Phi_{j,k}^{1,\epsilon}\}_{(\epsilon,j,k)\in\Lambda}$ 和 $\{\Phi_{j,k}^{2,\epsilon}\}_{(\epsilon,j,k)\in\Lambda}$,记

$$a_{j,k;j',k'}^{\epsilon,\epsilon'} = \langle \Phi_{j,k}^{1,\epsilon}, \Phi_{j',k'}^{2,\epsilon'} \rangle$$

则$\{a_{j,k;j',k'}^{\epsilon,\epsilon'}\}_{(\epsilon,j,k;\epsilon',j',k')\in\Lambda\times\Lambda}$是两组基相差的矩阵,它满足下面的几乎对角化的估计.

引理 9.1

$$|a_{j,k;j',k'}^{\epsilon,\epsilon'}| \leqslant C_N 2^{-|j-j'|(\frac{n}{2}+N)}\left(\frac{2^{-j}+2^{-j'}}{2^{-j}+2^{-j'}+|2^{-j}k-2^{-j'}k'|}\right)^{n+N}$$

注 引理 9.1 估计式中的因子$2^{-|j-j'|(\frac{n}{2}+N)}$是由小波的消失矩性质和光滑性得到的;估计式中的因子$\left(\frac{2^{-j}+2^{-j'}}{2^{-j}+2^{-j'}+|2^{-j}k-2^{-j'}k'|}\right)^{n+N}$是由小波的快速衰减性得到的.

证明 由对称性,我们只考虑$j\geqslant j'$的情况. 对于$\epsilon\neq 0$,记i_ϵ为使$\epsilon_i\neq 0$的最小指标. 对于$x\in\mathbf{R}^n$,记$y_0=x_{i_\epsilon}$. $\forall N\geqslant 1$,记x_N^ϵ是第i_ϵ个指标为y_N,其余指标仍为x的相应坐标分量的向量. $\forall \Phi(x)$,记

$$I_N^\epsilon\Phi(x) = (-1)^N\int_{-\infty}^{x_{i_\epsilon}}\cdots\int_{-\infty}^{y_{N-1}}\Phi(x_N^\epsilon)\,\mathrm{d}y_1\cdots\mathrm{d}y_N$$

记$D_N^\epsilon\Phi(x)$为对$\Phi(x)$的第i_ϵ个变量微分N次所得的函数. 于是,有

$$\begin{aligned}
&a_{j,k;j',k'}^{\epsilon,\epsilon'}\\
&=2^{\frac{n}{2}(j'-j)}\langle \Phi^{1,\epsilon}(x), \Phi^{2,\epsilon'}(2^{j'-j}x-k'+2^{j'-j}k)\rangle\\
&=2^{(\gamma+\frac{n}{2})(j'-j)}\langle I_\gamma^\epsilon\Phi^{1,\epsilon}(x), (D_\gamma^\epsilon\Phi^{2,\epsilon'})\cdot\\
&\quad(2^{j'-j}x-k'+2^{j'-j}k)\rangle\\
&=b_{j-j',k-2^{j-j'}k'}^{\epsilon,\epsilon'}
\end{aligned}$$

根据小波的光滑性和消失矩性质,积分和微分后

的函数 $I_{\gamma}^{\epsilon}\Phi^{1,\epsilon}(x)$ 和 $D_{\gamma}^{\epsilon}\Phi^{2,\epsilon'}(x)$ 仍具有强衰减性,有

$$
\begin{aligned}
&|a_{j,k;j',k'}^{\epsilon,\epsilon'}| \\
&\leqslant C\int(1+|x|)^{-N_1}(1+|2^{j'-j}x-k'+2^{j'-j}k|)^{-N_2}\mathrm{d}x
\end{aligned}
$$

将积分区域分成 $|x|\leqslant 2^{j-j'-1}|k'-2^{j'-j}k|$ 和 $|x|>2^{j-j'-1}|k'-2^{j'-j}k|$ 两部分,得到

$$
\begin{aligned}
&|a_{j,k;j',k'}^{\epsilon,\epsilon'}| \\
&\leqslant C\int_{|x|\leqslant 2^{j-j'-1}|k'-2^{j'-j}k|}(1+|x|)^{-N_1}(1+ \\
&|k'+2^{j'-j}k|)^{-N_2}\mathrm{d}x+ \\
&C\int_{|x|>2^{j-j'-1}|k'-2^{j'-j}k|} \\
&(1+|x|)^{-N_1}\mathrm{d}x
\end{aligned}
$$

取 $N_1>N+n$ 和 $N_2>N+n$,就得到所需结论.

用小波来分析分布的理论基础是:对于任意分布 $f(x)\in S'/P(\mathbf{R}^n)$,由分布的缓增性质,我们总可以选择正则的小波,以便可以定义 $f_{j,k}^{\epsilon}$,即

$$f_{j,k}^{\epsilon}=\langle f,\Phi_{j,k}^{\epsilon}\rangle\quad(\forall(\epsilon,j,k)\in\Lambda)\tag{9.1}$$

从 $f_{j,k}^{\epsilon}$ 可以很方便地恢复 $f(x)$,事实上在分布意义下有

$$f(x)=\sum_{(\epsilon,j,k)\in\Lambda}f_{j,k}^{\epsilon}\Phi_{j,k}^{\epsilon}(x)\tag{9.2}$$

下面用小波来研究别索夫空间中的函数,我们使用来源于多分辨率分析的充分正则的正交张量积小波基,其中 $\Phi^0(x)$ 为父小波,$\Phi^{\epsilon}(x),\epsilon\in\{0,1\}^n\backslash\{0\}$ 是母小波. 令

$$\Lambda=\Lambda_n=\{\lambda=(\epsilon,j,k)\mid\epsilon\in\{0,1\}^n\backslash\{0\},j\in\mathbf{Z},k\in\mathbf{Z}^n\}$$

对于任意的 ϵ,j,k,记

Parseval 等式

$$\Phi_{j,k}^{\epsilon}(x)=2^{\frac{jn}{2}}\Phi^{\epsilon}(2^{j}x-k)$$

运用式(9.1)和(9.2),则可以用正则小波分析别索夫空间.

定理 9.1 给定 $s\in\mathbf{R},0<p,q\leqslant+\infty$,那么 $f(x)\in\dot{B}_{p}^{s,q}(\mathbf{R}^{n})$ 等价于

$$\Big(\sum_{j\in\mathbf{Z}}2^{jq(s+\frac{n}{2}-\frac{n}{p})}\big(\sum_{\epsilon,k}|f_{j,k}^{\epsilon}|^{p}\big)^{\frac{q}{p}}\Big)^{\frac{1}{q}}<\infty$$

定理 9.1 的证明分两步完成. 首先,证明梅耶小波使定理 9.1 成立,其次,证明对于不同的小波基小波系数的估计不变.

证明 第一步:梅耶小波.

给定函数系 $\{\psi_{v}\}_{v\in\mathbf{Z}}$ 和梅耶小波基 $\{\Phi_{j,k}^{\epsilon}\}_{(\epsilon,j,k)\in\Lambda}$,于是对于 $f\in S'/P(\mathbf{R}^{n})$,相应地对应 $\{f_{v}\}_{v\in\mathbf{Z}}$ 和 $\{f_{j,k}^{\epsilon}\}_{(\epsilon,j,k)\in\Lambda}$. 因此,有

$$I=\Big(\sum_{v\in\mathbf{Z}}(2^{vs}\|f_{v}\|_{p})^{q}\Big)^{\frac{1}{q}}=\Big(\sum_{v\in\mathbf{Z}}(2^{vs}\|f*\psi_{v}\|_{p})^{q}\Big)^{\frac{1}{q}}$$

$$=\Big(\sum_{v\in\mathbf{Z}}\Big(2^{vs}\Big\|\sum_{\epsilon,j,k}f_{j,k}^{\epsilon}\Phi_{j,k}^{\epsilon}*\psi_{v}\Big\|_{p}\Big)^{q}\Big)^{\frac{1}{q}}$$

由 $\Phi_{j,k}^{\epsilon}*\psi_{v}$ 的傅里叶变换的支集性质,知道存在不依赖函数组选择的正整数 C,使得如果 $|v-j|>C$,那么 $\Phi_{j,k}^{\epsilon}*\psi_{v}=0$. 于是,有

$$I=\Big(\sum_{v\in\mathbf{Z}}\Big(2^{vs}\Big\|\sum_{|j-v|\leqslant C}\sum_{\epsilon,k}f_{j,k}^{\epsilon}\Phi_{j,k}^{\epsilon}*\psi_{v}\Big\|_{p}\Big)^{q}\Big)^{\frac{1}{q}}$$

$$\leqslant\Big(\sum_{v\in\mathbf{Z}}\Big(2^{vs}\sum_{|j-v|\leqslant C}\Big\|\sum_{\epsilon,k}f_{j,k}^{\epsilon}\Phi_{j,k}^{\epsilon}*\psi_{v}\Big\|_{p}\Big)^{q}\Big)^{\frac{1}{q}}$$

由于

$$\left\| \sum_{\epsilon,k} f_{j,k}^{\epsilon} \Phi_{j,k}^{\epsilon} * \psi_v \right\|_p \leqslant C \left\| \sum_{\epsilon,k} f_{j,k}^{\epsilon} \Phi_{j,k}^{\epsilon} \right\|_p$$

$$\leqslant \left(\sum_{\epsilon,k} 2^{nj(\frac{p}{2}-1)} | f_{j,k}^{\epsilon} |^p \right)^{\frac{1}{p}}$$

可得

$$I \leqslant C\left(\sum_{v \in \mathbf{Z}} \left(2^{vs} \sum_{|j-v| \leqslant C} \sum_{\epsilon,k} 2^{nj(\frac{p}{2}-1)} | f_{j,k}^{\epsilon} |^p \right)^{\frac{q}{p}} \right)^{\frac{1}{q}}$$

$$\leqslant C\left(\sum_{v \in \mathbf{Z}, |j-v| \leqslant C} \left(2^{vs} \sum_{\epsilon,k} 2^{nj(\frac{p}{2}-1)} | f_{j,k}^{\epsilon} |^p \right)^{\frac{q}{p}} \right)^{\frac{1}{q}}$$

$$\leqslant C\left(\sum_{v \in \mathbf{Z}, |j-v| \leqslant C} \left(2^{js} \sum_{\epsilon,k} 2^{nj(\frac{p}{2}-1)} | f_{j,k}^{\epsilon} |^p \right)^{\frac{q}{p}} \right)^{\frac{1}{q}}$$

$$\leqslant C\left(\sum_{j \in \mathbf{Z}} 2^{jq(s+\frac{n}{2}-\frac{n}{p})} \left(\sum_{\epsilon,k} | f_{j,k}^{\epsilon} |^p \right)^{\frac{q}{p}} \right)^{\frac{1}{q}}$$

反过来，我们有

$$J = \left(\sum_{j \in \mathbf{Z}} 2^{jq(s+\frac{n}{2}-\frac{n}{p})} \left(\sum_{\epsilon,k} | f_{j,k}^{\epsilon} |^p \right)^{\frac{q}{p}} \right)^{\frac{1}{q}}$$

$$= \left(\sum_{j \in \mathbf{Z}} 2^{jq(s+\frac{n}{2}-\frac{n}{p})} \left(\sum_{\epsilon,k} | \langle f, \Phi_{j,k}^{\epsilon} \rangle |^p \right)^{\frac{q}{p}} \right)^{\frac{1}{q}}$$

$$= \left(\sum_{j \in \mathbf{Z}} 2^{jq(s+\frac{n}{2}-\frac{n}{p})} \left(\sum_{\epsilon,k} \left| \left\langle \sum_{v} f * \psi_v, \Phi_{j,k}^{\epsilon} \right\rangle \right|^p \right)^{\frac{q}{p}} \right)^{\frac{1}{q}}$$

$$= \left(\sum_{j \in \mathbf{Z}} 2^{jq(s+\frac{n}{2}-\frac{n}{p})} \left(\sum_{\epsilon,k} \left| \sum_{v} \langle f * \psi_v, \Phi_{j,k}^{\epsilon} \rangle \right|^p \right)^{\frac{q}{p}} \right)^{\frac{1}{q}}$$

由 $\Phi_{j,k}^{\epsilon}$ 和 $f * \psi_v$ 的傅里叶变换的支集和帕塞瓦尔等式性质，知道存在不依赖函数组选择的正整数 C，使得如果 $|v-j| > C$，那么 $\langle f * \psi_v, \Phi_{j,k}^{\epsilon} \rangle = 0$. 于是，有

$$J = \left(\sum_{j \in \mathbf{Z}} 2^{jq(s+\frac{n}{2}-\frac{n}{p})} \left(\sum_{\epsilon,k} \left| \sum_{|v-j| \leqslant C} \langle f * \psi_v, \Phi_{j,k}^{\epsilon} \rangle \right|^p \right)^{\frac{q}{p}} \right)^{\frac{1}{q}}$$

$$\leqslant C\left(\sum_{j \in \mathbf{Z}} 2^{jq(s+\frac{n}{2}-\frac{n}{p})} \left(\sum_{|v-j| \leqslant C} \sum_{\epsilon,k} | \langle f * \psi_v, \Phi_{j,k}^{\epsilon} \rangle |^p \right)^{\frac{q}{p}} \right)^{\frac{1}{q}}$$

$$\leqslant C\Big(\sum_{j\in\mathbf{Z}}\sum_{|v-j|\leqslant C}2^{jq(s+\frac{n}{2}-\frac{n}{p})}\Big(\sum_{\epsilon,k}|\langle f*\psi_v,\Phi^{\epsilon}_{j,k}\rangle|^p\Big)^{\frac{q}{p}}\Big)^{\frac{1}{q}}$$

由于

$$\Big(\sum_{\epsilon,k}|\langle f*\psi_v,\Phi^{\epsilon}_{j,k}\rangle|^p\Big)^{\frac{1}{p}}\leqslant C2^{jn(\frac{1}{p}-\frac{1}{2})}\|f*\psi_v\|_{L^p}$$

可得

$$J\leqslant C\Big(\sum_{j\in\mathbf{Z}}\sum_{|v-j|\leqslant C}2^{jqs}\|f*\psi_v\|^q_{L^p}\Big)^{\frac{1}{q}}$$

$$\leqslant\Big(\sum_{v\in\mathbf{Z}}(2^{vs}\|f_v\|_p)^q\Big)^{\frac{1}{q}}$$

第二步:不同小波基系数估计的不变性.

为了证明在任意正则小波基下估计的不变性,我们利用引理9.1给出的不同小波基之间相差几乎对角化的矩阵这一性质.记

$$u_j=\Big(\sum_{\epsilon,k}|a^{\epsilon}_{j,k}|^p\Big)^{\frac{1}{p}}$$

为证明无关性,只需证明下面的估计

$$I=\sum_j 2^{jq(s+\frac{n}{2}-\frac{n}{p})}\Big(\sum_{\epsilon,k}\Big|\sum_{\epsilon',j',k'}a^{\epsilon,\epsilon'}_{j,k,j',k'}a^{\epsilon'}_{j',k'}\Big|^p\Big)^{\frac{q}{p}}$$

$$\leqslant C_q\sum_{j'}2^{j'q(s+\frac{n}{2}-\frac{n}{p})}u^q_{j'}$$

我们分 $0<p\leqslant 1$ 和 $p>1$ 两种情况考虑.

当 $0<p\leqslant 1$ 时,有

$$I\leqslant\sum_j 2^{jq(s+\frac{n}{2}-\frac{n}{p})}\Big(\sum_{\epsilon',j',k'}\sum_{\epsilon,k}|a^{\epsilon,\epsilon'}_{j,k,j',k'}|^p|a^{\epsilon'}_{j',k'}|^p\Big)^{\frac{q}{p}}$$

对求和分成 $j'\leqslant j$ 和 $j'>j$ 两种情况有

$$I\leqslant C\sum_j 2^{jq(s+\frac{n}{2}-\frac{n}{p})}\Big(\sum_{j'\leqslant j}\sum_{\epsilon',k'}\sum_{\epsilon,k}|a^{\epsilon,\epsilon'}_{j,k,j',k'}|^p|a^{\epsilon'}_{j',k'}|^p\Big)^{\frac{q}{p}}+$$

$$C\sum_j 2^{jq(s+\frac{n}{2}-\frac{n}{p})}\Big(\sum_{j'>j}\sum_{\epsilon',k'}\sum_{\epsilon,k}|a^{\epsilon,\epsilon'}_{j,k,j',k'}|^p|a^{\epsilon'}_{j',k'}|^p\Big)^{\frac{q}{p}}$$

代入引理 9.1 中给出的 $|a_{j,k,j',k'}^{\epsilon,\epsilon'}|$ 的估计,得到

$$I \leqslant C\sum_{j} 2^{jq(s+\frac{n}{2}-\frac{n}{p})}\Big(\sum_{j'\leqslant j} 2^{-(p\gamma+\frac{pn}{2}-n)(j-j')} u_{j'}^{p}\Big)^{\frac{q}{p}} +$$

$$C\sum_{j} 2^{jq(s+\frac{n}{2}-\frac{n}{p})}\Big(\sum_{j'>j} 2^{-p(\gamma+\frac{n}{2})|j-j'|} u_{j'}^{p}\Big)^{\frac{q}{p}}$$

根据 p 和 q 的大小,分成两种情况. 如果 $q \leqslant p$,我们有

$$I \leqslant C\sum_{j} 2^{jq(s+\frac{n}{2}-\frac{n}{p})} \sum_{j'\leqslant j} 2^{-\frac{p}{q}(p\gamma+\frac{pn}{2}-n)(j-j')} u_{j'}^{p} +$$

$$C\sum_{j} 2^{jq(s+\frac{n}{2}-\frac{n}{p})} \sum_{j'>j} 2^{-q(\gamma+\frac{n}{2})|j-j'|} u_{j'}^{p}$$

交换求和顺序并整理和式,得到

$$I \leqslant C\sum_{j'} 2^{j'q(s+\frac{n}{2}-\frac{n}{p})} u_{j'}^{q} \sum_{j'\leqslant j} 2^{q(s-\gamma)(j-j')} +$$

$$C\sum_{j'} 2^{j'q(s+\frac{n}{2}-\frac{n}{p})} u_{j'}^{q} \sum_{j'>j} 2^{-q(s+\gamma+n-\frac{n}{p})|j-j'|}$$

注意到 $\left(\frac{1}{p}-1\right)n-\gamma < s < \gamma$,就得到 $q \leqslant p$ 时所要的估计. 如果 $q > p$,选取 δ 为充分小的正数,有

$$I \leqslant C\sum_{j} 2^{jq(s+\frac{n}{2}-\frac{n}{p})} \sum_{j'\leqslant j} 2^{(\delta-\frac{q}{p}(p\gamma+\frac{pn}{2}-n))(j-j')} u_{j'}^{q} +$$

$$C\sum_{j} 2^{jq(s+\frac{n}{2}-\frac{n}{p})} \sum_{j'>j} 2^{(\delta-q(\gamma+\frac{n}{2}))|j-j'|} u_{j'}^{q}$$

交换求和顺序并整理和式,得到

$$I \leqslant C\sum_{j'} 2^{j'q(s+\frac{n}{2}-\frac{n}{p})} u_{j'}^{q} \sum_{j'\leqslant j} 2^{(q(s-\gamma)-\delta)(j-j')} +$$

$$C\sum_{j'} 2^{j'q(s+\frac{n}{2}-\frac{n}{p})} u_{j'}^{q} \sum_{j'>j} 2^{(\delta-q(s+\gamma+n-\frac{n}{p}))|j-j'|}$$

注意到 $\left(\frac{1}{p}-1\right)n-\gamma < s < \gamma$ 和 δ 为充分小的正数,就得到 $q > p$ 时所要的估计.

当 $p > 1$ 时,记 $p' = \frac{p}{p-1}$,选取 δ 为充分小的正数

和$0 < u = \frac{p-1}{p} < 1$,我们反复使用赫尔德不等式

$$\sum_k |a_k||b(k)| \leqslant \left(\sum |a_k|^p\right)^{\frac{1}{p}}\left(\sum |b_k|^{p'}\right)^{\frac{1}{p'}}$$

及和式$\sum_{\epsilon,k} |a_{j,j',k,k'}^{\epsilon,\epsilon'}|^s$和$\sum_{\epsilon',k'} |a_{j,j',k,k'}^{\epsilon,\epsilon'}|^t$的有界性,于是有

$$\begin{aligned}
I \leqslant\ & C\sum_j 2^{jq(s+\frac{n}{2}-\frac{n}{p})}\Big(\sum_{\epsilon,k}\Big(\sum_{j'\geqslant j}\Big(\sum_{\epsilon',k'}|a_{j,k,j',k'}^{\epsilon,\epsilon'}|^{up'}\Big)^{\frac{1}{p'}}\cdot\\
&\Big(\sum_{\epsilon',k'}|a_{j,j',k,k'}^{\epsilon,\epsilon'}|^{(1-u)p}|a_{j',k'}^{\epsilon'}|^p\Big)^{\frac{1}{p}}\Big)^p\Big)^{\frac{q}{p}} +\\
& C\sum_j 2^{jq(s+\frac{n}{2}-\frac{n}{p})}\Big(\sum_{\epsilon,k}\Big(\sum_{j'<j}\Big(\sum_{\epsilon',k'}|a_{j,j',k,k'}^{\epsilon,\epsilon'}|^{up'}\Big)^{\frac{1}{p'}}\cdot\\
&\Big(\sum_{\epsilon',k'}|a_{j,j',k,k'}^{\epsilon,\epsilon'}|^{(1-u)p}|a_{j',k'}^{\epsilon'}|^p\Big)^{\frac{1}{p}}\Big)^p\Big)^{\frac{q}{p}}\\
\leqslant\ & C\sum_j 2^{jq(s+\frac{n}{2}-\frac{n}{p})}\Big(\sum_{\epsilon,k}\Big(\sum_{j'\geqslant j}2^{(\frac{n(p-1)}{2}-u(\frac{n}{2}+\gamma))(j'-j)}\cdot\\
&\Big(\sum_{\epsilon',k'}|a_{j,j',k,k'}^{\epsilon,\epsilon'}|^{(1-u)p}|a_{j',k'}^{\epsilon'}|^p\Big)^{\frac{1}{p}}\Big)^p\Big)^{\frac{q}{p}} +\\
& C\sum_j 2^{jq(s+\frac{n}{2}-\frac{n}{p})}\Big(\sum_{\epsilon,k}\Big(\sum_{j'<j}2^{(u(\frac{n}{2}+\gamma))(j'-j)}\cdot\\
&\Big(\sum_{\epsilon',k'}|a_{j,j',k,k'}^{\epsilon,\epsilon'}|^{(1-u)p}|a_{j',k'}^{\epsilon'}|^p\Big)^{\frac{1}{p}}\Big)^p\Big\}^{\frac{q}{p}}
\end{aligned}$$

考虑到δ为任意小正常数,有

$$\begin{aligned}
I \leqslant\ & C\sum_j 2^{jq(s+\frac{n}{2}-\frac{n}{p})}\Big(\sum_{\epsilon,k}\sum_{j'\geqslant j}2^{(\frac{n(p-1)}{2}-u(\frac{n}{2}+\gamma)+\delta)(j'-j)p}\cdot\\
&\sum_{\epsilon',k'}|a_{j,j',k,k'}^{\epsilon,\epsilon'}|^{(1-u)p}|a_{j',k'}^{\epsilon'}|^p\Big)^{\frac{q}{p}} +\\
& C\sum_j 2^{jq(s+\frac{n}{2}-\frac{n}{p})}\Big(\sum_{\epsilon,k}\sum_{j'<j}2^{(u(\frac{n}{2}+\gamma)-\delta)(j'-j)p}\cdot\\
&\sum_{\epsilon',k'}|a_{j,j',k,k'}^{\epsilon,\epsilon'}|^{(1-u)p}|a_{j',k'}^{\epsilon'}|^p\Big)^{\frac{q}{p}}
\end{aligned}$$

$$\leqslant C\sum_{j}2^{jq(s+\frac{n}{2}-\frac{n}{p})}\Big(\sum_{j'\geqslant j}2^{-(p(\frac{n}{2}+\gamma)-(p-1)n-\delta)(j'-j)}u_{j'}^{p}\Big)^{\frac{q}{p}}+$$
$$C\sum_{j}2^{jq(s+\frac{n}{2}-\frac{n}{p})}\Big(\sum_{j'<j}2^{(p(\frac{n}{2}+\gamma)-n-\delta)(j'-j)}u_{j'}^{p}\Big)^{\frac{q}{p}}$$

根据p和q之间的关系分成两种情况考虑. 如果$q\leqslant p$,那么有

$$I\leqslant C\sum_{j}2^{jq(s+\frac{n}{2}-\frac{n}{p})}\sum_{j'\geqslant j}2^{-\frac{q}{p}(p(\frac{n}{2}+\gamma)-(p-1)n-\delta)(j'-j)}u_{j'}^{q}+$$
$$C\sum_{j}2^{jq(s+\frac{n}{2}-\frac{n}{p})}\sum_{j'<j}2^{\frac{q}{p}(p(\frac{n}{2}+\gamma)-n-\delta)(j'-j)}u_{j'}^{q}$$
$$\leqslant C\sum_{j'}2^{j'q(s+\frac{n}{2}-\frac{n}{p})}u_{j'}^{q}\sum_{j'\geqslant j}2^{q(s-\gamma+n-\frac{\delta}{p})(j-j')}+$$
$$C\sum_{j'}2^{j'q(s+\frac{n}{2}-\frac{n}{p})}u_{j'}^{q}\sum_{j'<j}2^{-q(s+\frac{\delta}{p}-\gamma)(j'-j)}$$

由于$s<\gamma-n$和δ充分小,得到相应结论. 如果$q>p$,选取δ'为充分小的正常数,那么有

$$I\leqslant C\sum_{j}2^{jq(s+\frac{n}{2}-\frac{n}{p})}\sum_{j'\geqslant j}2^{-\frac{q}{p}(p(\frac{n}{2}+\gamma)-(p-1)(n-\delta-\delta'))(j'-j)}u_{j'}^{q}+$$
$$C\sum_{j}2^{jq(s+\frac{n}{2}-\frac{n}{p})}\sum_{j'<j}2^{\frac{q}{p}(p(\frac{n}{2}+\gamma)-n-\delta-\delta')(j'-j)}u_{j'}^{q}$$
$$\leqslant C\sum_{j'}2^{j'q(s+\frac{n}{2}-\frac{n}{p})}u_{j'}^{q}\sum_{j'\geqslant j}2^{q(s-\gamma+\eta-\frac{\delta+\delta'}{p})(j-j')}+$$
$$C\sum_{j'}2^{j'q(s+\frac{n}{2}-\frac{n}{p})}u_{j'}^{q}\sum_{j'<j}2^{-q(s+\frac{\delta+\delta'}{p}-\gamma)(j'-j)}$$

同样得到所要结论.

帕塞瓦尔等式与量子场论中广义函数的佩利-维纳定理

第10章

§1 佩利-维纳定理

我国数学家张文泉、吴卓人在20世纪中叶给出了一项前沿性工作，其中帕塞瓦尔等式起到了一定作用. 设 $\mathbf{R}^4$ 表示四维(时-空)空间，其中向量记作 $\boldsymbol{x}=(x_0,x_1,x_2,x_3)$，共轭空间中的向量记作 $\boldsymbol{k}=(k_0,k_1,k_2,k_3)$，以 $\vec{x}$ 表示 (x_1,x_2,x_3)，$\vec{k}=(k_1,k_2,k_3)$，而以

$$\boldsymbol{x}\cdot\boldsymbol{k}=x_0k_0-\vec{x}\cdot\vec{k}$$

$$\vec{x}\cdot\vec{k}=x_1k_1+x_2k_2+x_3k_3$$

表示数量积，记 $\boldsymbol{x}^2=x_0^2-\vec{x}^2$，$\vec{x}^2=x_1^2+x_2^2+x_3^2$. $x\leqslant 0$ 表示 $x_0<0$ 或 $x^2<0$ 而 $x\geqslant 0$ 表示 $x_0>0$ 或 $x^2>0$. 在量子场论中有一类特殊的广义函数 $f(x)$，由于它所描述

的物理过程服从因果律，适合条件

$$f(x)=0, x\leqslant 0$$

（也有一类广义函数适合条件 $f(x)=0, x\geqslant 0$，对这一类函数具有和上面一类函数完全类似的性质）．我们要研究这种函数的傅里叶变换的性质，得到类似的佩利－维纳（Wiener）定理．这里我们所讨论的广义函数是指 S 空间上的，而 S 空间为可列赋范空间：事实上，若 $C(l,m;4)$ 表示满足条件

$$\| \varphi \|_{l,m} = \sup_{\substack{0\leqslant s_v\leqslant l \\ 0\leqslant r_v\leqslant m}} \left| x_0^{s_0} x_1^{s_1} x_2^{s_2} x_3^{s_3} \cdot \frac{\partial^{r_0+\cdots+r_3}\varphi}{\partial x_0^{r_0}\partial x_1^{r_1}\partial x_2^{r_2}\partial x_3^{r_3}} \right|$$

的具有 m 次连续导数的函数全体所成的巴拿赫空间，则

$$S = \prod_{l,m=0}^{\infty} C(l,m;4)$$

我们得到如下的结果：

定理 10.1　设 $f(x)$ 是 S 空间上的广义函数，则在 $t\leqslant 0$ 中 $f(t)=0$ 的充要条件是存在函数 $\tilde{f}(p+\mathrm{i}q)$ 在 $q_0>|\vec{q}|$ 时为解析的，且对任一 $\varepsilon>0$，存在常数 c_s, m 使

$$|\tilde{f}(p+\mathrm{i}q)| \leqslant c_s \prod_{v=0}^{3}(1+|p_v|^m)(1+q_0)^m \frac{\mathrm{e}^{q_0\varepsilon}}{(q_0-|\vec{q}|)^l}$$

而且 $\tilde{f}(p+\mathrm{i}q)$ 在 $q_0\to 0$ 时是弱收敛于 $\tilde{f}(p)$ 的，其中 $\tilde{f}(p)$ 为 $f(x)$ 的傅里叶变换．

证明　必要性．无限次可微函数（且其各阶导数均有界），适合条件

$$h(t)=1 \quad \left(当\ t_0\geqslant |\vec{t}|-\frac{\varepsilon}{2}时\right)$$

$$h(t)=0 \quad (\text{当 } t_0<|\vec{t}|-\varepsilon \text{ 时})$$

这时 $h(t)\mathrm{e}^{\mathrm{i}(p+\mathrm{i}q)t}$，当 $q_0>|\vec{q}|$ 时为基本函数，事实上

$$\| h(t)\mathrm{e}^{\mathrm{i}(p+\mathrm{i}q)t} \|_{l,m}$$

$$\leqslant c \sup_{t_0 \geqslant |\vec{t}|-\frac{\varepsilon}{2}} (1+(t_0^2+\vec{t}^2)^{\frac{l}{2}}) \times (1+|p+\mathrm{i}q|)^m \mathrm{e}^{-qt}$$

当 $t_0+\varepsilon>|\vec{t}|$ 时，由于 $\vec{q}\cdot\vec{t}<|\vec{q}||\vec{t}|\leqslant q_0(t_0+\varepsilon)$，得到

$$-qt=-q_0t_0+\vec{q}\cdot\vec{q}\leqslant -q_0t_0+|\vec{q}|(t_0+\varepsilon)$$
$$=q_0\varepsilon-t_0(q_0-|\vec{q}|)$$

所以

$$\| h(t)\mathrm{e}^{\mathrm{i}(p+\mathrm{i}q)t} \|_{l,m}$$

$$\leqslant c_\varepsilon \prod_{v=0}^{3}(1+|p_v|^m)(1+q_0{}^m)\frac{\mathrm{e}^{q_0 s}}{(q_0-|\vec{q}|)^l}$$

因此

$$h(t)\mathrm{e}^{\mathrm{i}(p+\mathrm{i}q)t}\in C(l,m;4) \quad (l,m=0,1,2\cdots)$$

现在证明 $\tilde{f}(z)=(f(t),h(t)\mathrm{e}^{\mathrm{i}zt})$ 对于 z 当 $q_0>|\vec{q}|$ 时为解析的，其中 $z=p+iq$，$z_l=p_l+iq_i(i=0,1,2,3)$. 只要证明

$$\left(f(t),h(t)\left(\frac{\mathrm{e}^{\mathrm{i}(z+\Delta z)t}-\mathrm{e}^{\mathrm{i}zt}}{\Delta z_i}-\mathrm{i}t_i\mathrm{e}^{\mathrm{i}zt}\right)\right)$$

收敛于零即可. 容易验证

$$\left\|h(t)\left(\frac{\mathrm{e}^{\mathrm{i}(z+\Delta z\mathrm{i})t}-\mathrm{e}^{\mathrm{i}zt}}{\Delta z_{\mathrm{i}}}-\mathrm{i}t_i\mathrm{e}^{\mathrm{i}zt}\right)\right\|_{l,m}$$

当 $\Delta z_i\to 0$ 时收敛于零，所以 $\tilde{f}(p+\mathrm{i}q)$ 在 $q_0>|\vec{q}|$ 时为解析的.

任取一 $\varphi \in S$,其傅里叶变换为

$$\tilde{\varphi}(p) = \int \varphi(x) \mathrm{e}^{\mathrm{i}px} \mathrm{d}x$$

则知 $\tilde{\varphi}(p) \in S$.

现证明

$$\int_{-\infty}^{+\infty} \tilde{f}(p + \mathrm{i}q) \tilde{\varphi}(p) \mathrm{d}p = \int_{-\infty}^{+\infty} f(t) \varphi(-t) h(t) \mathrm{e}^{-qt} \mathrm{d}t$$

事实上由 $\tilde{\varphi}(p)$ 的逆变换就有

$$h(t) \int_{-\infty}^{+\infty} \mathrm{e}^{\mathrm{i}(p+\mathrm{i}q)t} \tilde{\varphi}(p) \mathrm{d}p = h(t) \mathrm{e}^{-qt} \varphi(-t)$$

$$\int_{-\infty}^{+\infty} \tilde{f}(p + \mathrm{i}q) \tilde{\varphi}(p) \mathrm{d}p = \int_{-\infty}^{+\infty} (f(t), h(t) \mathrm{e}^{\mathrm{i}(p+\mathrm{i}q)t} \tilde{\varphi}(p)) \mathrm{d}p$$

设 $p_v (v = 1, 2, \cdots, m_n)$ 为 $[-n, n]$ 中的一列分点,$\Delta p_v = | p_v - p_{v-1} |$,则当 $\sup \Delta p_v = \sup\limits_{1 \leqslant v \leqslant m_n} | p_v - p_{v-1} | \to 0$ 时,按照空间 S 的拓扑成立着

$$h(t) \sum \mathrm{e}^{\mathrm{i}(p_v+\mathrm{i}q)t} \tilde{\varphi}(p_v) \Delta p_v \overset{S}{\Rightarrow} h(t) \varphi(-t) \mathrm{e}^{-qt}$$

所以

$$\int_{-\infty}^{+\infty} \tilde{f}(p + iq) \tilde{\varphi}(p) \mathrm{d}p = (f(t), \varphi(-t) h(t) \mathrm{e}^{-qt})$$

又因为

$$\varphi(-t) h(t) \mathrm{e}^{-qt} \overset{S}{\Rightarrow} \varphi(-t) h(t) \quad (\text{当 } q_0 \to 0 \text{ 时})$$

按 S 空间拓扑意义下成立,所以当 $q_0 \to 0$ 时

$$(f(t), \varphi(-t) h(t) \mathrm{e}^{-qt}) \xrightarrow{S'}$$

$$(f(t), \varphi(-t) h(t)) = (\tilde{f}(p), \tilde{\varphi}(p))$$

因而当 $q_0 \to 0$ 时,$\tilde{f}(p + iq)$ 弱收敛于 $\tilde{f}(p)$.

因 f 必为 $C(l, m; 4)$ 上的连续泛函,对于这个 l, m,

当 $q_0' > |\vec{q}|$,有

$$|\tilde{f}(p+iq)| \leqslant c_s \prod_{v=0}^{3} (1+|p_v|^m)(1-q_0^m) \frac{e^{q_0 s}}{(q_0-|\vec{q}|)^l} \quad (A)$$

这是由于

$$\| h(t) e^{i(p+iq)t} \|_{l,m} \leqslant c_s \prod_{v=0}^{3} (1+|p_v|^m)(1-|q_0|^m) \frac{e^{q_0 s}}{(q_0-|\vec{q}|)^l}$$

充分性. 由式(A)我们作函数

$$\tilde{F}(p+iq) = \prod_{v=0}^{3} b_v^n \tilde{f}(p+iq) / \prod_{v=0}^{3} (b_v - (p_v + iq_v))^n$$

其中 $q_0 > |\vec{q}|$,取 $\mathscr{T} b_v > q_v$,且取适当大 n 使

$$\prod_{v=0}^{3} |(b_v - (p_v + iq_v))^n| > \prod_{v=0}^{3} |(1+|p_v|^m)(1+|p_v|) \times (1+q_0^2)(1+q_0^m)|$$

因此

$$|\tilde{F}(p+iq)| < c_\tau \frac{e^{q_0 s}}{\prod_{v=0}^{3} (1+|p_v|^2)(q_0-|\vec{q}|)^l}$$

由柯西积分定理

$$\int_{-\infty}^{+\infty} \tilde{F}(p+iq) e^{-itp} dp = e^{-qt} \int_{-\infty}^{+\infty} \tilde{F}(p+iq) e^{-i(p+iq)t} dp = e^{-qt} F(t)$$

$$F(t) = \int_{-\infty}^{+\infty} \tilde{F}(p+iq) e^{-i(p+iq)t} dp$$

$$|F(t)| \leqslant \int_{-\infty}^{+\infty} \frac{e^{qt} e^{sq_0}}{(q_0-|\vec{q}|)^l \prod_{v=0}^{3} (1+|p_v|^2)} dp$$

$$< \frac{Ce^{qt+sq_0}}{(q_0 - |\vec{q}|)^l}$$

对任一 t 取 $\vec{q}$ 使 $\vec{q}\cdot\vec{t} = |\vec{q}||\vec{t}|$，当 $t_0 < -2\varepsilon$ 时

$$q_0\varepsilon + qt = q_0(\varepsilon + t_0) - \vec{q}\cdot\vec{t} = -\varepsilon q_0 - \vec{t}\cdot\vec{q}$$

所以当 $q_0 \to \infty$ 时，$F(t) = 0$. 若 $t_0 > 0$ 和 $|\vec{t}| > t_0 + 3\varepsilon$，取 $|\vec{q}| < q_0 < |\vec{q}| + s$，则有

$$\begin{aligned} & q_0\varepsilon + q_0 t_0 - |\vec{q}||\vec{t}| \\ \leqslant & q_0\varepsilon + q_0 t - (q_0 - s)(t_0 + 3\varepsilon) \\ = & q_0\varepsilon + q_0 t_0 - q_0 t_0 + \varepsilon t_0 - 3q_0\varepsilon + 3\varepsilon^2 \\ = & -2\varepsilon q_0 + 3\varepsilon^2 + \varepsilon t_0 \end{aligned}$$

所以当 $q_0 \to \infty$ 时，$F(t) = 0$.

由上述内容有

$$\begin{aligned} & (\tilde{F}(p+iq), \tilde{\varphi}(p)) \\ = & \left(\tilde{f}(p+iq), \frac{\tilde{\varphi}(p)\prod_{v=0}^{3} b_v^n}{\prod_{v=0}^{3} (b_v - (p_v + iq_v))^{(n)}} \right) \end{aligned}$$

左边由帕塞瓦尔等式等于$(e^{-qt}F(t), \varphi(-t))$.

又因

$$\frac{\tilde{\varphi}(p)\prod_{v=0}^{3} b_v^n}{\prod_{v=0}^{3} (b_v - (p_v + iq_v))^{(n)}} \overset{S}{\Rightarrow} \tilde{\varphi}(p) \quad (\text{当 } |b| \to \infty \text{ 时})$$

因此 $\tilde{F}(p+iq)$ 弱收敛于 $\tilde{f}(p+iq)$. 记 $\tilde{f}(p+iq)$ 的傅里叶逆变换为 $f(t,q)$，因 $\lim\limits_{\substack{q_0 > |\vec{q}| \\ q_0 \to 0}} f(t,q) = f(t)$，故 $F(t)$ 弱

收敛于$f(t)$.

由于$F(t)$在$t_0 < -2\varepsilon, 0 \leqslant t_0 < |\vec{t}| - 3\varepsilon$时为0，故$f(t)$在此范围内也为0，令$\varepsilon \to 0$，即得

$$f(t) = 0, t \leqslant 0$$

证毕.

§2 小波变换与调和分析

小波从20世纪80年代形成理论体系以来，一路突飞猛进. 国内20世纪90年代初开始引进小波，经过数年时间在各大学从无到有，到今天各个重点大学不但在数学学科有很多小波方面的人才，在许多其他学科同样如此. 小波是近30年创造就业机会最多的学科.

小波是什么，小波好像离我们的生活很远. 但今天，早上去上班坐的公交车或者开的私家车，很可能就是卫星导航的，而这个导航系统很可能就是利用小波开发出来的；打开电视或者上网，里面的图像或者信号就是利用小波处理过的；就连我们随身携带的手机，它的制式也可能是利用小波制定的. 大家知道，为了避免假币，每种纸币都有水印；很多其他的防伪标志也使用水印，其中小波处理的合适的水印被众多企业所推崇. 不过水印的工艺过于复杂也会带来麻烦，前些年新版的美元就因为水印工艺过于复杂导致几百亿美元无法发行. 还有小波对手写文字的识别的应用，如将一份手稿用扫描仪扫描一下，计算机就能八九不离十地识别这些文字和记号. 综上可以看出，几十年前与我们的生

活几乎毫无关系的一门数学学科，今天几乎无时无刻不与我们每个人的生活直接或间接地相关.

从数学理论上来说，小波来源于调和分析；小波的发展又促进了调和分析的进一步发展. 新的学科要有老的知识才有基础，老的知识因为新的内容才有活力. 调和分析的合适的离散和精确化实方法是调和分析快速发展及在其他学科得到广泛应用的主要原因之一. 本节力图在新老学科之间架起一座桥，着重阐述小波如何适应了这一特征. 可以说调和分析和小波均是由天才们创立的学科. 1822 年傅里叶发表了他的名著《热的解析理论》，自此我们有了傅里叶级数、傅里叶积分等概念，总之有了调和分析. 在数学中调和分析一直充满活力地向前发展，对数学以及其他学科产生了越来越大的影响；特别是近几十年来小波分析的突飞猛进的发展吸引了不同学科的人对它的注意.

提到调和分析和小波，这里简单介绍一下傅里叶和梅耶的一些情况.

傅里叶不是一位职业数学家，但物理学家麦克斯韦(Maxwell)称赞傅里叶分析是一部伟大的史诗. 傅里叶生于 1768 年法国的欧塞尔市，9 岁丧父，10 岁丧母，但仍继续上学，并于 1780 年进入欧塞尔皇家军校学习. 13 岁时，他对数学十分着迷，常研究数学问题到深夜. 法国革命爆发后，他于 1793 年参加欧塞尔革命委员会，1795 年先后两次被捕；法国革命结束后，他先到巴黎教书，后随拿破仑(Napoleon)到埃及并成为埃及研究院长期负责人，写有一本关于埃及的书. 1802 年他回到法国，拿破仑任命他为巴黎警察局高级官员长达 14 年;因行政工作出色,在政界享有很高威望,但这并没有使他放弃研究数学的兴趣. 早在 1807 年他就开始研究傅里叶分析的核心内容,1817 年他被选入法国科学院.

梅耶生于 1939 年 7 月 19 日,1986 年 11 月 4 日当选法国科学院通信院士,1993 年 11 月 15 日当选院士. 据他的博士生导师巴黎十一大前校长卡赫纳(J. P. Kahane)院士介绍,梅耶当初拜访他并想做他的博士生时,手里拿着一叠厚厚的论文;卡赫纳看过后,还将这一本厚厚的论文推荐到法国数学会的 *Asterique* 上发表. 后来,梅耶本想证明我们现在意义下的经典小波并不存在,但出乎意料地找到了许多源于利特尔伍德–佩利分析的小波,那是第一次小波被大量发现的时期. 他和夸夫曼(Coifman)教授长期对考尔德伦(Calderón)–济格蒙德算子的研究和其他研究者的工作为小波的发展准备了充分的理论基础. 由于在数学理论和应用上的杰出成就,在 2010 年数学家大会上,梅耶获得了高斯奖.

现在来说说什么是小波. 我们知道,在数学上小波不但革新了函数空间的研究,还可以计算矩阵;由于它很好地适应了分布与算子的特征,小波在数学的各个学科得到广泛的应用. 不但学数学的人关注它,许多企业知名人士和科研人员也对它高度重视.

1910 年就出现了哈尔(Haar)小波,但小波这个词是一些做工程应用的科研人员在 20 世纪 80 年代后期命名的. 不过,小波的严格数学基础却与梅耶和夸夫曼长期对考尔德伦–济格蒙德算子的研究有关;做工程

应用的科研人员采用了一些在计算机上很成功的算法,但他们只能每次在计算机上验证以后才知道他们的算法是否成功,在数学上根本无法站住脚,因此他们邀请梅耶等数学家合作,希望从数学理论上得到支持,以避免每次在判断数据时不得不在计算机上进行大量复杂的计算.生活中,石油与我们紧密地联系在一起,在寻找石油时会产生大量的钻探数据,面对大量的石油探测数据,到底哪些数据代表着有石油?有了从数学上提供的理论基础,问题就明朗化了.自小波这门学科出现以来,国内已有很多大学的很多院系招收小波方向的博士;有关小波的文献呈爆炸性增长,小波的各种新概念不断出现,小波的名字有一大串:哈尔小波,Strömberg 小波,道比姬丝(Daubechies)小波,梅耶小波,香农(Shannon)小波,莫莱(Morlet)小波,巴特勒 - 利莫利亚(Battle - Lemarié)小波,等等,它们的名字实在太多,这里我们无法一一列举.通常的平移展缩小波按性质不同有正交小波、样条小波、双正交小波、小波框架等;各种非平移展缩小波有马尔瓦尔(Malvar)小波、小波包、脊波、曲波等;小波按进制的不同有二进小波、多小波等;我们不但可以考虑欧氏空间上的小波,还可以考虑群上的小波……

小波在数学上有广泛的应用,如在函数空间、算子理论、概率统计、微分方程以及分形等方面都有其应用,在量子力学、非线性问题方面也有其应用.最近我们还使用小波完全替代了容量的概念.

小波还广泛应用于数值计算中,如地震预报、逼近论、微分方程的数值解等中的应用;在信号处理、图像处理、语音合成、文字识别、密码学、神经网络等方面也用到小波. 在遥感影像方面,李德仁院士用小波建立的数字地球成为 2010 年武汉大学的 10 件大事之一. 我们前面提到的数字水印,还有日常生活中遇到的股票和多媒体,甚至平时离不开的手机都可能涉及小波.

在具体介绍小波之前,要先学会如何离散化所研究的对象,穿插讲述这些离散化与小波之间的关系. 我们试图将小波看成一种合理的离散化结构. 有人感慨小波发展的黄金时代过去了,然而每年仍有无数的小波方面的文章出现,关于小波的网站也数不清. 不过现在小波在理论上回答一些新的离散化现象进展不够,但在纯数学方面,近几十年研究很热门的乘子空间、莫里(Morrey)空间、量子力学等,也在用小波进行很好的研究.

为什么需要小波? 这里简单介绍一下 20 世纪 90 年代前小波的一段发展历史. 傅里叶分析的思想和方法不但催生了调和分析及相关数学理论,还一直是数学发展的主要力量之一;不但在数学上应用广泛,在物理和工程学科中应用也相当广泛;还被广泛用于线性规划、大地测量、电话、收音机、X 射线等难以计数的科学计算和仪器中,是基础科学和应用科学研究开发的系统平台. 不过,傅里叶变换反映的是全部时间下的整体频域特征,不能提供任何局部时间段上的频率信息;傅里叶分析只有频率的局部性,时间没有空间位置的局部性,我们不知道瞬间的信息,它甚至不能保持 L^p 范数,这影响了它的应用. 这促使哈尔用后来称为哈尔小波的基来研究函数,经过哈尔小波变换后,能保持

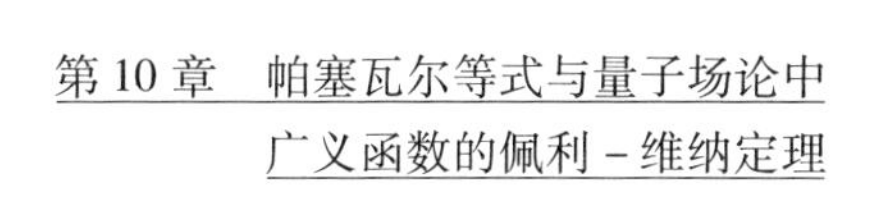

L^p 范数,最近的研究成果表明还能保持许多其他函数空间的范数.哈尔于1910年发现的这组基成了小波的第一个基,不过哈尔系缺乏正则性,在傅里叶变量上的局部化很差,没有引起足够的重视.但是这方面的努力一直在继续.1938年,利特尔伍德－佩利对傅里叶级数建立了利特尔伍德－佩利分析,即按二进频率成分分组;但这种分组不是在固定的基上.1946年,伽伯(Gabor)提出了著名的伽伯变换,后又发展成短时傅里叶变换.1965年考尔德伦发现了再生公式,它的离散形式已接近小波展开,只是还无法得到正交系的结论.在研究哈代(Hardy)空间的过程中,夸夫曼和韦斯(G. Weiss)创立了原子和分子学说;邓东皋教授说,夸夫曼和梅耶持续对考尔德伦－济格蒙德算子的研究为后来小波的发展奠定了很好的数学理论基础.

1981年,施特龙贝格(Strömberg)对哈尔系进行了改进,使其具备正则性,施特龙贝格是构造出正则小波的第一人.1982年巴特勒在构造量子场论中采用了类似于考尔德伦再生公式的展开形式.李纳(J. S. Lienard)和罗代(X. Rodet)在涉及声音信号(语音和音乐)的数值处理中也出现了小波的影子.但小波这个词第一次出现是在1984年由地球物理学家莫莱提出的.莫莱在分析地震数据时提出将地震波按一个确定函数的伸缩平移系展开.随后他与格罗斯曼(A. Groossmann)共同研究,发展了连续小波变换的几何体系,由此做出可以将一个信号分解成对空间和尺度的贡献.1985年,梅耶和格罗斯曼与道比姬丝共同进行研究,选取连续小波空间的一个连续子集,得到了一组称为小波框架的离散小波基. 随后人们试图寻找一组离散的正交基,梅耶试图证明不存在时频域都具有一定正则性的正交小波基;但是 1986 年他在研究利特尔伍德 - 佩利分析时却发现了傅里叶变换具有紧支集的无穷光滑函数,正交小波第一次成批构造出来. 后来利莫利亚和巴特勒又分别独立构造了具有指数衰减的小波.

但标志小波成为一个独立的理论的最重要概念之一是把理论和应用紧密结合起来的多分辨率分析. 1983 年,伯特(P. J. Burt)和阿德尔森(E. A. Adelson)在数值计算上提出了一个金字塔算法,但工程师们只知道在应用上很有效,不知道从理论上找到有效的原因;梅耶和马拉特(Mallat)的算法做到了这一点,并且成为后来小波构造的理论基础. 马拉特曾是巴黎综合理工大学(Ecole Polytechnique)的学生,当时梅耶是该校数学教授;后来马拉特成为圣约瑟夫大学(Philadelphia Pennsylvania)的博士研究生,研究计算机视觉. 一次偶然的机会,年仅 23 岁的他从一个朋友那里得知梅耶关于小波分析的思想,尤其是正交小波基的工作,并阅读了梅耶的论文. 当时马拉特认为梅耶的方法与他本人的方法有些相似,并可用于图像处理,但有些困难需要克服. 1986 年秋,马拉特多次电话求见正在美国教授小波分析的梅耶. 后来,梅耶和马拉特在美国芝加哥大学见面,两人充分交换意见,共同研究问题难点的关键所在. 在三天时间里,他们解决了所有问题,宣告多分辨率分析正式形成. 这一想法不但统一了较长时间的小波基的构造理论,并且把数学理论与数值应用联系起来.

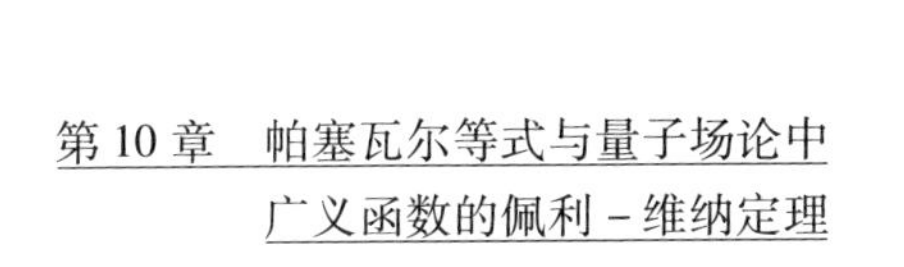

无限长的小波在应用中相当不方便，为了克服此困难，道比姬丝院士利用多分辨率发现了紧支集的小波. 道比姬丝是比利时人，从小就想成为一名数学物理学家，在法国读博士时与格罗斯曼共过事. 道比姬丝小波不能用解析公式给出，是通过迭代方法产生的；但证明道比姬丝小波成为正交基运用的方法是利用多分辨率分析导致滤波函数. 另外，崔锦泰、王建中等对小波框架的研究和在应用中广泛采用的样条小波的发现，以及科恩（A. Cohen）和道比姬丝提出的双正交小波的概念，均大大地推进了小波理论的发展.

20世纪80年代后期和90年代，小波的各种概念如雨后春笋般地冒出来，小波分析是泛函分析、调和分析、时频分析、数值分析、逼近论和广义函数等完美结合的产物. 各种不同问题的需要，使得尺度函数、镜像滤波器要求具有各种特殊的性质；通常小波具有各向同性而多诺霍（Donoho）和夸夫曼提出的脊波和曲波具有各向异性. 这些催生了各种不同类型算法. 从小波的理论、算法和历史可以看到小波的发展是实际需要催生的. 离散的方法涉及数学和应用的本质，几乎各学科都使用，小波独特的离散观点（消失矩、正则性、局部性等）提供的自由度为我们处理各种理论和应用的对象提供了许多选择. 粗略地说，小波的局部性可以成为我们局部地研究对象；小波的消失矩性质可以让我们探测光滑性和奇异程度；小波的正则性则保证我们能从经过小波处理的数据回到原有的正则性. 数据获取，预处理，特征提出和分类，小波的这些工作就像是翻译函数各种性质的字典. 随着问题的需要，还会有新的各种观点出现.小波分析的出现是不同学科、不同领域的交流与学科交叉发展的结果.

小波理论发展之初,最好地针对了傅里叶变换环形结构特征,很好地解决了许多困扰人们的问题.现实生活中对象的结构各种各样,如果小波的目的旨在提供与研究问题相适应的合理离散框架,那么小波无论在应用上还是在理论上都将取得越来越大的成功.

德克萨斯农工大学(Texas A&M)逼近论中心主任崔锦泰院士认为,小波是一种具有非常丰富的数学内容,且对应用有巨大潜力的多方面实用的工具.

第11章 帕塞瓦尔等式与小波变换

§1 小波变换简要回顾

小波变换是一种新的变换分析方法,它的主要特点是通过变换能够充分突出问题某些方面的特征.因此,小波变换在许多领域都得到了成功的应用,特别是小波变换的离散数字算法已被广泛用于许多问题的变换研究中.

从小波变换的数字理论来说,它是继傅里叶变换之后纯粹数学和应用数学完美结合的又一光辉典范,享有“数学显微镜”的美称.从纯粹数学的角度来说,小波变换是调和分析(包括函数空间、广义函数、傅里叶分析和抽象调和分析等)这一重要学科大半个世纪以来的工作结晶;从应用科学和技术科学的角度来说,小波变换又是计算机应用、信号处理、图像分析、非线性科学和工程技术近几年来在方法上的重大突破. 实际上,由于小波变换在它的产生、发展、完善的应用的整个过程中都广泛受惠于计算机科学、信号和图像处理科学、应用数学和纯粹数学、物理科学和地球科学等众多科学研究领域和工程技术应用领域的专家、学者和工程师的共同努力,所以,现在它已经成为科学研究和工程技术应用中涉及面极其广泛的一个热门话题.

从小波变换的发展过程来说,大致可分成三个阶段.

(1)孤立应用时期. 主要特征是一些特殊构造的小波在某些专业领域的零散应用. 这个时期最典型的代表性工作是法国地质学家莫莱和格罗斯曼第一次把"小波"用于分析处理地质数据,引进了以他们的名字命名的时间 - 尺度小波,即格罗斯曼 - 莫莱小波. 这个时期的另一个代表性工作是 1981 年施特龙贝格与哈尔在 1910 年所给出的哈尔系标准正交小波产生的正交基的改进. 同时,著名的计算机视觉专家马尔(D. Marr)在他的"零交叉"理论中使用的可按"尺度大小"变化的滤波算子,现在称为"墨西哥帽"的小波也是这个时期有名的工作之一,这部分工作与后来成为马拉特的小波分析构造理论支柱的"多尺度分析"或"多分辨分析"有密切联系. 这个时期一个有趣的现象是各个领域的专家、学者和工程师在完全不了解别人的研究工作的状态下巧妙地、独立地构造自己需要的"小波". 虽然如此,但通观全局可以发现,这些专家、学者

和工程师所从事研究的领域广泛分布于科学和技术研究的许多方面,因此,这个现象从另一个侧面预示小波分析热潮的到来,说明了小波理论产生的必然性.

(2)国际性研究热潮和统一构造时期.真正的小波热潮开始于1986年,当时法国数学家梅耶成功地构造出了具有一定衰减性质的光滑函数ψ,这个函数(算子)的二进尺度伸缩和二进整倍数平移产生的函数系构成著名的函数空间$L^2(\mathbf{R})$的标准正交基.这项成果标志"小波分析"新时期的到来.在此之前,学术界普遍认为不会存在性质如此之好的函数.实际上,不仅数学家这样,其他领域的学者也有此倾向,比如前述提到的那些科学家或者放弃进一步的研究或者放弃对小波性质的特殊要求.比如道比姬丝、格罗斯曼、梅耶在此之前就是研究函数ψ和常数a与b,使函数系

$$\left\{a^{-\frac{j}{2}}\psi(a^{-j}x-kb);(j,k)\in\mathbf{Z})\right\}$$

构成函数空间$L^2(\mathbf{R})$的框架.进入这个时期之后,利莫利亚和巴特勒又分别独立地构造得到了这样"好的"小波.之后梅耶和计算机科学家马拉特提出多分辨分析概念,成功地统一了此前施特龙贝格、梅耶、利莫利亚和巴特勒的各别的小波构造方法.同时,马拉特还简洁地得到了离散小波的数值算法即马拉特分解和合成算法,并且将此算法用于数字图像的分解与重构.几乎同时,比利时数学家道比姬丝基于多项式方式构造出具有有限支集的正交小波基,崔锦泰和中国籍学者王建中基于样条函数构造出单正交小波函数,并讨

论了具有最好局部化性质的尺度函数和小波函数的一般构造方法. 这个时期的结束标志之一是国际性综合杂志《信息论》(*IEEE Transaction on Information Theory*)在 1992 年 3 月份的《小波分析及其应用》的专刊上,比较全面地介绍了在此之前小波分析理论和应用在各个学科领域的发展.

(3) 全面应用时期. 从 1992 年开始,小波分析方法进入全面应用阶段. 在前一段研究工作基础上,特别是数学信号和数字图像的马拉特分解和重构算法的确定,使小波分析的应用迅速波及科学研究和工程技术应用研究的许多领域. 编辑部设在美国德克萨斯农工大学的国际杂志 *Applied and Computation Harmonic Analysis* 从 1993 年创刊之日起就把小波分析的理论和应用研究作为其主要内容,编辑部的三位主编崔锦泰、夸夫曼与道比姬丝都在小波分析的研究和应用中有独到的贡献. 时至今日,小波分析的应用范围还在不断扩大,许多科技期刊都刊载与小波分析相关的文章,各个学科领域的地区性和国际性学术会议都有涉及小波分析的各种类型的论文、报告,同时,在国际互联网 INTERNET 和其他有较大影响的网络上,与小波有关的书籍、论文、报告、软件随时随地都可以找到并可以免费下载,甚至颇有国际影响的软件公司像 MathWorks 在它的"科学研究和工程应用"软件 MATLAB 中,特意把小波分析作为其"ToolBox"的单独一个工具箱. 这样的局面使得任何人都不可能完全了解小波分析全面的研究和应用情况,而只能选择其中相关的内容进行跟

踪、消化和展开深入研究.

随着小波变换理论研究的不断深入和实际应用的日益广泛,小波分析的各种优势也在不断明确,但同时,一些常用的小波包括其相应的算法在某些特殊应用上的局限性也渐渐为人们所认识. 比如,在小波变换用于信号分离时经常出现的频率混叠现象给信号分析带来麻烦.

§2　傅里叶变换和分数傅里叶变换

傅里叶变换是一个十分重要的工具,无论是在一般的科学研究中,还是在工程技术的应用研究中,它都发挥着基本工具的作用. 从历史发展的角度来看,自从法国科学家傅里叶在 1807 年为了得到热传导方程简便解法而首次提出著名的傅里叶分析技术以来,傅里叶变换首先在电气工程领域得到了成功应用,之后,傅里叶变换迅速得到了越来越广泛的应用,而且,理论上也得到了深入研究,特别是进入 20 世纪 40 年代之后,由于计算机技术的产生和迅速发展,以离散傅里叶变换形式出现的 FFT 以频域分析、谱分析和频谱分析的形式在极短的时间内迅速渗透到现代科学技术的几乎所有领域,无人不知无人不晓! 时至今日,甚至发展到:在理论研究和应用技术研究中,分别把傅里叶变换和 FFT 当作最基本的有效的经典工具来使用和看待. 正是这些深入的研究和广泛的应用,逐渐暴露了傅里叶变换在研究某些问题时的局限性以及 FFT 在处理一些特殊数据时的局限性. 因为各种科学问题研究的特殊需要,对傅里叶变换的改进也选择了完全不同的方向.

伽伯在 1946 年给出的现在以他的名字命名的伽伯变换代表了改进傅里叶变换的一个方向,即信号加窗或基函数加窗,有时也称为窗口傅里叶变换.这是一种信号局部分析的新思想,这个方向的深入研究最终导致小波分析的出现.

纳米亚斯(V. Namias)在 1980 年首先进行研究的分数傅里叶变换(Fractional Fourier Transformation 即 FRFT)是改进傅里叶变换的另一个方向.当时他的问题是,要求出在量子力学研究中出现的一个特殊偏微分方程的解析解.抽象地说,他是把分数傅里叶变换作为傅里叶变换算子的非整数次幂运算结果来引进的.基本的想法是把经典傅里叶变换的特征值作为一般的复数进行幂次运算,将所得结果作为一个新变换的特征值并利用傅里叶变换的特征函数二者合一,从而构造得到与前述幂次相同的分数傅里叶变换.因此,纳米亚斯研究的分数傅里叶变换是经典傅里叶变换在分数级次上的推广,它同伽伯变换和小波变换一样,都是把研究对象变换成维数更高的新对象来进行处理.所以从一般的科学研究方法来看,小波变换和分数傅里叶变换都是升维方法.

1987 年,麦克布赖德(A. C. Mcbride)和克尔(F. H. Kerr)用积分形式从数学上严格定义了分数傅里叶变换.1993 年,光学专家洛曼(A. W. Lohmann)利用傅里叶变换相当于在威格纳(Wigner)分布函数相空间

中角度为$\frac{\pi}{2}$的旋转这一性质，阐释了分数傅里叶变换的物理意义，即幂次 α 的分数傅里叶变换相当于威格纳分布函数相空间中角度是$\frac{\alpha\pi}{2}$的旋转，这里 α 是分数傅里叶变换的幂次. 从此，因为洛曼的杰出工作使分数傅里叶变换的研究首次在光学领域得到了应用，特别是在傅里叶光学及相关领域的研究中吸引了各国学者的注意. 在 1993 年底，D. Mendlovic 和 H. M. Ozaktas 首次利用负二次型渐折射率介质（GRIN）来实现光学分数傅里叶变换，他们的工作还包括利用分数傅里叶变换进行分数傅里叶变换域滤波以及分数傅里叶变换的计算机仿真方法和计算结果. 到 1994 年初，D. Mendlovic、H. M. Ozaktas 和洛曼三人联合研究了分数傅里叶变换和自傅里叶变换函数的关系，明确了自傅里叶变换函数的分数傅里叶变换仍是自傅里叶变换函数的事实，并给出了自分数傅里叶变换的定义，在随后他们又给出了自分数傅里叶变换的几种可能应用. 1994 年 3 月，莉埃芙（T. A. Lieva）等人将光线传播和分数傅里叶变换联系起来，指出可利用分数傅里叶变换来研究光线传播问题. 1994 年 6 月，洛曼研究了分数傅里叶变换和拉东（Radon）－威格纳函数的关系，并证明了用 GRIN 介质实现的光学分数傅里叶变换和威格纳分布函数相空间旋转定义的光学分数傅里叶变换是完全等价的，同时提出可利用透镜和自由空间组合来实现光学分数傅里叶变换，并且给出了两个简单的结构. 分数傅里叶变换在光学研究中的实现给光学信息处理带

来了新的活力. 另外,针对分数傅里叶变换的积分定义,卡拉斯克(Y. B. Karasik)研究了分数傅里叶变换积分核的一些基本性质.

1994 年 8 月,在苏格兰爱丁堡(Edinburgh)举行的光计算国际会议上,H. M. Ozaktas 等人提出了可利用分数傅里叶变换进行分数傅里叶域的空间变化性滤波. 贝尔纳多(L. M. Brnardo)等人提出利用分数傅里叶变换制作光学相关器的构想. Soo – Young、李(Lee)等人将分数傅里叶变换同自适应神经网络模型进行类比,得到一种基于分数傅里叶变换的自适应神经网络模型结构. 这些可能的应用使人们对分数傅里叶变换有了更新的认识. 同时,G. S. Agarwal 和 R. Sinon 把分数傅里叶变换同谐振子的格林函数联系起来,并推出了分数傅里叶变换同菲涅尔(Fresnel)变换的关系. 同年 9 月,菲内特(Finet)利用代数法讨论了分数傅里叶变换同菲涅尔衍射的关系,给出了一种基于菲涅尔衍射的分数傅里叶变换结构. 贝尔纳多和苏亚雷斯(O. D. D. Soares)研究了分数傅里叶变换结构与成像的关系. 同年 11 月,雷内(Rainer)等人给出了利用分数傅里叶变换进行“Chirp”滤波的数值模拟结果和实验结论. H. M. Ozaktas 指出,分数傅里叶变换可用来研究光学传播及球面谐振腔成像问题. 洛曼将光学分数傅里叶变换应用于时间信号的变换与分析之中,提出可利用光电调制器和光纤来构造基于分数傅里叶变换的光学信息处理系统. 同时,L. B. Alnoida 研究了时间 – 频率表象同分数傅里叶变换的关系,指出一个信号的分

数傅里叶变换可以表示为一系列“Chirp”信号的叠加. S. Abe 等人则从数学上研究了分数傅里叶变换在相空间的旋转特性,指出可以利用分数傅里叶变换进行波前的分析和校正.

1995 年,D. Mendlovic,H. M. Ozaktas 和洛曼三人利用分数傅里叶变换的概念,提出了分数相关的定义,并给出了可能的实现结构和相应的数值模拟结果. 洛曼采用调焦透镜组合结构实现分数傅里叶变换和 Y. Bitran 等人提出的利用非对称结构实现分数傅里叶变换的构想,使分数傅里叶变换的实验实现更为方便. 刘树田和张岩等人研究了光学分数傅里叶变换级数的尺度问题,给出可实现光学分数傅里叶变换的推广结构. 同年 4 月,H. M. Ozaktas 和 D. Mendlovic 总结了光学分数傅里叶变换的发展过程,研究了菲涅尔衍射和光学分数傅里叶变换的关系. 与此同时,S. Abc 等人也提出了菲涅尔衍射和光学分数傅里叶变换的关系. 同年 5 月,D. F. Mcalister 等人运用相空间背投影(分数傅里叶变换的相空间旋转)得到光场的威格纳函数分布,并利用其研究光场的相干强度. R. G. Dorsch 提出了利用分数傅里叶变换指导透镜设计的构想. 施(C. C. Shih)利用矩阵光学分解的方法得到了复数级傅里叶变换的实现结果,并于当年 8 月提出了一种新的分数傅里叶变换的定义形式,即态函数叠加的方法. D. Mendlovic 和洛曼等人报道了利用透镜组合分数傅里叶变换结构和计算全息方法实现分数相关的实验结果,指出分数相关可解决平移变化的模式识别问题. 同年 9 月,S. Granier 将光学分数傅里叶变换研究同自成像现象联系起来,指出可利用它来定义光学分数傅里叶变换. 同年 10 月,O. Aytur 和 Ozaktas 研究了量子光学相空间非正交区域变换和分数傅里叶变换的关系,并且给出了相空间各种变换的具体形式. A. Sahin 则提出在两个正交轴上分别实现不同级次的分数傅里叶变换以增加信息通道的构想. 11 月,D. Mendlovic 等人给出了基于分数傅里叶变换的新表象——线性空间表象,在另一篇文章中,他们报道了两正交轴实现不同级次分数傅里叶变换的实验结果. 基于分数傅里叶变换的思想,沙米尔(J. Shamir)和 N. Cohon 提出在光学中实现开放和乘幂运算的设想,并指出这些操作可用于光学设计、光学信息处理和光计算机的研究等领域. 同年 12 月,蒋志平利用分数傅里叶变换的尺度性质提出单一结构实现不同级次分数傅里叶变换的构想,并给出了结构参数.

1995 年 8 月,施提出了一种新的分数傅里叶变换的定义形式——态函数叠加的方法,利用经典傅里叶变换整数幂运算的四周期性质将新的分数傅里叶变换定义成四个态函数的线性组合,其组合系数是分数傅里叶变换幂次的函数. 从此,一些新的问题产生了,比如各种分数傅里叶变换定义之间的关系是什么;分数傅里叶变换的多样性;分数傅里叶变换的数学描述;分数傅里叶变换与傅里叶变换的关系;考虑到实际应用和数值计算的需要,还有一些问题比如分数傅里叶变换的离散采样算法;离散分数傅里叶变换如何定义;离

散分数傅里叶变换能否利用离散傅里叶变换的快速算法比如 FFT 实现快速数值计算等.

1996 年 2 月,洛曼利用分数傅里叶变换的思想,将光学希尔伯特变换分数化,并给出了相应的模拟结果和基于分数傅里叶变换结构的实现结构.

§3　小波变换与分数傅里叶变换的相似性

小波变换和分数傅里叶变换都是从经典傅里叶变换发展起来的,它们是从不同的角度改进了傅里叶变换. 另外,从数字信号处理、数字图像处理的时 - 频分析和空 - 频分析的角度来看,小波变换和分数傅里叶变换都是一种特定的时 - 频分析或空 - 频分析方法.

1. 小波变换与傅里叶变换

实际上,经典傅里叶变换是定义在函数空间或信号空间 $L^2(\mathbf{R})$ 上的连续线性算子. 具体地说,对于空间 $L^2(\mathbf{R})$ 中的任何信号或函数 $f(t)$,它的傅里叶变换定义为

$$F(v) = \int_{-\infty}^{+\infty} f(t)\exp(-\mathrm{i}vt)\mathrm{d}t \qquad (11.1)$$

有时也称傅里叶变换 $F(v)$ 为 $f(t)$ 的谱. 从傅里叶变换发展到小波变换的中间阶段是伽伯变换或称为窗口傅里叶变换,其伽伯变换定义的基本形式是

$$G_f(b,v) = \int_{-\infty}^{+\infty} f(t)g_a(t-b)\exp(-\mathrm{i}vt)\mathrm{d}t$$

其中 $g_a(t) = \exp(-t^2/4a)/(2\sqrt{a\pi})$ 是高斯函数

($a>0$ 是常数),称为"窗口函数". 对任何 $a>0$,伽伯变换可以理解为f(t)"在时间点t = b处,频率为v的频率成分",就是说,在时间点 $t=b$ 处附近一定窗口范围内用傅里叶变换(谱) 进行分析处理. 体现了窗口傅里叶变换的时 – 频分析特点. 小波变换也是定义在函数空间或信号空间 $L^2(\mathbf{R})$ 上,但小波变换的变换因子不再是窗口傅里叶变换的积分因子 $g_a(t-b)\exp(-\mathrm{i}vt)$,而是如下的连续小波函数

$$\psi_{a,b}(t)=\frac{1}{\sqrt{|a|}}\psi\left(\frac{t-b}{a}\right)$$

如果

$$C_\psi=\int_{\mathbf{R}^*}\frac{|\Psi(v)|^2}{|v|}\mathrm{d}v<+\infty \qquad (11.2)$$

其中 $\Psi(v)=\int_{-\infty}^{+\infty}\psi(t)\exp(-\mathrm{i}vt)\mathrm{d}t$ 是 $\psi(t)$ 的傅里叶变换,那么称 $\psi(t)$ 为允许小波或小波母函数. 小波变换的定义是

$$W_f(a,b)=\frac{1}{\sqrt{|a|}}\int_{\mathbf{R}}f(t)\overline{\psi}\left(\frac{t-b}{a}\right)\mathrm{d}t \qquad (11.3)$$

由此看出,任意信号或函数 $f(t)$ 的小波变换 $W_f(a,b)$ 是一个二元形式的信号,这是和傅里叶变换很不相同的地方. 如果小波函数 $\psi(t)$ 的傅里叶变换 $\Psi(v)$ 在原点 $v=0$ 是连续的,那么 $\Psi(0)=0$,即 $\psi(t)$ 的积分等于0. 这说明函数有"波动"的特点. 因为 $\psi(t)$ 是 $L^2(\mathbf{R})$ 的,它只在原点附近才会存在明显的起伏,在远离原点的地方函数值将迅速"衰减"为零,这是称它为"小波"的基本原因. 同样,$\psi_{(a,b)}(t)$ 将在 $x=b$ 的附近才存在

明显不为 0 的数值，而这个“附近”范围的大小正比于参数 a. 因此，虽然形式上小波变换和窗口傅里叶变换完全不同，但从“在指定时间（空间）点附近，研究信号的波动变化情况”这个意义来看，它们实际上是极其相似的，体现的都是同时考虑时间（空间）和频率的研究思想. 一般称之为时（空）－频分析方法.

2. 分数傅里叶变换（A）

现在回顾一下分数傅里叶变换的定义. 为了后续部分使用的方便，此处将纳米亚在 1980 年所给的定义重新整理并按严格的形式复述.

相当于非负整数 $m=0,1,2\cdots$，将傅里叶变换对应的特征值写成

$$\lambda_m = \exp\left(-\frac{\mathrm{i}m\pi}{2}\right) \tag{11.4}$$

同时，相应的标准化特征函数可以写成

$$\phi_m(t) = \frac{1}{\sqrt{2^m m!\ \sqrt{\pi}}} H_m(t)\exp\left(-\frac{t^2}{2}\right) \tag{11.5}$$

也就是说，$\phi_m(t)$ 的傅里叶变换恰好等于它自己与复数 λ_m 的乘积，标准化的含义是 $\phi_m(t)$ 的 L^2－范数等于 1. 在上述公式中出现的记号 $H_m(t)$ 表示第 m 个埃尔米特（Hermite）多项式，它随着 m 的递推关系是

$$\begin{cases} H_0(t)=1, H_1(t)=2t \\ H_{m+1}(t)=2tH_m(t)-2mH_{m-1}(t) \quad (m=1,2,3,\cdots) \end{cases} \tag{11.6}$$

利用这些记号，纳米亚的分数傅里叶变换 $(F^a f)(t)$ 可以表示成傅里叶变换标准化特征函数 $\phi_m(t)$ 的无穷级

数和的形式

$$(F^a f)(t) = \sum_m h_m \lambda_m(a) \phi_m(t) \quad (11.7)$$

其中，$\lambda_m(a) = \exp\frac{-mia\pi}{2}(m=0,1,2,\cdots)$是傅里叶变换的特征值，组合系数 $h_m = \int_{\mathbf{R}} f(t)\,\overline{\phi_m}(t)\,\mathrm{d}t$ 是原始信号在傅里叶变换的各个规范化特征函数上的正交投影. 因此，分数傅里叶变换的傅里叶变换具有完全相同的特征函数，而它们的特征值之间是幂次关系，所以，分数傅里叶变换是完全不同于傅里叶变换的一种新的变换类，只有幂次取一些特殊数值比如5,9时，分数傅里叶变换才返回到经典的傅里叶变换. 这就是纳米亚的分数傅里叶变换的定义.

麦克布赖德和克尔在1987年给出了纳米亚的分数傅里叶变换的积分形式. 具体地说，对信号空间$L^2(\mathbf{R})$中的任何信号$f(t)$，它的分数傅里叶变换$(F^a f)(t)$可以写成积分形式

$$(F^a f)(v) = \int_{\mathbf{R}} f(t) k(a;v,t)\,\mathrm{d}t \quad (11.8)$$

其积分核是

$$k(a;v,t) = \begin{cases} c(a)\exp(\mathrm{i}(v^2\cot(\phi_a) - \\ 2vt\csc(\phi_a) + t^2\cot(\phi_a))) & (a \neq 2n) \\ \delta(v-(-1)^n t) & (a=2n) \end{cases}$$

公式中各记号的含义是

$$c(a) = \sqrt{\frac{1-\mathrm{i}\cot(\phi_a)}{2\pi}}, \phi_a = \frac{a\pi}{2}$$

其中，n 是整数，a 是分数傅里叶变换的幂次，可取任何实数.

洛曼在 1993 年利用傅里叶变换相当于在威格纳分布函数相空间中角度为$\frac{\pi}{2}$的旋转这一性质，说明分数傅里叶变换在威格纳分布函数之相空间中相当于角度是$\frac{\alpha\pi}{2}$的旋转，这里，α 是分数傅里叶变换的幂次. 具体地说，根据威格纳分布函数的定义

$$W_f\begin{pmatrix} x \\ v \end{pmatrix} = \int_{\mathbf{R}} f\left(x + \frac{t}{2}\right)\bar{f}\left(x - \frac{t}{2}\right)\exp(-2\pi t v \mathrm{i})\,\mathrm{d}t$$

可以直接验证

$$W_{\hat{f}}\begin{pmatrix} x \\ v \end{pmatrix} = W_f\begin{pmatrix} -v \\ x \end{pmatrix} = W_f\left(\begin{pmatrix} 0 & -1 \\ 1 & 0 \end{pmatrix}\begin{pmatrix} x \\ v \end{pmatrix}\right)$$

这里$\hat{f}$表示函数$f(x)$的傅里叶变换，即

$$\hat{f}(v) = (Ff)(v) = \int_{\mathbf{R}} f(x)\exp(-\mathrm{i}vx)\,\mathrm{d}x$$

因此，洛曼定义幂次是 α 的分数傅里叶变换$(F^{\alpha}f)(x)$为

$$W_{(F^{\alpha}f)}\begin{pmatrix} x \\ v \end{pmatrix} = W_f\left(\boldsymbol{R}(\alpha)\begin{pmatrix} x \\ v \end{pmatrix}\right)$$

其中，矩阵 $\boldsymbol{R}(\alpha)$是时－频相平面 $x-v$ 上角度为$\frac{\alpha\pi}{2}$的旋转矩阵

$$\boldsymbol{R}(\alpha) = \begin{pmatrix} \cos\left(\frac{\alpha\pi}{2}\right) & -\sin\left(\frac{\alpha\pi}{2}\right) \\ \sin\left(\frac{\alpha\pi}{2}\right) & \cos\left(\frac{\alpha\pi}{2}\right) \end{pmatrix}$$

实际上,分数傅里叶变换的这三种定义在数学上是等价的. 当分数傅里叶变换的幂次 a 从 0 连续增长到达 1 时,分数傅里叶变换的结果相应地从原始信号的纯时间(空间)形式开始逐渐变化成为它的纯频域(谱)形式,幂次 a 在 0 到 1 之间的任何时刻对应的分数傅里叶变换采取了介乎于时(空)域和频域之间的一个过渡域的形式,形成一个既包含时(空)域信息同时也包含频(谱)域信息的混合信号. 因此,这样定义的分数傅里叶变换确实是一种时(空) - 频描述和分析工具.

3. **分数傅里叶变换(B)**

1995 年 8 月,施提出了一种新的分数傅里叶变换的定义形式,即态函数叠加的方法,利用经典傅里叶变换整数幂运算的四周期性质,将新的分数傅里叶变换定义成四个态函数的线性组合,其组合系数是分数傅里叶变换幂次的函数. 具体地说,对 $L^2(\mathbf{R})$ 中的任意信号 $f(t)$,由傅里叶变换的运算性质可得

$$(F^{4m+l}f)(t)=(F^{l}f)(t)$$

对于任意的整数 m 和 $l=0,1,2,3$ 都是成立的,其中 F 表示傅里叶变换,当 n 是自然数时,$(F^nf)(t)$ 表示对信号 $f(t)$ 连续进行 n 次傅里叶变换;当 n 是负整数时,$(F^nf)(t)$ 表示对信号 $f(t)$ 连续进行 $|n|$ 次傅里叶逆变换;当 $n=0$ 时,$(F^0f)(t)=f(t)$ 就是不对信号进行变换. 因此,引入记号

$$f_0(t)=f(t), f_1(t)=(Ff_0)(t)$$

$$f_2(t)=(Ff_1)(t), f_3(t)=(Ff_2)(t)$$

这样,施的分数傅里叶变换$(F_s^a f)(t)$定义为如下的线性组合

$$(F_s^a f)(t) = A_0(a)f_0(t) + A_1(a)f_1(t) + A_2(a)f_2(t) + A_3(a)f_3(t)$$

其中系数$A_j(a)(j=0,1,2,3)$是幂次a的连续函数,使分数傅里叶变换$(F_s^a f)(t)$满足下面的运算公理:

①连续性公理:$F_s^a:L^2(\mathbf{R})\to L^2(\mathbf{R})$是连续的;

②边界性公理:当a是整数时,F_s^a退化为F^a;

③可加性定理:对任意的a和b,分数傅里叶变换F_s^a具有可加性

$$F_s^a F_s^b = F_s^b F_s^a = F_s^{a+b} \tag{11.9}$$

利用前述组合形式和组合系数满足的三个公理,可以唯一确定出组合系数的解析表达式.实际上,分数傅里叶变换应满足的可加性公理③完全相当于要求组合系数满足函数方程组

$$\begin{cases} A_0(a+b) = A_0(a)A_0(b) + A_1(a)A_3(b) + \\ \qquad A_2(a)A_2(b) + A_3(a)A_1(b) \\ A_1(a+b) = A_0(a)A_1(b) + A_1(a)A_0(b) + \\ \qquad A_2(a)A_3(b) + A_3(a)A_2(b) \\ A_2(a+b) = A_0(a)A_2(b) + A_1(a)A_1(b) + \\ \qquad A_2(a)A_0(b) + A_3(a)A_3(b) \\ A_3(a+b) = A_0(a)A_3(b) + A_1(a)A_2(b) + \\ \qquad A_2(a)A_1(b) + A_3(a)A_0(b) \end{cases} \tag{11.10}$$

边界性公理②相当于要求组合系数满足边界条件

$$A_j(4m+l)=\delta(j-l)=\begin{cases}1 & (j=l)\\ 0 & (j\neq l)\end{cases} \tag{11.11}$$

其中,m 是任意整数,$l=0,1,2,3$,$j=0,1,2,3$. 再结合连续性公理就可以求得组合系数的解析表达式

$$A_j(a)=\cos\left(\frac{(a-j)\pi}{4}\right)\cos\left(\frac{2(a-j)\pi}{4}\right)\exp\left(-\frac{3(a-j)\mathrm{i}\pi}{4}\right) \tag{11.12}$$

其中 $j=0,1,2,3$. 因此,对于任何实数 a,幂次是 a 的分数傅里叶变换可具体写成如下的线性组合

$$(F_s^a f)(t)=\sum_{j=0}^{3}\cos\left(\frac{(a-j)\pi}{4}\right)\cdot\cos\left(\frac{2(a-j)\pi}{4}\right)\exp\left(-\frac{3(a-j)\mathrm{i}\pi}{4}\right)f_j(t) \tag{11.13}$$

从而容易看出,施所定义的分数傅里叶变换与前述纳米亚和麦克布赖德、克尔所描述的分数傅里叶变换是完全不同的,只有当幂次是整数时它们才是相同的.

再回过来看施的分数傅里叶变换的时－频性质. 利用组合系数的解析表达式(11.12)易知,当分数傅里叶变换的幂次 $a=0$ 时,分数傅里叶变换的结果就是原始信号的纯时间(空间)形式;$a=1$ 时,变换的结果达到它的纯频域(谱)形式;幂次 a 在 0 到 1 之间的任何时刻,因为

$f_2(t)=(Ff_1)(t)=(F^2f)(t)=f(-t)$(时域反射)

$f_3(t)=(Ff_2)(t)=(F^3f)(t)=f_1(-t)$(频域反射)

所以分数傅里叶变换直接表现为时(空)域信息和频

域信息的线性加权，从整体上体现了时(空)-频综合的特征. 因此，这样定义的分数傅里叶变换确实也是一种时(空)-频描述和分析的工具.

施的分数傅里叶变换概念和自傅里叶变换函数及自分数傅里叶变换函数有一定的联系. 实际上，自傅里叶变换函数定义为在傅里叶变换下不变的函数，某幂次下的自分数傅里叶变换函数定义为在该幂次下的分数傅里叶变换下不变的函数. 所以，容易得到自傅里叶变换函数的构造形式，即任何自傅里叶变换函数的充分必要条件是它可以写成 4 部分的叠加，而这 4 部分分别是同一函数及其一次、二次和三次傅里叶变换结果. 显然，对于任何函数或信号 $f(t)$ 及其一次、二次和三次傅里叶变换之和

$$m(t)=f_0(t)+f_1(t)+f_2(t)+f_3(t)$$

其傅里叶变换必然是它自己，即自傅里叶变换函数；反过来，如果函数或信号 $m(t)$ 是自傅里叶变换函数，那么，只要取 $f(t)=m(t)/4$，则 $f(t)$ 及其一次、二次和三次傅里叶变换之和正好是 $m(t)$，因为，这时 $f(t)$ 及其一次、二次和三次傅里叶变换相同，都是 $f(t)$ 自己. 令人惊奇的是，每一个自傅里叶变换函数的任何幂次的分数傅里叶变换函数，同时，某一幂次下的百分数傅里叶变换函数的傅里叶变换仍然是自傅里叶变换仍然是这一幂次下的自分数傅里叶变换函数. 相仿地，对于周期为自然数 M 的周期分数傅里叶变换，它对应的自分数傅里叶变换函数的充分必要条件是它可以写成某一函数及其一次，二次，…，$(M-1)$ 次分数傅里叶变换的

叠加. 显然,这种叠加具有一些特别的性质. 当带有不同的系数时,这种叠加将具有另一些特殊的性质,特别是不同的变换性质. 这就导致了施的分数傅里叶变换概念,同时在这种分数傅里叶变换下的自傅里叶变换函数和自分数傅里叶变换函数的前述结论仍然成立.

4. 小波变换与分数傅里叶变换

前述分析清楚表明,改进傅里叶变换产生了小波变换和分数傅里叶变换这两种变换分析方法,因此由于共同的出发点都是经典的傅里叶变换,所以虽然它们是两种不同的时(空)-频描述和处理方法,但完全可以相信这两者无论在理论上还是在算法上都应该具有一定的联系和相似性.

那么,这两者到底具有什么样的联系和相似性呢?可以肯定,这些问题的研究将有助于小波变换和分数傅里叶变换的理论研究和促进它们的进一步应用. 特别是因为小波变换在理论、方法、算法和应用等多方面都已经取得了很大的成就,所以了解小波变换和分数傅里叶变换之间的相互关系将会极大地促进分数傅里叶变换理论、方法和算法的研究以及应用,同时,利用分数傅里叶变换在物理特别是傅里叶光学领域中的成果和应用,可以推动小波变换的进一步研究和应用,至少可以帮助小波变换在光学研究中的进一步应用. 另外,由于小波变换在计算机技术直接应用的许多方面已经得到的研究和实际使用,通过研究小波变换和分数傅里叶变换之间的联系以及相似之处,将会缩短分数傅里叶变换在这些领域之间的距离并尽快获得相应

的实际应用.

考虑到基于分数傅里叶变换的思想,沙米尔和 N. Cohon 已经提出在光学中实现开方和乘幂运算的设想并同时指出了这些操作可用于光学设计、光学信息处理、光计算和光计算机的研究等领域,再考虑到在计算机技术应用和算法两方面的需要,这两种变换的离散数值算法以及快速数值算法的研究,特别是分数傅里叶变换的快速数字算法的研究,显然具有重要的理论意义和实际应用价值. 正交小波变换对应的离散数值算法实质上是有限维实的(或者复的)向量空间上的正交线性变换,变换矩阵是正交矩阵;一般的归一化离散小波变换算法是有限维向量空间上的线性仿射变换,变换矩阵是可逆矩阵,这个可逆矩阵的模是 1,那么,对于分数傅里叶变换来说,有限数字算法是向量空间上的线性变换吗? 是正交变换吗? 变换矩阵具有什么性质?

小波变换是一种新的变换分析方法,它的主要特点是通过变换能够充分突出问题某些方面的特征,因此,小波变换在许多领域都得到了成功的应用,特别是小波变换的离散数字算法已被广泛用于许多问题的变换研究中. 为了便于理解和使用,下面我们从小波变换与傅里叶变换的定义形式的角度大致说明积分连续小波变换、二进小波变换、正交小波变换的基本概念以及与傅里叶变换的简单比较.

§4 小波和小波变换

为了行文方便,我们约定,一般用小写字母,比如 $f(x)$ 表示时间信号或函数,其中括号里的小写英文字母 x 表示时间域自变量,对应的大写字母,这里的就是 $F(\omega)$ 表示相应函数或信号的傅里叶变换,其中的小写希腊字母 ω 表示频域自变量;尺度函数总是写成 $\phi(x)$(时间域)和 $\Phi(\omega)$(频率域);小波函数总是写成 $\psi(x)$(时间域)和 $\Psi(\omega)$(频率域).

下面考虑函数空间 $L^2(\mathbf{R})$,它是定义在整个实数轴 $\mathbf{R}$ 上的满足要求

$$\int_{-\infty}^{+\infty} |f(x)|^2 \mathrm{d}x < +\infty$$

的可测函数 $f(x)$ 的全体组成的集合,并带有相应的函数运算和内积. 工程上常常说成是能量有限的全体信号的空间. 直观地说,就是在远离原点的地方衰减得比较快的那些函数或者信号构成的空间.

1. **小波**(Wavelet)

小波是函数空间 $L^2(\mathbf{R})$ 中满足下述条件的一个函数或者信号 $\psi(x)$

$$C_{\psi} = \int_{\mathbf{R}^*} \frac{|\Psi(\omega)|^2}{|\omega|} \mathrm{d}\omega < \infty$$

这里,$\mathbf{R}^* = \mathbf{R} - \{0\}$ 表示非零实数全体. 有时,$\psi(x)$ 也称为小波母函数,前述条件称为“容许性条件”. 对于任意的实数对 (a,b),其中参数 a 必须为非零实数,称

如下形式的函数

$$\psi_{(a,b)}(x)=\frac{1}{\sqrt{|a|}}\psi\left(\frac{x-b}{a}\right)$$

为由小波母函数 $\psi(x)$ 生成的依赖于参数 (a,b) 的连续小波函数,简称为小波.

注　(1) 如果小波母函数 $\psi(x)$ 的傅里叶变换 $\Psi(x)$ 在原点 $\omega=0$ 是连续的,那么,容许性条件保证 $\Psi(0)=0$, 即 $\int_{\mathbf{R}}\psi(x)\mathrm{d}x=0$. 这说明函数 $\psi(x)$ 有“波动”的特点,另外,函数空间本身的要求又说明小波函数 $\psi(x)$ 只有在原点的附近它的波动才会明显偏高水平轴,在远离原点的地方函数值将迅速“衰减”为零,整个波动趋于平静. 这是称函数 $\psi(x)$ 为“小波”函数的基本原因.

(2) 对于任意的参数对 (a,b), 显然, $\int_{\mathbf{R}}\psi_{(a,b)}(x)\mathrm{d}x=0$,但是,这时 $\psi_{(a,b)}(x)$ 却是在 $x=b$ 的附近存在明显的波动,而且,明显波动的范围的大小完全依赖于参数 a 的变化. 当 $a=1$ 时,这个范围和原来的小波函数 $\psi(x)$ 的范围是一致的;当 $a>1$ 时,这个范围比原来的小波函数 $\psi(x)$ 的范围要大一些,小波的波形变矮变胖,而且,当 a 变得越来越大时,小波的波形变得越来越胖、越来越矮,整个函数的形状表现出来的变化越来越缓慢;当 $0<a<1$ 时,$\psi_{(a,b)}(x)$ 在 $x=b$ 的附近存在明显波动的范围比原来的小波母函数 $\psi(x)$ 的要小,小波的波形变得尖锐而消瘦,当 $a>0$ 且越来越小时,小波的波形渐渐地接近于脉冲函数,整个函数的形状表现出来的变化越来越快,颇有瞬息万变之态. 小波函数 $\psi_{(a,b)}(x)$ 随参数对(a,b) 中的参数 a 的这种变化规律,决定了小波变换能够对函数和信号进行任意指定点处的任意精细结构的分析,同时,这也决定了小波变换在对非平稳信号进行时 - 频分析时具有的时 - 频同时局部化的能力以及二进小波变换和正交小波变换对频域的巧妙的二进频带分割能力. 在后面的相应部分,我们将详细介绍这些内容.

2. 小波变换

对于任意的函数或者信号 $f(x)$,其小波变换定义为

$$\begin{aligned} W_f(a,b) &= \int_{\mathbf{R}} f(x)\overline{\psi}_{(a,b)}(x)\,\mathrm{d}x \\ &= \frac{1}{\sqrt{|a|}}\int_{\mathbf{R}} f(x)\overline{\psi}\left(\frac{x-b}{a}\right)\mathrm{d}x \end{aligned}$$

因此,对任意的函数 $f(x)$,它的小波变换是一个二元函数. 这是小波变换和傅里叶变换很不相同的地方. 另外,因为小波母函数 $\psi(x)$ 只有在原点的附近才会有明显偏离水平轴的波动,在远离原点的地方函数值将迅速衰减为零,所以,对于任意的参数对(a,b),小波函数 $\psi_{(a,b)}(x)$ 在点 $x=b$ 的附近存在明显的波动,在远离原点的地方函数值将迅速衰减为零,所以,对于任意的参数对(a,b),小波函数 $\psi_{(a,b)}(x)$ 在点 $x=b$ 的附近存在明显的波动,远离点 $x=b$ 的地方将迅速地衰减到 0,因而,从形式上可以看出,函数的小波变换 $W_f(a,b)$ 数值表明的本质是原来的函数或者信号 $f(x)$ 在点 $x=b$ 附近按 $\psi_{(a,b)}(x)$ 进行加权的平均,体现的是以 $\psi_{(a,b)}(x)$ 为

标准快慢的 $f(x)$ 的变化情况，这样，参数 b 表示分析的时间中心或时间点，而参数 a 体现的是以点 $x=b$ 为中心的附近范围的大小，所以，一般称参数 a 为尺度参数，而参数 b 为时间中心参数. 因此，当时间中心参数 b 固定不变时，小波变换 $W_f(a,b)$ 体现的是原来的函数或信号 $f(x)$ 在点 $x=b$ 附近随着分析和观察的范围逐渐变化时表现出来的变化情况.

§5　小波变换的性质

按照上述方式定义小波变换之后，很自然就会关心这样的问题，即它具有什么性质，同时，作为一种变换工具，小波变换能否像傅里叶变换那样可以在变换域对信号进行有效的分析，说得具体一些，利用函数或信号的小波变换 $W_f(a,b)$ 进行分析所得到的结果，对于原来的信号 $f(x)$ 来说是否是有效的？这一节将说明这些问题.

1. 小波变换的帕塞瓦尔恒等式

$$C_\psi\int_{\mathbf{R}} f(x)\bar{g}(x)\,\mathrm{d}x = \iint_{\mathbf{R}^2} W_f(a,b)\overline{W}_g(a,b)\,\frac{\mathrm{d}a\mathrm{d}b}{a^2}$$

对空间 $L^2(\mathbf{R})$ 中的任意的函数 $f(x)$ 和 $g(x)$ 都成立. 这说明，小波变换和傅里叶变换一样，在变换域保持信号的内积不变，或者说，保持相关特性不变（至多相差一个常数倍），只不过，小波变换在变换域的测度应该取为 $\frac{\mathrm{d}a\mathrm{d}b}{a^2}$，而不像傅里叶变换那样取的是众所周知的勒贝格测度,小波变换的这个特点将要影响它的离散化方式,同时,决定离散小波变换的特殊形式.

2. **小波变换的反演公式**

利用小波变换的帕塞瓦尔恒等式,容易证明,在空间 $L^2(\mathbf{R})$ 中小波变换有反演公式

$$f(x) = \frac{1}{C_\psi}\iint_{\mathbf{R}\times\mathbf{R}^*} W_f(a,b)\psi_{(a,b)}(x)\,\frac{\mathrm{d}a\mathrm{d}b}{a^2}$$

特别是,如果函数 $f(x)$ 在点 $x=x_0$ 处连续,那么小波变换有如下的定点反演公式

$$f(x_0) = \frac{1}{C_\psi}\iint_{\mathbf{R}\times\mathbf{R}^*} W_f(a,b)\psi_{(a,b)}(x_0)\,\frac{\mathrm{d}a\mathrm{d}b}{a^2}$$

这些说明,小波变换作为信号变换和信号分析的工具在变换过程中是没有信息损失的. 这一点保证了小波变换在变换域对信号进行分析的有效性. 特别注意,反演公式的测度不是勒贝格测度,对于尺度参数 a,它是带有平方伸缩的勒贝格测度$\frac{\mathrm{d}a}{a^2}$.

3. **吸收公式**

当吸收条件

$$\int_0^{+\infty}\frac{|\Psi(\omega)|^2}{\omega}\mathrm{d}\omega = \int_0^{+\infty}\frac{|\Psi(-\omega)|^2}{\omega}\mathrm{d}\omega$$

成立时,可得到如下的吸收帕塞瓦尔恒等式

$$\frac{1}{2}C_\psi\int_{-\infty}^{+\infty}f(x)\bar{g}(x)\mathrm{d}x = \int_0^{+\infty}\left(\int_{-\infty}^{+\infty}W_f(a,b)\,\overline{W_g}(a,b)\mathrm{d}b\right)\frac{\mathrm{d}a}{a^2}$$

4. **吸收反演公式**

当前述吸收条件成立时,可得相应的吸收逆变换公式

$$f(x)=\frac{2}{C_{\psi}}\int_{0}^{+\infty}\left(\int_{-\infty}^{+\infty}W_{f}(a,b)\bar{\psi}_{(a,b)}(x)\mathrm{d}b\right)\frac{\mathrm{d}a}{a^{2}}$$

这时,对于空间 $L^2(\mathbf{R})$ 中的任何函数 $f(x)$,它所包含的信息完全被由 $a>0$ 所决定的变换域上的小波变换 $\{W_f(a,b);a>0,b\in\mathbf{R}\}$ 所记忆. 这一特点是傅里叶变换所不具备的.

§6　离散小波和离散小波变换

无论是出于数值计算的实际可行性考虑,还是为了理论分析的简便,对小波变换进行离散化处理都是必要的. 对于小波变换而言, 将它的参数对 (a,b) 离散化,分成两步实现,并采用特殊的形式,即先将尺度参数 a 按二进的方式离开散化,得到著名的二进小波和二进小波变换,之后,再将时间中心参数 b 按二进整倍数的方式离散化,最后得到出人意料的正交小波和函数的小波级数表达式,真正实现小波变换的连续形式和离散形式在普通函数的形式上的完全统一,对于傅里叶变换的两部分即傅里叶级数和傅里叶变换来说,这是无法想象的. 这一节,介绍二进小波和正交小波,下一节再去对比小波变换和傅里叶变换.

1. 二进小波和二进小波变换

若小波函数 $\psi(x)$ 满足稳定性条件

$$A\leqslant\sum_{j=-\infty}^{+\infty}|\psi(\omega)|^{2}\leqslant B,\mathrm{a.e.}\ \omega\in\mathbf{R}$$

则称 $\psi(x)$ 为二进小波,对于任意的整数 k,记

$$\psi_{(2^{-k},b)}(x) = 2^{\frac{k}{2}}\psi(2^k(x-b))$$

它是连续小波 $\psi_{(a,b)}(x)$ 的尺度参数 a 取二进离散数值 $a_k=2^{-k}$. 函数 $f(x)$ 的二进离散小波变换记为 $W_f^k(b)$,定义如下

$$W_f^k(b) = W_f(2^{-k},b) = \int_{\mathbf{R}} f(x)\bar{\psi}_{(2^{-k},b)}(x)\mathrm{d}x$$

这相当于尺度参数 a 取二进离散数值 $a_k=2^{-k}$ 时连续小波变换 $W_f(a,b)$ 的取值. 这时,二进小波变换的反演公式是

$$f(x) = \sum_{k=-\infty}^{+\infty} 2^k\int_{\mathbf{R}} W_f^k(b) \times t_{(2^{-k},b)}(x)\mathrm{d}b$$

其中,函数 $t(x)$ 满足

$$\sum_{k=-\infty}^{+\infty} \Psi(2^k\omega)T(2^k\omega) = 1,\text{a. e. }\omega\in\mathbf{R}$$

称为二进小波 $\psi(x)$ 的重构小波. 这里,如前述约定,记号 $\Psi(\omega)$,$T(\omega)$ 分别表示函数 $\psi(x)$ 和 $t(x)$ 的傅里叶变换. 重构小波总是存在的,比如可取

$$T(\omega) = \overline{\Psi}(\omega)\Big/\sum_{k=-\infty}^{+\infty} |\Psi(2^k\omega)|^2$$

当然,重构小波一般是不唯一的,但容易证明,重构小波一定是二进小波.

由上述这些分析可知,二进小波是连续小波的尺度参数 a 按二进方式 $a_k=2^{-k}$ 的离散化,函数或信号的二进小波变换就是连续小波变换在尺度参数 a 只取二进离散数值 $a_k=2^{-k}$ 时的取值. 无论是数值计算的需要,还是为了理论分析的方便,同时将尺度参数和时间

中心参数离散化是很必要的，正交小波变换恰好满足了这些要求.

2. **正交小波和小波级数**

设小波为 $\psi(x)$，若函数族

$$\left\{\psi_{k,j}(x)=2^{\frac{k}{2}}\psi(2^{k}x-j);(k,j)\in\mathbf{Z}\times\mathbf{Z}\right\}$$

构成空间 $L^2(\mathbf{R})$ 的标准正交基，即满足下述条件的基

$$\langle\psi_{k,j},\psi_{l,n}\rangle=\int_{\mathbf{R}}\psi_{k,j}(x)\overline{\psi}_{l,n}(x)\mathrm{d}x=\delta(k-l)\delta(j-n)$$

则称 $\psi(x)$ 是正交小波，其中符号 $\delta(m)$ 的定义是

$$\delta(m)=\begin{cases}1 & (m=0)\\0 & (m\neq0)\end{cases}$$

称为克罗内克（Kronecker）函数. 这时，对任何函数或信号 $f(x)$，都有如下的小波级数展开

$$f(x)=\sum_{k=-\infty}^{+\infty}\sum_{j=-\infty}^{+\infty}A_{k,j}\psi_{k,j}(x)$$

其中的系数 $A_{k,j}$ 由公式

$$A_{k,j}=\int_{\mathbf{R}}f(x)\overline{\psi}_{k,j}(x)\mathrm{d}x$$

给出，称为小波系数. 容易看出，小波系数 $A_{k,j}$ 正好是信号 $f(x)$ 的连续小波变换 $W_f(a,b)$ 在尺度参数 a 的二进离散点 $a_k=2^{-k}$ 和时间中心参数 b 的二进整倍数的离散点 $b_j=2^{-k}j$ 所构成的点 $(2^{-k},2^{-k}j)$ 上的取值，因此，小波系数 $A_{k,j}$ 实际是信号 $f(x)$ 的离散小波变换. 也就是说，在对小波添加一定的限制之下，连续小波变换和离散小波变换在形式上简单明了地统一起来了，而且，连续小波变换和离散小波变换都适合空间 $L^2(\mathbf{R})$

上的全体信号. 确实,这也正是小波变换迷人的风采之一.

正交小波的简单例子就是有名的哈尔小波. 哈尔小波是法国数学家哈尔在 20 世纪 30 年代给出的. 具体定义是

$$h(x)=\begin{cases}1 & (0\leqslant x\leqslant 0.5)\\ -1 & (0.5\leqslant x\leqslant 1)\\ 0 & (x\notin(0,1))\end{cases}$$

这时,函数族

$$\{h_{j,k}(x)=2^{\frac{j}{2}}h(2^jx-k);(j,k)\in\mathbf{Z}\times\mathbf{Z}\}$$

构成函数空间 $L^2(\mathbf{R})$ 的标准正交基,所以,哈尔函数 $h(x)$ 是正交小波,称为哈尔小波. 验证是比较容易的,只要注意到

$$h_{j,k}(x)=\begin{cases}\sqrt{2^j} & (2^{-j}k\leqslant x\leqslant 2^{-j}k+2^{-(j+1)})\\ -\sqrt{2^j} & (2^{-j}k+2^{-(j+1)}\leqslant x\leqslant 2^{-j}(k+1))\\ 0 & (x\notin(2^{-j}k,2^{-j}(k+1)))\end{cases}$$

的图形随(j,k)变化的特点即可. 详细的过程留给读者自己完成.

当然,不是每一个小波都像哈尔小波这么简单. 实际上,在关于小波构造中我们将会发现,除此之外其他的正交小波都比较复杂.

§7　傅里叶变换和小波变换

在科学研究和工程技术应用研究中,傅里叶变换是最有用的工具之一,它无论是对数学家来说,还是对其他研究领域的专家以及工程师来说都是相当重要的. 具体地说,傅里叶变换通常是指傅里叶变换和傅里叶级数两种分析技术. 这里,就沿着这个线索与小波变换进行比较.

1. 傅里叶级数

现在,考虑定义在$(0,2\pi)$上的满足如下条件的可测函数或信号$f(x)$

$$\int_0^{2\pi} | f(x) |^2 dx < +\infty$$

这种函数全体构成的集合,按照通常的函数运算和L^2范数生成经典的函数空间$L^2(0,2\pi)$. 由傅里叶变换知,$L^2(0,2\pi)$中任何一个信号$f(x)$都具有一个傅里叶级数表达式

$$f(x) = \sum_{n=-\infty}^{+\infty} c_n e^{inx}$$

其中,级数的系数c_n定义为

$$c_n = \frac{1}{2\pi}\int_0^{2\pi} f(x) e^{-inx} dx$$

称之为$f(x)$的傅里叶系数. 特别需要说明的是,傅里叶级数收敛的意思是

$$\lim_{N\to\infty, M\to\infty}\int_0^{2\pi}\left|f(x) - \sum_{n=-N}^{M} c_n e^{inx}\right|^2 dx = 0$$

即在函数空间 $L^2(0,2\pi)$ 中,傅里叶级数总是成立的. 但是,在空间 $L^2(0,2\pi)$ 中,两个函数或者信号相等的意思是几乎处处相等,直观地说,它们可以在许多点上都不相等,只要这样的点不是“太多”,就可以视之相等. 实际上,对于用计算机实现的数值计算来说,可以真正计算的点恰恰就不是“太多”. 这似乎给我们留下这样的印象,虽然傅里叶级数在空间 $L^2(0,2\pi)$ 中总是成立的,但对于数值计算来说,它并不能告诉我们级数两端的数值是否相等或者它们有没有别的什么关系. 所幸的是,傅里叶级数作为数值等式,在函数或者信号的连续点上是成立的. 这对于平常的数值计算来说,除极少数例外,已经完全能够满足应用的需要.

对傅里叶级数表达式,下面两点是值得注意的.

(1) 任何信号或者函数 $f(x)$ 都是分解成无穷多个固定的相互正交的量 $g_n(x) = e^{inx}$ 的线性组合,这里所谓的正交,意思是

$$\langle g_m, g_n\rangle = \delta(m-n)$$

“内积”是常规的定义

$$\langle g_m, g_n\rangle = \frac{1}{2\pi}\int_0^{2\pi} g_m(x)\overline{g_n}(x)\,dx$$

由此说明函数族

$$\{g_n(x) = e^{inx}; n\in\mathbf{Z}\}$$

是 $L^2(0,2\pi)$ 的标准正交基.

(2) $L^2(0,2\pi)$ 的前述标准正交基 $\{g_n(x); n\in\mathbf{Z}\}$ 可由一个固定的函数

$$g(x)=\mathrm{e}^{\mathrm{i}x}$$

的所有“整数膨胀”构成，这就是说，对所有的整数 n，$g_n(x)=g(nx)$. 由于 $L^2(0,2\pi)$ 中的函数都可以延拓成实直线 $\mathbf{R}$ 上的以 2π 为周期的函数，即 $f(x)=f(x-2\pi)$，$x\in\mathbf{R}$，所以 $L^2(0,2\pi)$ 有时也称为 2π 周期的能量有限信号（或者函数）空间. 由于函数

$$g(x)=\mathrm{e}^{\mathrm{i}x}=\cos x+\mathrm{i}\sin x$$

在物理或者工程领域一般称为一个“基波”，它的频率为1，而函数

$$g_n(x)=g(nx)=\mathrm{e}^{\mathrm{i}nx}=\cos(nx)+\mathrm{i}\sin(nx)$$

称为具有频率 n 的“谐波”. 前述的标准正交基 $\{g_n(x)=\mathrm{e}^{\mathrm{i}nx};n\in\mathbf{Z}\}$ 使傅里叶级数表达式在 $L^2(0,2\pi)$ 空间中拥有一种工程的或物理的解释，即每个能量有限的“振动”都可以分解成各种频率的谐波的叠加. 同时，函数的傅里叶变换系数序列 $\{c_n;n\in\mathbf{Z}\}$ 和原来的函数 $f(x)$ 之间有完全对等的关系，而且，从内积或范数来看，成立著名的帕塞瓦尔恒等式

$$\frac{1}{2\pi}\int_0^{2\pi}|f(x)|^2\mathrm{d}x=\sum_{n=-\infty}^{+\infty}|c_n|^2$$

因此，傅里叶级数方法为周期信号的分析提供了一种简明的工具，即频点分析或谱线分析.

另外，傅里叶级数表达式在理论上给出函数空间 $L^2(0,2\pi)$ 的一个极为优美的表达，即仅凭一个函数 $g(x)$ 就可以生成整个空间 $L^2(0,2\pi)$，而且，可以将空间 $L^2(0,2\pi)$ 等同于序列空间

$$l^2(\mathbf{Z})=\left\{\{c_n;n\in\mathbf{Z}\};\sum_{n\in\mathbf{Z}}|c_n|^2<+\infty\right\}$$

即前述由函数 $g(x)$ 经过膨胀生成的基将函数空间 $L^2(0,2\pi)$“序列化”了. 但是,作为傅里叶变换的另一部分,傅里叶变换却没有保持傅里叶级数的这些优良性质.

2. 傅里叶变换和小波变换

现在,考虑函数空间 $L^2(\mathbf{R})$ 上的傅里叶变换. 对于空间 $L^2(\mathbf{R})$ 中的任何函数 $f(x)$,它的傅里叶变换定义是

$$F(\omega) = \int_{-\infty}^{+\infty} f(x)\mathrm{e}^{-\mathrm{i}\omega x}\mathrm{d}x$$

这时,傅里叶变换的反演公式是

$$f(x) = \frac{1}{2\pi}\int_{-\infty}^{+\infty} F(\omega)\mathrm{e}^{-\mathrm{i}\omega x}\mathrm{d}\omega$$

直观地看,函数 $\mathrm{e}^{-\mathrm{i}\omega x}$ 好像是空间 $L^2(\mathbf{R})$ 的基,而且,当频率 ω 取整数离散数值 $\omega = n$ 时,它就变成了傅里叶级数中的基函数 $\mathrm{e}^{\mathrm{i}nx}$,因此,可以把 $\mathrm{e}^{\mathrm{i}\omega x}$ 看作函数 $\mathrm{e}^{\mathrm{i}nx}$ 按频率意义的连续形式,而 $\mathrm{e}^{\mathrm{i}nx}$ 则是函数 $\mathrm{e}^{\mathrm{i}\omega x}$ 的整数离散形式. 但是,这两者显然有很大差异:首先,函数空间 $L^2(\mathbf{R})$ 和 $L^2(0,2\pi)$ 是完全不同的;其次,因为 $L^2(\mathbf{R})$ 中的每个函数在无穷远处必须“衰减”到零,所以,$\mathrm{e}^{\mathrm{i}\omega x}$ 不在信号空间 $L^2(\mathbf{R})$ 中,特别是各种整数频率的“波”$g_n(x) = \mathrm{e}^{\mathrm{i}nx}$ 肯定不在 $L^2(\mathbf{R})$ 中. 因此,虽然 $\{\mathrm{e}^{\mathrm{i}nx}; n \in \mathbf{Z}\}$ 构成 $L^2(0,2\pi)$ 的正交基,但是,无论如何 $\mathrm{e}^{\mathrm{i}\omega x}$ 也无法生成 $L^2(\mathbf{R})$ 的像 $L^2(0,2\pi)$ 的调和基 $\{\mathrm{e}^{\mathrm{i}nx}; n \in \mathbf{Z}\}$ 那样的基.

与傅里叶级数的比较:

(1) 信号的傅里叶变换 $F(\omega)$ 相应于傅里叶级数中的傅里叶系数,积分从全实数轴变为有限的闭区间;

(2) 傅里叶级数相当于傅里叶变换的反演公式，离散的级数求和变成了全实数轴上的积分. 因此，这两者不能像小波变换的连续形式和离散形式那样用一个统一的形式进行描述，而且，傅里叶变换的离散形式

$$F(n\Delta) = \int_{-\infty}^{+\infty} f(x)\mathrm{e}^{-\mathrm{i}n\Delta x}\mathrm{d}x$$

所产生的离散数字序列$\{F(n\Delta);n\in\mathbf{Z}\}$按照傅里叶基函数$\mathrm{e}^{inx}$的离散形式$\{\mathrm{e}^{in\Delta x};n\in\mathbf{Z}\}$用傅里叶级数的方式去试图表示原来的函数或信号时，$\sum\limits_{n=\mathbf{Z}}F(n\nabla)\mathrm{e}^{\mathrm{i}n\nabla x}$是一个周期为$\dfrac{2\pi}{\Delta}$的函数，它肯定不在$L^2(\mathbf{R})$中. 因此，傅里叶变换的两部分，即傅里叶级数和傅里叶变换，基本是不相关的，而且后者丧失了前者在空间$L^2(0,2\pi)$中的各种简明性质.

像在$L^2(0,2\pi)$中那样，寻找$L^2(\mathbf{R})$的"波"生成整个的空间$L^2(\mathbf{R})$，那么这个波在无穷远处必须"衰减"到零. 因为这些波都很快衰减到零，它怎么才能覆盖整个实直线$\mathbf{R}$呢？显然，最好的办法是保持这些波形并沿$\mathbf{R}$移动它们的位置. 如前述将$L^2(\mathbf{R})$中的这种"波"称为"小波"，我们的愿望是小波的"伸缩"和"平移"可以生成空间$L^2(\mathbf{R})$. 当然，小波的"伸缩"将不再具有简单的"频率点"的含义，而更像"频带"，在讨论小波的时-频分析时，将详细说明这些内容. 这里，应该特别强调的是，在一定的条件限制之下，小波的"伸缩"按二进的方式离散化，它的"平移"按二进整倍数的方式离散化，由此所得的离散小波函数族可以构成

空间 $L^2(\mathbf{R})$ 的标准正交基,同时,连续小波变换和离散小波变换有相同的形式,而且它们所能分析的对象都是整个的空间 $L^2(\mathbf{R})$(这里傅里叶变换所没有的特性),这是小波变换独特的风采之一.

复合伸缩帕塞瓦尔框架小波[①]

第12章

§1 引言

小波分析既保留了傅里叶分析的优点,又弥补了傅里叶分析的不足.它的产生受益于计算机科学、地质科学、量子场论等科学领域专家学者共同努力.反过来,小波变换又应用于信号处理、计算机视觉等领域,被誉为信号分析的数学显微镜.

对于一维的信号,小波能达到最优的非线性逼近阶.而在处理二维或者更高维含线奇异的信号时,高维小波基却不能达到最优逼近阶.这使得人们开始寻找比小波更稀疏的表示工具.近年来,

---

① 赵涛,薛改仙.复合伸缩 Parseval 框架小波.数学的实践与认识,2015,45(13):226-232.

人们已经发现了一些新的构造,这些构造包括方向小波,脊波和曲波等,它们能更有效地代表那些随机分布且不连续的多维信号.

在已有文献中[①]提出了复合伸缩小波系统的概念,定义如下

$$\Lambda_{AB}(\Psi)=\{D_A D_B T_k \Psi : k\in \mathbf{Z}^n, B\in \mathbf{B}, A\in \mathbf{A}\} \tag{12.1}$$

其中 $\Psi=(\psi_1,\cdots,\psi_l)\subset L^2(\mathbf{R}^n)$,$T_k$ 被定义为:$T_k f(x)=f(x-k)$,D_A 被定义为:$D_A f(x)=|\det A|^{\frac{1}{2}} f(Ax)$,集合 $\mathbf{A}$,$\mathbf{B}$ 是 $GL_n(\mathbf{R})$ 的子集,而且它们不一定能互相交换.复合伸缩小波的伸缩矩阵 $\boldsymbol{A}$ 在一个方向扩展或者收缩,而 $\boldsymbol{B}$ 则在垂线的方向上进行伸缩.因此,复合伸缩小波具有方向性,尺度性,拉长的形状以及波动性等特征,而这恰恰是图像处理时工程学家们所追求的目标.

基于复合伸缩小波的理论,G. Easley 等发展了 shearlet 变换的理论,并利用复合伸缩小波对图像进行去噪,发现这类小波对应的滤波器支集比较短,因此能更加有效地逼近原来的图像,而且,复合伸缩小波能够更容易地实现从连续小波到离散小波的转换,有利于快速算法的实现.本章推广了 AB - 多尺度分析的概

---

① Guo K, Lim W, Labate D, Weiss G. Wilson E. Wavelets with composite dilations [J]. Electron. Res. Announc. Amer. Math. Soc., 2004, 10: 78 - 87.

Guo K, Labate D, Lim W, Weiss G, Wilson E. Wavelets with composite dilations and their MRA properties [J]. Apple. Comput. Harmon. Anal., 2006, 20: 202 - 236.

念,而且,复合伸缩帕塞瓦尔框架小波能被 AB 多尺度分析得到. 接着给出了通过古典小波构造复合伸缩帕塞瓦尔框架小波的方法.

§2　一些概念和已知结果

令 $GL_n(\mathbf{Z})$ 是所有由可逆的矩阵所组成的集合. 对于$\boldsymbol{A} \in E_n^{(2)}$,我们定义$\boldsymbol{A}$的转置$\boldsymbol{B} = \boldsymbol{A}^{\mathrm{T}}$. 显然有$\boldsymbol{B} \in E_n^{(2)}$. 对于 $f \in L^2(\mathbf{R}^n)$, 定义它的傅里叶变换为 $\widehat{f}(\omega) = \int_{\mathbf{R}^n} f(x) \mathrm{e}^{-2\pi\mathrm{i}\langle x,\omega\rangle} \mathrm{d}x$,这里$\langle \cdot, \cdot \rangle$ 表示 $\mathbf{R}^n$ 中标准的内积. 由$(T_k f)(x) = f(x-k)$所定义的平移算子 T_k: $L^2(\mathbf{R}^n) \to L^2(\mathbf{R}^n)$,$k \in \mathbf{Z}^n$,由$(Df)(x) = \sqrt{2}f(Ax)$ 所定义的伸缩算子 D_A:$L^2(\mathbf{R}^n) \to L^2(\mathbf{R}^n)$, 其中 $A \in GL_n(\mathbf{Z})$.

先给出将要用到的两个定义:

定义 12.1　假设 H 是一个可分离的希尔伯特空间,$\{f_j\}_{j\in J}$是其中的一个可数集,若对于任意的$f \in H$,等式 $\| f \|^2 = \sum_{j\in J} | \langle f,f_j \rangle |^2$ 成立,则称$\{f_j\}_{j\in J}$ 是 H 的帕塞瓦尔框架(PF).

定义 12.2　如果系统(12.1)是 $L^2(\mathbf{R}^n)$的一个帕塞瓦尔框架,那么,我们说 Ψ 是一个帕塞瓦尔框架 AB - 多小波(缩写为 PF AB - 多小波). 如果系统 Ψ 只有一个函数构成,那么这时我们称之为 AB - 小波.

Parseval 等式

§3　广义的 AB – 多尺度分析理论

在第 147 页脚注的文献中,定义了 AB – 多尺度分析的概念,但是,因为他们定义的严格性,排除了一些具有很好性质的复合伸缩小波. 本章首先推广了 AB – 多尺度分析的定义,并发展了相应的理论体系. 接着,具有较好几何性质的复合伸缩小波的例子被构造. 下面,先给出广义的 AB – 多尺度分析的定义.

定义 12.3　假设 $A,B\in GL_n(\mathbf{Z})$. 一个 $L^2(\mathbf{R}^n)$ 的闭子空间序列 $\{V_j\}_{j\in\mathbf{Z}}$ 被称为 $L^2(\mathbf{R}^n)$ 中广义的 AB – 多尺度分析(缩写为广义的 AB – MRA),如果它满足下列条件:

(1) $V_j\subset V_{j+1}$,对于所有的 $j\in\mathbf{Z}$;

(2) $f(x)\in V_j$ 当且仅当 $f(Ax)\in V_{j+1}$,对于所有的 $j\in\mathbf{Z}$;

(3) $\bigcap\limits_{j\in\mathbf{Z}}V_j=\{0\}$ 和 $\overline{\bigcup\limits_{j\in\mathbf{Z}}V_j}=L^2(\mathbf{R}^n)$;

(4) $D_BT_kV_0=V_0$,对于任意的 $k\in\mathbf{Z}^n$, $|\det \boldsymbol{B}|=1$;

(5) 存在一个函数 $\phi\in V_0$,使得 $\Phi_B=\{D_B^jT_k\phi: j\in\mathbf{Z},k\in\mathbf{Z}^n\}$ 是 V_0 的一个帕塞瓦尔框架.

注　(1) 与原始的定义相比较,前四个条件不变,这里的条件(5)代替了如下的假设:存在一个函数 $\phi\in V_0$,使得 $\Phi_B=\{D_B^jT_k\phi:j\in\mathbf{Z},k\in\mathbf{Z}^n\}$ 是 V_0 的一个标准正交基. 显然,我们的定义要更加弱.

(2)空间 V_0 被称为 AB - 尺度函数空间,在小波的情形也有人把它叫作再生子空间.

假设 $\phi(x)$ 是再生子空间 V_0 的尺度函数,那么对于 $\forall f(x)\in V_j$,我们有 $D_A^{-j}f(x)\in V_0$,因此,我们得到 $D_A^{-j}f(x)=\sum\limits_{l\in\mathbf{Z}}\sum\limits_{k\in\mathbf{Z}^n}\langle D_A^{-j}f,D_B^lT_k\phi\rangle D_B^lT_k\phi(x)$,这就是说

$$\begin{aligned}f(x)&=\sum_{l\in\mathbf{Z}}\sum_{k\in\mathbf{Z}^n}\langle D_A^{-j}f,D_B^lT_k\phi\rangle D_A^jD_B^lT_k\phi\\&=\sum_{l\in\mathbf{Z}}\sum_{k\in\mathbf{Z}^n}\langle f,D_A^jD_B^lT_k\phi\rangle D_A^jD_B^lT_k\phi\end{aligned}$$

因此有下面的定理.

定理 12.1　假设 ϕ 是一个广义的 AB - 多尺度分析的尺度函数. 那么,系统 $\{D_A^jD_B^lT_k\phi:l\in\mathbf{Z},k\in\mathbf{Z}^n\}$ $(j\in\mathbf{Z})$是 V_j 的一个帕塞瓦尔框架.

令 W_0 是空间 V_1 中 V_0 的正交补,则 $V_1=V_0\oplus W_0$. 同样,定义 $W_j:W_j=V_{j+1}\cap(V_j)^{\perp},j\in\mathbf{Z}$. 因此,我们得到 $L^2(\mathbf{R}^n)=\bigoplus\limits_{j\in\mathbf{Z}}W_j$.

如果存在一个函数 $\varphi\in W_0$ 使得$\{D_B^lT_k\varphi:l\in\mathbf{Z},k\in\mathbf{Z}^n\}$是空间 W_0 的一个帕塞瓦尔框架,那么容易证明$\{D_A^jD_B^lT_k\varphi:l\in\mathbf{Z},k\in\mathbf{Z}^n\}$ $(j\in\mathbf{Z})$是空间 W_j 的一个帕塞瓦尔框架. 因此$\{D_A^jD_B^lT_k\varphi:j\in\mathbf{Z},l\in\mathbf{Z},k\in\mathbf{Z}^n\}$是 $L^2(\mathbf{R}^n)$的一个帕塞瓦尔框架.

注　众所周知,如果$\{V_j\}_{j\in\mathbf{Z}}$是古典的多尺度分析,那么通过尺度函数,我们能够构造一个单小波. 然而,在 AB - 多尺度分析的情形,即使尺度函数是正交的,也不一定有复合伸缩小波. 下面,我们将要给出一个反例来说明这个结论.

例 12.1 令 $\boldsymbol{A}=\begin{pmatrix}5 & 0\\0 & 1\end{pmatrix}$和 $\boldsymbol{B}=\begin{pmatrix}1 & 1\\0 & 1\end{pmatrix}$,显然,我们得到 $\boldsymbol{B}^j=\begin{pmatrix}1 & j\\0 & 1\end{pmatrix}$.

令 $S_0=\{\omega=(\omega_1,\omega_2)\in\mathbf{R}^2:|\omega_1|\leqslant 1\}$,定义 $V_0=\{f\in L^2(\mathbf{R}^2):\operatorname{supp}\widehat{f}\subset S_0\}$. 既然,对于所有的 $j\in\mathbf{Z}$, $k\in\mathbf{Z}^2$ 和 $f\in S_0$,我们有 $(\widehat{D_B^j T_k f})(\omega)=\mathrm{e}^{-2\pi i B j\omega k}\widehat{f}(\boldsymbol{B}^j\omega)$ 和 $\boldsymbol{B}^j\omega=\boldsymbol{B}^j(\omega_1,\omega_2)=(\omega_1,\omega_2+j\omega_1)$,因此,$\boldsymbol{B}^j$ 把垂直带区域 S_0 映射到自身. 因此,我们已经得到定义 12.3 中的条件(4),即:$\boldsymbol{B}^{\mathrm{T}}S_0=S_0$,而且,$\widehat{V}_0=L^2(\mathbf{R}^2)\cdot\chi_{S_0}$,这里 $\widehat{V}_0:=\{\widehat{f}(\omega)|f\in V_0\}$.

令 $S_i=\boldsymbol{A}^iS_0=\{\omega=(\omega_1,\omega_2)\in\mathbf{R}^2:|\omega_1|\leqslant 5^i\}$ 和 $V_i=\{f\in L^2(\mathbf{R}^2):\operatorname{supp}\widehat{f}\subset S_i\}$. 我们能看出 $\{V_i\}_{i\in\mathbf{Z}}$ 满足下面的性质:(1) $V_i\subset V_{i+1}$,对于所有的 $i\in\mathbf{Z}$;(2) $D_A^{-1}V_1=V_0$;(3) $\bigcap_{j\in\mathbf{Z}}V_j=\{0\}$;(4) $\overline{\bigcup_{j\in\mathbf{Z}}V_j}=L^2(\mathbf{R}^n)$.

令 $I=I^+\cup I^-$,这里 I^+ 是一个三角形,它的顶点坐标为(0,0),(0,1),(1,1),$I^-=\{\omega\in\mathbf{R}^2:-\omega\in I^+\}$. 定义 ϕ 如下:$\widehat{\phi}(\omega)=\chi_I(\omega)$. 经过简单的计算,我们可以得到:$I$ 是 S_0 的一个 B-铺盖集,即,S_0 是集合 $\boldsymbol{B}^jI$, $j\in\mathbf{Z}$的不相交的并. 所以,$\Phi_B=\{D_B^jT_k\phi:j\in\mathbf{Z},k\in\mathbf{Z}^n\}$是空间 V_0 的一个标准正交基,ϕ 是空间 V_0 的尺度函数.

我们知道$\{D_A^iD_B^jT_k\phi:j\in\mathbf{Z},k\in\mathbf{Z}^n,i\in\mathbf{Z}\}$是空间 V_i 的一个帕塞瓦尔框架. 这就是说,$\{V_i\}_{i\in\mathbf{Z}}$是一个广义的 AB-多尺度分析,对应的尺度函数为 ϕ.

令 W_0 是空间 V_1 中 V_0 的正交补，$R_0 := S_1 \setminus S_0 = \{\omega = (\omega_1, \omega_2) \in \mathbf{R}^2 : 1 \leqslant |\omega_1| \leqslant 5\}$，那么，我们有 $W_0 = \{f \in L^2(\mathbf{R}^2) : \mathrm{supp}\, \widehat{f} \subset R_0\}$.

下面，我们将要构造由 3 个函数生成的 AB - 多小波. 为此，我们先定义 $R_0 = S_1 \setminus S_0$ 的子集

$$T_1 = T_1^+ \cup T_1^-, T_2 = T_2^+ \cup T_2^-, T_3 = T_3^+ \cup T_3^-$$

这里 $T_1^+ = \{\omega = (\omega_1, \omega_2) \in \mathbf{R}^2 : 1 < \omega_1 \leqslant 5, 0 \leqslant \omega_2 < 1\}$，$T_2^+ = \{\omega = (\omega_1, \omega_2) \in \mathbf{R}^2 : 1 < \omega_1 \leqslant 5, 1 \leqslant \omega_2 < 5\}$，$T_3^+ = \{\omega = (\omega_1, \omega_2) \in \mathbf{R}^2 : 1 < \omega_1 \leqslant 5, 5 \leqslant \omega_2 < \omega_1\}$，$T_l^- = \{\omega = (\omega_1, \omega_2) \in \mathbf{R}^2 : -\omega \in T_l^+, l = 1, 2, 3\}$.

接着，我们定义 $\psi_l (l = 1, 2, 3)$ 如下：$\widehat{\psi}_l = \chi_{T_l} (l = 1, 2, 3)$. 注意到函数 $\{e^{2\pi i \omega k} : k \in \mathbf{Z}^2\}$ 构成 $L^2(T_l)$ 的一个帕塞瓦尔框架. 因此，集合 $\{e^{2\pi i \omega k} \widehat{\psi}_l(\omega) : k \in \mathbf{Z}^2\}$ 构成 $L^2(T_l)(l = 1, 2, 3)$ 的一个标准正交基. 经过相似的计算，我们可以知道，集合 $\{\boldsymbol{B}^j T_l : j \in \mathbf{Z}, l = 1, 2, 3\}$ 是 R_0 的一个剖分，即 $R_0 = \bigcup\limits_{l=1}^{3} \bigcup\limits_{j=Z} \boldsymbol{B}^j T_l$.

既然，对于每个固定的 $j \in \mathbf{Z}$，$\boldsymbol{B}^j$ 映射 $\mathbf{Z}^2$ 到它自身，集合 $\{e^{2\pi i B^j \omega k} \widehat{\psi}_l(\boldsymbol{B}^j \omega) : k \in \mathbf{Z}^2\}$. 因此，集合 $\{e^{2\pi i B^j w k} \widehat{\psi}_l(\boldsymbol{B}^j w) : k \in \mathbf{Z}^2, j \in \mathbf{Z}, l = 1, 2, 3\}$ 是 $L^2(R_0)$ 的一个帕塞瓦尔框架. 所以，通过取逆傅里叶变换，我们得到，$\{D_B^j T_k \psi_1 : j \in \mathbf{Z}, k \in \mathbf{Z}^2, l = 1, 2, 3\}$ 是 W_0 的一个帕塞瓦尔框架.

根据定理 12. 1，我们知道 $\{D_A^i D_B^j T_k \psi_l : i \in \mathbf{Z}, j \in \mathbf{Z}, k \in \mathbf{Z}^2, l = 1, 2, 3\}$ 是 $L^2(\mathbf{R}^2)$ 的一个帕塞瓦尔框架.

下面将要给出一个单的来源于一个广义的 AB-多尺度分析的复合伸缩小波的例子.

例 12.2 令 $U=U^{+}\cup U^{-}$,这里 U^{+} 是一个梯形,它的顶点坐标为 $\left(\frac{1}{4},0\right),\left(\frac{1}{4},\frac{1}{4}\right),(1,1),(1,0)$, $U^{-}=\{\omega=(\omega_1,\omega_2)\in\mathbf{R}^2:-\omega\in U^{+}\}$. 假设 S_i,$\boldsymbol{A}$ 和 $\boldsymbol{B}$ 如例 12.1 所定义,$P:=S_0\backslash S_{-1}=\{\omega=(\omega_1,\omega_2)\in\mathbf{R}^2:\frac{1}{4}<\omega_1\leqslant 1\}$. 经过简单的计算,我们可以得到:集合 $P=\bigcup_{j\in\mathbf{Z}}\boldsymbol{B}^j U$,这里,并是不相交的. 根据 Plancherel 定理和 U 被包含在一个基本集内的事实,函数 $\chi_U(\omega)$ 满足

$$\sum_{k\in\mathbf{Z}^2}|\langle\hat{f},\mathrm{e}^{2\pi\mathrm{i}(\cdot)k}\chi_U\rangle|^2=\|\hat{f}\|^2,\forall f\in L^2(P)$$

所以,集合 $\{D_B^j\mathrm{e}^{2\pi\mathrm{i}\omega k}\chi_U(\omega):k\in\mathbf{Z}^2,j\in\mathbf{Z}\}$ 是 $L^2(P)$ 的一个帕塞瓦尔框架. 相似于例 12.1 的构造,我们有 $\mathbf{R}^2=\bigcup_{i\in\mathbf{Z}}\boldsymbol{A}^iP$,这里,并是不相交的.

定义 ψ 如下:$\hat{\psi}=\chi_U$. 因此,系统 $\{D_A^iD_B^jT_k\psi:i\in\mathbf{Z},j\in\mathbf{Z},k\in\mathbf{Z}^2\}$ 是 $L^2(\mathbf{R}^2)$ 的一个帕塞瓦尔框架. 这就是说,函数 ψ 的一个具有复合伸缩的帕塞瓦尔框架小波.

§4 一些复合伸缩帕塞瓦尔框架小波的构造

在 §1 脚注的文献中通过 $L^2(\mathbf{R})$ 中两个古典小波构造了一个 $L^2(\mathbf{R}^2)$ 中复合伸缩小波的例子. 受这个方法启发,我们构造了两类 $L^2(\mathbf{R}^n)$ 中复合伸缩小波:一

类是可变量分离的情形,另一类是部分不可变量分离的情形.

情形 1　可变量分离的复合伸缩小波.

令 $\psi_1 \in L^2(\mathbf{R})$ 是一个三进制带限帕塞瓦尔框架小波且满足 supp $\widehat{\psi}_1 \subset [-\Omega,\Omega]$. 假设 $\{\psi_2,\cdots,\psi_n\} \subset L^2(\mathbf{R})$ 是另外一些三进制带限古典小波且满足 supp $\widehat{\psi}_l \subset [-1,1]$ 和

$$\sum_{k\in\mathbf{Z}} |\widehat{\psi}_l(\omega+k)|^2 = 1, \text{对于 a. e. } \omega \in \mathbf{R}, l = 2,\cdots,n \tag{12.2}$$

对于任意的 $\omega = (\omega_1,\cdots,\omega_n) \in \mathbf{R}^n, \omega_1 \neq 0$,我们通过频域定义 $L^2(\mathbf{R}^n)$ 中的函数 ψ 如下

$$\widehat{\psi}(\omega) = \widehat{\psi}_1(3^s\omega_1)\widehat{\psi}_2\left(\frac{\omega_2}{\omega_1}\right)\cdots\widehat{\psi}_n\left(\frac{\omega_n}{\omega_1}\right) \tag{12.3}$$

其中 $s \in \mathbf{Z}$ 满足 $3^s \geqslant 3\Omega$. 那么,我们有

定理 12.2　令 $\boldsymbol{A} = \left\{\boldsymbol{a}^i = \begin{pmatrix} 3^i & 0 \\ 0 & \boldsymbol{I}_{n-1} \end{pmatrix} : i \in \mathbf{Z}\right\}$ 和 $\boldsymbol{B} = \left\{\boldsymbol{b}_j = \begin{pmatrix} 1 & j \\ 0 & \boldsymbol{I}_{n-1} \end{pmatrix} : i \in \mathbf{Z}^{n-1}\right\}$,这里 $\boldsymbol{I}_{n-1}$ 是 $(n-1)\times(n-1)$ 阶单位矩阵. 若 $\psi \in L^2(\mathbf{R}^n)$ 被等式(12.3)所定义,则 ψ 是一个 PF 的 AB - 小波.

证明　若 $|\omega_1| \geqslant \frac{1}{3}$,则显然有 $|3^s\omega_1| \geqslant 3^{s-1} \geqslant \Omega$. 根据 ψ_1 和 ψ 的定义,当 $|\omega_1| \geqslant \frac{1}{3}$ 时,我们有 $\widehat{\psi}(\omega) = 0$. 因此我们得到 supp $\widehat{\psi} \subset \left[-\frac{1}{3},\frac{1}{3}\right]^n$.

对于任意的 $i\in\mathbf{Z},j\in\mathbf{Z}^{n-1},k\in\mathbf{Z}^n$，令 $\psi_{i,j,k}=D_a^iD_{b_j}T_k\psi$，则对于每个 $f\in L^2(\mathbf{R}^n)$，我们有

$$\sum_{i\in\mathbf{Z}}\sum_{j\in\mathbf{Z}^{n-1}}\sum_{k\in\mathbf{Z}^n}|\langle f,\psi_{i,j,k}\rangle|^2$$

$$=\sum_{i\in\mathbf{Z}}\sum_{j\in\mathbf{Z}^{n-1}}\sum_{k\in\mathbf{Z}^n}\left|\int_{\mathbf{R}^n}|\det a|^{\frac{i}{2}}\widehat{f}(\omega)\overline{\widehat{\psi}(a^ib_j\omega)\mathrm{e}^{2\pi ia^ib_j\omega k}}\right|^2\mathrm{d}\omega$$

$$=\sum_{i\in\mathbf{Z}}\sum_{j\in\mathbf{Z}^{n-1}}\int_{\mathbf{Q}}|3^{-\frac{i}{2}}\widehat{f}(b_j^{-1}a^{-i}\eta)\overline{\widehat{\psi}(\eta)}|^2\mathrm{d}\eta$$

$$=\int_{\mathbf{R}^n}|\widehat{f}(\omega)|^2\sum_{i\in\mathbf{Z}}\sum_{j\in\mathbf{Z}^{n-1}}|\widehat{\psi}(a^ib_j\omega)|^2\mathrm{d}\omega$$

既然 $a^ib_j\omega=(3^i\omega_1,j_13^i\omega_1+\omega_2,\cdots,j_{n-1}3^i\omega_1+\omega_n)$，根据等式(12.2)和(12.3)，我们有

$$\sum_{i\in\mathbf{Z}}\sum_{j\in\mathbf{Z}^{n-1}}|\widehat{\psi}(a^ib_j\omega)|^2$$

$$=\sum_{i\in\mathbf{Z}}\sum_{j_1\in\mathbf{Z}}\cdots\sum_{j_{n-1}\in\mathbf{Z}}\left|\widehat{\psi}_1(3^{s+i}\omega_1)\widehat{\psi}_2\left(\frac{3^{-i}\omega_2}{\omega_1}+j_1\right)\cdots\widehat{\psi}_n\left(3^{-i}\frac{\omega_n}{\omega_1}+j_{n-1}\right)\right|^2$$

$$=\sum_{i\in\mathbf{Z}}|\widehat{\psi}_1(3^{s+i}\omega_1)|^2\sum_{j_1\in\mathbf{Z}}\left|\widehat{\psi}_2\left(\frac{3^{-i}\omega_2}{\omega_1}+j_1\right)\right|^2\cdots\sum_{j_{n-1}\in\mathbf{Z}}\left|\widehat{\psi}_n\left(3^{-i}\frac{\omega_n}{\omega_1}+j_{n-1}\right)\right|^2$$

$$=1$$

最后，我们推导出

$$\sum_{i\in\mathbf{Z}}\sum_{j\in\mathbf{Z}^{n-1}}\sum_{k\in\mathbf{Z}^n}|\langle f,\psi_{i,j,k}\rangle|^2=\int_{\mathbf{R}^n}|\widehat{f}(\omega)|^2\mathrm{d}\omega=\|f\|^2$$

根据定义 12.2，函数 ψ 是一个 PF 的 AB - 小波.

下面，我们将通过古典小波来构造几个 $L^2(\mathbf{R}^n)$ 中

可变量分离的复合伸缩小波的例子.

例 12.3 通过频域定义函数 ψ_1 如下

$$\widehat{\psi}_1(\omega)=\chi_{[-\pi,-\frac{\pi}{2})}+2\chi_{[-\frac{3\pi}{2},-\pi)}+\chi_{[\frac{\pi}{4},\frac{\pi}{2})}+2\chi_{[\frac{\pi}{2},\pi]}$$

根据已有文献①,函数 ψ_1 是一个帕塞瓦尔框架小波.

为了构造 ψ_2,令 ϕ 是紧支撑和 C^∞ 的钟形函数,而且满足 $\operatorname{supp}\phi\subset[-1,1]$,定义 ψ_2 的频域如下

$$\widehat{\psi}_2(\omega)=\frac{\phi(\omega)}{\sqrt{\sum_{k\in\mathbf{Z}}|\phi(\omega+k)|^2}}$$

显然 ψ_2 满足等式(12.2),根据定理 12.2,等式(12.3)定义的 ψ_n 是一个 PF 的 AB - 小波.

例 12.4 通过频域定义函数 ψ_1 如下

$$\widehat{\psi}_1(\omega)=\cos\left(x-\frac{\pi}{4}\right)\left(x+\frac{13\pi}{8}\right)^2\left(x+\frac{3\pi}{8}\right)^4\mathrm{e}^x\chi_{E_1}+\sin(x)\left(x-\frac{13\pi}{8}\right)^2\left(x-\frac{\pi}{5}\right)^4\mathrm{e}^{-x}\chi_{E_2}$$

其中 $E_1=\left[-\frac{13\pi}{8},-\frac{3\pi}{8}\right)$ 和 $E_2=\left[\frac{\pi}{5},\frac{13\pi}{8}\right)$. 那么,函数 ψ_1 是一个框架小波.

假设 ψ_2 如例 12.3 所定义,根据定理 12.2,通过等式(12.3),我们能构造 $L^2(\mathbf{R}^2)$ 中的 PF 的 AB - 小波 ψ.

情形 2 部分不可变量分离的复合伸缩小波.

假设 $\psi_1\in L^2(\mathbf{R})$ 是一个二进制带限帕塞瓦尔小

---

① Dai X, Diao Y, Gu Q Subspaces with normalized tight frame wavelets in $L^2(\mathbf{R}^n)$ [J]. Proc. AMS, 2002, 130(6): 1661 - 1667.

波且满足 supp $\widehat{\psi}_1 \subset [-\Omega,\Omega]$，$\widehat{\psi}_2$ 是 $L^2(\mathbf{R}^{n-1})$ 中一个 PF 小波且满足 supp $\widehat{\psi}_2 \subset [-1,1]^{n-1}$. 对于任意的 $\omega=(\omega_1,\cdots,\omega_n)\in\mathbf{R}^n$，$\omega_1\neq 0$，定义 $\psi\in L^2(\mathbf{R}^n)$ 如下

$$\widehat{\psi}(\omega)=\widehat{\psi}_1(2^s\omega_1)\widehat{\psi}_2\left(\frac{\omega_2}{\omega_1},\cdots,\frac{\omega_n}{\omega_1}\right) \qquad (12.4)$$

这里 $s\in\mathbf{Z}$，且满足 $3^s\geqslant 3\Omega$. 那么，我们有

定理 12.3　假设 $\boldsymbol{A}$ 和 $\boldsymbol{B}$ 如定理 12.2 中所定义，函数 $\psi\in L^2(\mathbf{R}^n)$ 在等式(12.4)中定义，而且 $Q=\left[-\frac{1}{3},\frac{1}{3}\right]^n$. 那么，函数 ψ 是一个 PF 的 AB－小波.

证明　类似于定理 12.2 的证明，我们能够容易地推导出 supp $\widehat{\psi}\subset\left[-\frac{1}{3},\frac{1}{3}\right]^n$.

对于任意的 $i\in\mathbf{Z}$，$j=(j_1,j_2,\cdots,j_{n-1})\in\mathbf{Z}^{n-1}$，$k\in\mathbf{Z}^n$ 和 $f\in L^2(\mathbf{R}^n)$，我们有

$$\sum_{i\in\mathbf{Z}}\sum_{j\in\mathbf{Z}^{n-1}}\sum_{k\in\mathbf{Z}^n}|\langle f,\psi_{i,j,k}\rangle|^2$$
$$=\int_{\mathbf{R}^n}|\widehat{f}(\omega)|^2\sum_{i\in\mathbf{Z}}\sum_{j\in\mathbf{Z}^{n-1}}|\widehat{\psi}(a^ib_j\omega)|^2\mathrm{d}\omega$$

既然 $a^ib_j\omega=(3^i\omega_1,j_13^i\omega_1+\omega_2,\cdots,j_{n-1}3^i\omega_1+\omega_n)$，根据函数 ψ_1 和 ψ_2 是 PF 小波的事实，我们有

$$\sum_{i\in\mathbf{Z}}\sum_{j\in\mathbf{Z}^{n-1}}|\widehat{\psi}|(a^ib_j\omega)^2$$
$$=\sum_{i\in\mathbf{Z}}\sum_{j_1\in\mathbf{Z}}\cdots\sum_{j_{n-1}\in\mathbf{Z}}\left|\widehat{\psi}_1(3^{s+i}\omega_1)\widehat{\psi}_2\left(\frac{3^{-i}\omega_2}{\omega_1}+j_1,\right.\right.$$
$$\left.\left.\frac{3^{-i}\omega_3}{\omega_1}+j_2,\cdots,\frac{3^{-i}\omega_n}{\omega_1}+j_{n-1}\right)\right|^2$$

$$= \sum_{i \in \mathbf{Z}} |\widehat{\psi}_1(3^{s+i}\omega_1)|^2 \sum_{(j_1,j_2,\cdots,j_{n-1}) \in \mathbf{Z}^{n-1}} \left| \widehat{\psi}_2\left(\frac{3^{-i}\omega_2}{\omega_1} + j_1, \frac{3^{-i}\omega_3}{\omega_1} + j_2, \cdots, \frac{3^{-i}\omega_n}{\omega_1} + j_{n-1}\right)\right|^2$$

$$= 1$$

最后,我们推导出

$$\sum_{i \in \mathbf{Z}} \sum_{j \in \mathbf{Z}^{n-1}} \sum_{k \in \mathbf{Z}^n} |\langle f, \psi_{i,j,k} \rangle|^2 = \int_{\mathbf{R}^n} |\widehat{f}(\omega)|^2 \mathrm{d}\omega = \|f\|^2$$

那即是说,函数 ψ 是一个 PF 的 AB - 小波. 证毕.

根据定理 12.3,下面将要构造一些部分不可变量分离的复合伸缩小波的例子.

例 12.5　对于梅花型矩阵 $\boldsymbol{Q} = \begin{pmatrix} 1 & -1 \\ 1 & 1 \end{pmatrix}$,我们有 $\boldsymbol{B} = \boldsymbol{Q}^{\mathrm{T}} = \begin{pmatrix} 1 & 1 \\ -1 & 1 \end{pmatrix}$. 进一步,我们有 $\boldsymbol{B}^{-1}\boldsymbol{C} \subseteq \boldsymbol{C}$,这里 $\boldsymbol{C}$ 是 $\mathbf{R}^2$ 中标准的单位正方形 $\left[-\frac{1}{2}, \frac{1}{2}\right]^2$. 周知,集合 $\{\boldsymbol{B}^j(\boldsymbol{C} \setminus \boldsymbol{B}^{-1}\boldsymbol{C}) : j \in \mathbf{Z}\}$ 是 $\mathbf{R}^2$ 的一个剖分. 通过 $\widehat{\psi}_2(\omega) = \chi_{BC \setminus C}$,我们能定义函数 $\widehat{\psi}_2$. 因此我们得到一个 PF 小波,而且,它满足 $\operatorname{supp} \widehat{\psi}_2 \subset [-1, 1]^2$. 因为它的维数函数 $D_\psi(\omega) = 1$, a. e. ω,所以 $\psi(x)$ 是一个与 Q - FMRA 相联系的 PF 小波. 实际上,$\psi(x)$ 是一个与 Q - FMRA 相联系的标准正交基小波,它是香农小波的变形:$\widehat{\psi}(\omega) = \chi_{2I \setminus I}$,这里 I 是标准的单位区间 $\left[-\frac{1}{2}, \frac{1}{2}\right]$.

假设 $\widehat{\psi}_1$ 是 $L^2(\mathbf{R})$ 中任何小波. 根据定理 12.3,通

过等式(12.4),我们能够得到函数 ψ 是一个 $L^2(\mathbf{R}^3)$ 中的 PF 的 AB - 小波.

例 12.6 假设 $\boldsymbol{A}$ 是矩阵 $\begin{pmatrix} 0 & 3 \\ 1 & 1 \end{pmatrix}$,则 $\boldsymbol{A}$ 是一个扩展矩阵且满足 $\det \boldsymbol{A} = -3$. 如果 F 是一个正方形,它的顶点坐标为(0,1),(1,0),(−1,0)和(0,−1). 定义 $E = F\backslash(\boldsymbol{A}^{-1})F$,所以 E 是帕塞瓦尔框架小波集. 我们定义函数 $\widehat{\psi}_2$ 如下:$\widehat{\psi}_2(\omega) = \chi_E$,则我们得到一个 PF 小波,它满足 $\operatorname{supp} \widehat{\psi}_2 \subset [-1,1]^2$.

假设 $\widehat{\psi}_1$ 是 $L^2(\mathbf{R})$ 中任何小波. 根据定理 12.3,通过等式(12.4),我们能够得到函数 ψ 是一个 $L^2(\mathbf{R}^3)$ 中的 PF 复合伸缩小波.

帕塞瓦尔等式在依赖时间方程中的应用[①]

第13章

本章,我们讨论求解依赖时间的微分方程近似解的各种方法,注意力集中在气象动力学和海洋学中见到的依赖时间方程的常用方法,所以我们讨论的重点是双曲型偏微分方程.这些方法的发展一直与气象学和海洋学紧密相关.探索这些问题的有效方法仍然是一个极为重要的问题.这类研究课题在规模和复杂性方面在不断扩大和提高,同时,近年来数值模拟已经成为许多预报部门日常工作的工具.因此处理更大规模的问题,并且更经济更迅速地解决这类问题的必要性是空前迫切了.

从研究模型方程入手,我们引入了许多概念,进行了一系列分析,发现大多

① 选自:H.克拉斯,J.奥立格.依赖时间问题的近似解法.

数计算上的困难是线性效应,但这些困难可以置于简单而有可能进行详细分析的情况下研究. 我们强调这种技巧的重要性. 对于大规模的非线性模型来说,实际上,通常不可能有一个充分而严密的分析. 计算上的困难易被错误地解释,因而容易产生一种影响很大的误解,这种误解能使未来的研究走向歧途. 这在过去确有许多先例. 这并不是说此种技巧没有固有的缺陷. 在选择模型方程和将结论推广到更复杂的情况时必须十分小心. 无论如何,对于孤立并分析现象来说,这是一种非常有价值的工具.

我们一直是并行地阐述微分方程及其逼近的理论. 这对发展逼近方程的有应用价值的理论是十分重要的. 不幸的是,许多需要从微分方程理论方面引用的结论至今仍很难论证,并且这种并行地发展这两方面理论的必要性常被人们所忽视.

对于大部分结果我们已经给出证明或证明的概要,但也放弃了一些结果的证明,因为它们需要冗长而复杂的论证.

§1 常微分方程的差分逼近

解偏微分方程初值问题的差分方法,可以看作用差分方法求常微分方程组的数值解问题. 这种方程的许多有关性质可以用下列常系数纯量方程表现出来

$$L_y \equiv \frac{\mathrm{d}y}{\mathrm{d}t} - \lambda y = a\mathrm{e}^{\alpha t}, y(0) = y_0 \qquad (13.1)$$

为简明起见,我们只考虑非共振的情况 $\alpha\neq\lambda$. 于是方程(13.1)的解为

$$y(t)=y_I(t)+y_H(t) \tag{13.2}$$

其中

$$y_H(t)=(y_0-a(\alpha-\lambda)^{-1})\mathrm{e}^{\lambda t},y_I(t)=a(\alpha-\lambda)^{-1}\mathrm{e}^{\alpha t}$$

通常,我们称 $y_I(t)$ 为强迫解,$y_H(t)$ 为暂态解. 在我们所考虑的许多实际应用中,方程(13.1)的解关于时间始终是一致有界的. 所以,我们假设

$$\text{Real }\lambda\leqslant 0\quad\text{和}\quad\text{Real }\alpha\leqslant 0 \tag{13.3}$$

我们打算用多步法解上述问题. 为此,引进一个时间步长 $k>0$ 并且定义格点 t_v 和格点函数 v_v,即

$$t_v=vk,v_v=v(t_v)\quad(v=0,1,2,\cdots) \tag{13.4}$$

然后用下列方程逼近(13.1)

$$L_kv_v=\sum_{j=-1}^{p}\gamma_jv_{v-j}-\lambda k\sum_{j=-1}^{p}\beta_jv_{v-j}=kg_v \tag{13.5}$$

此处 γ_j 是常数,$\beta_j=\beta_j(k)$ 可以与 k 有关,g_v 是 $a\mathrm{e}^{\alpha t_v}$ 的一种近似. 假定 $\gamma_{-1}\neq 0$,所以对充分小的 k,方程(13.5)可以写成下列形式

$$v_{v+1}=-(\gamma_{-1}-\lambda k\beta_{-1})^{-1}\left(\sum_{j=0}^{p}\gamma_jv_{v-j}-\lambda k\sum_{j=0}^{p}\beta_jv_{v-j}-kg_v\right)$$

这样,如果 $p+1$ 个初值

$$v_0,v_1,\cdots,v_p \tag{13.6}$$

已经给定,我们就能计算所有的 v_v,$v\geqslant p+1$. 微分方程的初值 $y(0)=y_0$ 给了我们一个值,我们需要用特殊方法确定 $p>0$ 的其余的值. 对此大体上有两种办法:

(1)利用一种特殊的单步方法($p=0$ 的方法),从

$v_0=y(0)$出发计算 $v_1,v_2,\cdots,v_p$. 此时,必须注意不要破坏精确度,我们将在以后讨论这一点.

(2)从微分方程可知

$$\mathrm{d}y/\mathrm{d}t|_{t=0}=\lambda y(0)+a$$

$$\mathrm{d}^2y/\mathrm{d}t^2|_{t=0}=\lambda^2y(0)+\lambda a+a\alpha,\cdots$$

于是用泰勒展开式

$$\begin{aligned}y(\delta)&=y(0)+\delta y_{(0)}^{(1)}+\frac{\delta^2}{2!}y_{(0)}^{(2)}+\cdots+\frac{\delta^r}{r!}y_{(0)}^{(r)}+O(\delta^{r+1})\\&=y(0)+\delta(\lambda y(0)+a)+\\&\quad\frac{\delta^2}{2!}(\lambda^2y(0)+\lambda a+a\alpha)+\cdots+O(\delta^{r+1})\end{aligned}\quad(13.7)$$

只要选择 $\delta=jk(j=0,1,2,\cdots,p)$,以 v_j 代替 $y(\delta)$,并忽略 $O(\delta^{r+1})$项之后,我们就能计算 v_j. 当然我们亦能从式(13.7)出发构造一个特殊的单步法用以决定 $v_1,\cdots,v_p$. 为此我们只需以 k 代替 δ,以 v_{v+1}代替 $y(\delta)$,以 v_v 代替 $y(0)$,以 $a\mathrm{e}^{\alpha vk}$ 代替 a 并忽略 $O(\delta^{r+1})=O(k^{r+1})$项. 这样我们就有

$$v_{v+1}=v_v+k(\lambda v_v+a\mathrm{e}^{\alpha vk})+\frac{k^2}{2}(\lambda^2v_v+(\lambda+a\alpha)\mathrm{e}^{\alpha vk})+\cdots\quad(13.8)$$

方程(13.7)和(13.8)具有同阶精度. 对这两种情况均有

$$|y(vk)-v_v|\leqslant ck^r\max_{0<t<vk}|\mathrm{d}^{r+1}y/\mathrm{d}t^{r+1}|+O(k^{r+1})$$

但对方程(13.8)最佳常数 c 通常要小些.

现在我们要给出差分逼近的稳定性定义. 为此考虑齐次差分方程(13.5),即有

$$L_k v = \sum_{j=-1}^{p} \gamma_j v_{v-j} - \lambda k \sum_{j=-1}^{p} \beta_j v_{v-j} = 0 \quad (13.9)$$

以及任何初值 $v_0, v_1, \cdots, v_p$.

定义 13.1 若存在与 k 和初值 $v_0, v_1, \cdots, v_p$ 无关的常数 σ 和 K,使得对方程(13.9)的解的估计

$$\| v_v \| \leqslant K e^{\sigma v k} \| v_p \|, \| v_v \|^2 = \sum_{j=0}^{p} | v_{v-j} |^2 \quad (13.10)$$

对所有 $t = t_v \geqslant pk$ 和充分小的 k 成立,则称差分逼近(13.5)是稳定的.

设 $y(t)$ 是微分方程(13.1)的解,将它代入差分方程并考察截断误差 s_v,得

$$L_k y_v - k g_v = \sum_{j=-1}^{p} \gamma_j y_{v-j} - \lambda k \sum_{j=-1}^{p} \beta_j y_{v-j} - k g_v = k s_v \quad (13.11)$$

定义 13.2 若在任何有限时间区间上存在一个一致有界的函数 $d(t)$ 和常数 c_j,估计

$$| k s_v | = | L_k y_v - k g_v | \leqslant d(t_v) k^{q+1}, t_v = v k \quad (13.12)$$

$$| y_j - v_j | \leqslant c_j k^a \quad (j = 0, 1, 2, \cdots, p) \quad (13.13)$$

对一切 k 成立,则称逼近(13.5)具有 q 阶精度,如若 $q > 0$,则称逼近(13.5)是相容的.

现在我们来叙述差分逼近理论中的主要定理.

定理 13.1 设 y 是微分方程的解,对 y 估计式(13.12)成立;v 是差分逼近的解,对 v 不等式(13.10)和(13.13)成立,于是对所有 $t = t_v$ 有

$$\begin{aligned}&\| y(t)-v(t) \| \\ \leqslant & Kk^{q}\left(c\sqrt{(p+1)}\,\mathrm{e}^{\sigma(t-pk)}+|(\gamma_{-1}-\lambda k\beta_{-1})^{-1}|\cdot \max_{0\leqslant\tau\leqslant t} d(\tau)\cdot\psi(t,\sigma)\right)\end{aligned} \tag{13.14}$$

其中

$$\psi(t,\sigma)=\begin{cases}\dfrac{1}{\sigma}\mathrm{e}^{\sigma t} & (\sigma>0)\\ t & (\sigma=0)\\ \dfrac{k}{1-\mathrm{e}^{\sigma k}} & (\sigma<0)\end{cases}$$

$$\mathrm{c}=\max_{j}|c_j|$$

由式(13. 14)即可断言,在任何有限区间 t 上,稳定性和相容性蕴涵着收敛性. 注意,估计式(13. 14)不仅对 $k\to0$,而且对每一固定的 k 均有效. 这是很重要的,因为在实际计算中,人们并不关心渐近的误差估计,而是关心对计算中所用 k 的估计.

现在我们对估计(13. 14)进行深入讨论. 一般说来,决定截断误差是不困难的,至少当我们所要求的解是光滑的时候是这样. 为此,将 y_{v-j}展成泰勒级数

$$y_{v-j}=y_v-jk\left.\frac{\mathrm{d}v}{\mathrm{d}t}\right|_{t=t_v}+\frac{(jk)^2}{2!}-\left.\frac{\mathrm{d}^2y}{\mathrm{d}t^2}\right|_{t=t_v}+\cdots$$

从上面式(13. 11)的左端便展成 k 的幂级数,如若(13. 12)成立,它将以 k^{q+1}阶的项开头. 在我们所考虑的大部分应用中,微分方程的解及其导数始终保持一致有界,所以我们能用常数 d 代替式(13. 14)中的 $d(t)$. 此时,只有当 $\sigma<0$ 时对 $0\leqslant t<\infty$ 有一致收敛

性,同时若是强的阻尼,即 $|\text{Real}\ \lambda|$ 很大,则式中的常数是小的. 如果 $\sigma=0$,那么误差将随时间线性地增长,并经过足够长的时间后精度丧失殆尽. 当 $\sigma>0$ 时,逼近只在相对小的时间区间上有用. 并且即使减小 k 也没有多大帮助,除非是 $|\sigma|\leqslant \text{const}\cdot k$. 如果 $\text{Real}\ \lambda\leqslant 0$,只有 $c\leqslant 0$ 的那些差分逼近才有效. 初值误差的影响由 $Kk^q c\sqrt{(p+1)}\,\mathrm{e}^{\sigma(t-pk)}$ 所决定. 因此,有必要设计一种特殊的方法去计算初值,使其精度满足不等式(13.13),更进一步 c 必须与 d 有相同量级. 这里有一种例外,如果我们对暂态解不感兴趣,并且 $\sigma<0$,于是初始误差的影响在充分长时间后将消失.

因为方程(13.9)的解可以明显地表示为 $v_v=\sum\limits_j \lambda_j x_j^v$,其中 x_j 是下列特征方程的根

$$\sum_{v=-1}^{p}(\gamma_v-\lambda k\beta_v)x^{p-v}=0$$

所以容易确定方程(13.9)的稳定性性质. 在下一节我们将给出这一过程的一些实例.

§2　常微分方程的一些简单的差分逼近

本节要讨论四种求解微分方程(13.1)的简单的差分逼近,即

$$v_{v+1}=(1+\lambda k)v_v+ka\mathrm{e}^{\alpha vk}\text{(欧拉法)}\quad(13.15)$$

$$(1-\lambda k)v_{v+1}=v_v+ka\mathrm{e}^{\alpha v(k+1)}\text{(后差法)}\quad(13.16)$$

$$\left(1-\frac{1}{2}\lambda k\right)v_{v+1}=\left(1+\frac{1}{2}\lambda k\right)v_v+ka\mathrm{e}^{\alpha\left(v+\frac{1}{2}\right)k}\text{(中点法)}\tag{13.17}$$

$$v_{v+1}=v_{v-1}+2\lambda kv_v+2ka\mathrm{e}^{\alpha vk}\text{(蛙跃法)}\tag{13.18}$$

方程(13.15)–(13.17)的解由初值

$$v_0=y_0\tag{13.19}$$

唯一地确定. 对方程(13.18)我们还需给出 v_1. 可以用泰勒展开式获得

$$v_1=y_0+\left.\frac{k\mathrm{d}y}{\mathrm{d}t}\right|_{t=0}=(1+\lambda k)y_0+\alpha k\tag{13.20}$$

假定$|\alpha k|\ll 1$,即强迫解是光滑的. 现在来分析几种常见情况:

(1)设$|\lambda k|\ll 1$ 以及小积分区间的情况. 由定理 13.1 知这种情况是平凡的.

(2)设$|\lambda k|\ll 1$ 以及大积分区间的情况. 此时阻尼($|\mathrm{Real}\ \lambda|$)的大小是十分重要的.

(3)设$|\lambda k|\sim O(1)$,此时必须考虑两种情况:

(a)设 $-\mathrm{Real}\ \lambda\gg 1$,此时暂态解很快地衰减,而强迫解是我们所关心的. 这是典型的控制问题.

(b)设$|\mathrm{Real}\ \lambda|\ll 1$(如 $\mathrm{Real}\ \lambda=0$, $|\mathrm{Im}\ \lambda k|\sim O(1)$),此时暂态解 $y_H(t)$ 振动很剧烈. 而且,人们也不注意 $y_H(t)$,只是去计算强迫解.

现在从作用力函数为零(即 $a=0$)的情况开始直接求解差分方程. 齐次方程(13.15)–(13.18)的一般解是

$$v_v^{(1)}=\tau_1x_1^v,x_1=1+\lambda k=\mathrm{e}^{\lambda k-\frac{1}{2}\lambda^2k^2+\cdots}\tag{13.15a}$$

$$v_v^{(2)} = \tau_2 x_2^v, x_2 = (1 - \lambda k)^{-1} = e^{\lambda k + \frac{1}{2}\lambda^2 k^2 + \cdots} \tag{13.16a}$$

$$v_v^{(3)} = \tau_3 x_3^v, x_3 = \left(1 + \frac{1}{2}\lambda k\right)\left(1 - \frac{1}{2}\lambda k\right)^{-1} = e^{\lambda k + \frac{1}{12}\lambda^3 k^3 \cdots} \tag{13.17a}$$

方程(13.18)是一个两步方法,因此其一般解可记为

$$v_v^{(4)} = \tau_4 x_4^v + \tau_{41} x_{41}^v \tag{13.18a}$$

其中 x_4 和 x_{41} 是特征方程

$$x^2 - 1 - 2\lambda k x = 0$$

的根

$$x_4 = \lambda k + \sqrt{1 + \lambda^2 k^2} = e^{\lambda k - \frac{1}{6}\lambda^3 k^3 + \cdots}$$

$$x_{41} = \lambda k - \sqrt{1 + \lambda^2 k^2} = -e^{-\lambda k + \frac{1}{6}\lambda^3 k^3 + \cdots}$$

现在我们必须决定常数 $\tau_j (j = 1, 2, 3, 4)$ 和 τ_{41} 使 $v_v^{(j)}$ 满足初始条件(13.19)和(13.20)(当 $j = 4$).由式(13.19)我们有

$$\tau_j = y_0 \quad (j = 1, 2, 3)$$

τ_4 和 τ_{41} 由

$$y_0 = \tau_4 + \tau_{41}, (1 + \lambda k) y_0 = \tau_4 \kappa_4 + \tau_{41} x_{41}$$

所决定,即是

$$\tau_4 = 1 - \frac{1}{2}\lambda^2 k^2 + \cdots \quad 和 \quad \tau_{41} = \frac{1}{4}\lambda^2 k^2 + \cdots$$

求出这些差分方程的解后,我们要将它们与微分方程的解 $y(t) = y_0 e^{\lambda t}$ 进行比较.

情况1.对 $t = t_v$ 有

$$|\tau_j x_j^v - y_0 e^{\lambda t}|$$

$$= |y_0| \cdot |e^{\lambda t}| \cdot \begin{cases} |1 - e^{-\frac{1}{2}\lambda^2 kt + O(k^2)t}| & (j=1) \\ |1 - e^{-\frac{1}{2}\lambda^2 kt + O(k^2)t}| & (j=2) \\ |1 - e^{-\frac{1}{12}\lambda^3 k^2 t + O(k^4)t}| & (j=3) \\ \left|1 - \left(1 + \frac{1}{2}\lambda^2 k^2 + O(k^4)\right) \cdot \right. & \\ \left. e^{-\frac{1}{6}\lambda^2 k^2 t + O(k^4)t}\right| & (j=4) \end{cases} \tag{13.21}$$

此外

$$|\tau_{41} x_{41}^v| = \left| -\frac{1}{2}\lambda^2 k^2 + O(k^4) \right| \cdot \left| e^{-\lambda t + O(k^3)t} \right| \tag{13.22}$$

所有的方法都是收敛的. 对充分小的 k,用中点法得到的解收敛最快,其次是蛙跃法和改进的欧拉法. 这些是二阶方法,而其余的只是一阶方法.

情况 2. 微分方程的解是一致有界的,所以一个有用的方法决不能有指数增长的解. 式(13.22)意味着 $|x_{41}^v| \sim e^{|\mathrm{Real}\ \lambda| t_v}$,于是,如果 Real $\lambda < 0$,就不能用蛙跃格式. 后面我们还要说明如何改造这个方法,使其解不增长. 设 $\lambda = \lambda_1 + i\lambda_2$,$\lambda_j$ 是实数,$\lambda_1 \leqslant 0$. 对欧拉法我们有

$$|x_1|^2 = 1 - 2|\lambda_1| k + k^2 \lambda_1^2 + k^2 \lambda_2^2$$

所以

$$|x_1| \leqslant 1,当且仅当 k \leqslant 2|\lambda_1| / (|\lambda_1|^2 + |\lambda_2|^2)$$

而且当 $\lambda_1 = 0$ 或 $|\lambda_1| \ll |\lambda_2|^2$ 时此法是无用的. 对后差法和中点法都有

$$|x_j| \leqslant 1 \quad (j=2,3) \tag{13.23}$$

当 $t=t_v$ 时我们由式(13.21)得到

$$|\tau_2 x_2^v - y_0 \mathrm{e}^{\lambda t}| \sim |y_0| \mathrm{e}^{-|\lambda_1| t} |1-\mathrm{e}^{\frac{1}{2}\lambda^2 k t}|$$

$$|\tau_3 x_3^v - y_0 \mathrm{e}^{\lambda t}| \sim |y_0| \mathrm{e}^{-|\lambda_1| t} |1-\mathrm{e}^{-\frac{1}{12}\lambda^3 k^2 t}|$$

若 $\lambda_1=0$,则误差起始时线性地增长并且达到其极大值

$$|\tau_2 x_2^v - y_0 \mathrm{e}^{\lambda t}| = |y_0|, |\tau_3 x_3^v - y_0 \mathrm{e}^{\lambda t}| = 2|y_0|$$

情况3. 对 $k\lambda_1 < -2$ 或 $|k\lambda_2| > 1$ 欧拉法肯定不能用,因为 $|x_1| > 1$. 同样道理,对 $|k\lambda| > 1$ 蛙跃法无用. 对后差法我们总有

$$|x_2| < 1 \quad 且 \quad \lim_{|k\lambda| \to \infty} |x_2| = 0 \tag{13.24}$$

所以 $v^{(2)}$ 衰减极快,此法可用. 由于它只是一阶方法,因此只应用于短时间区间,此后应转而用(至少)二阶精确的方法. 对中点法我们有

$$|x_3| \begin{cases} <1, 若\ \mathrm{Real}\ \lambda < 0 \\ =1, 若\ \mathrm{Real}\ \lambda = 0 \end{cases} \quad 但 \quad \lim_{|k\lambda| \to \infty} x_3 = -1 \tag{13.25}$$

于是 $v^{(3)}$ 可能衰减极慢. 以后我们将讨论克服这个困难的方法.

这就结束了对齐次方程(13.15)-(13.18)的讨论. 设 $a \neq 0$,我们确定下面形式的强迫解

$$w_v^{(j)} = \rho_j \mathrm{e}^{\alpha v k} \quad (v=0,1,2,\cdots;j=1,2,3,4) \tag{13.26}$$

将式(13.26)代入差分方程(13.15)-(13.18)后得

$$\rho_1=\frac{ka}{\mathrm{e}^{\alpha k}-(1+\lambda k)}=\frac{a}{\alpha-\lambda}\left(1-\frac{\alpha^2}{2(\alpha-\lambda)}k+\cdots\right)\tag{13.15b}$$

$$\rho_2=\frac{ka\mathrm{e}^{\alpha k}}{(1-k\lambda)\mathrm{e}^{\alpha k}-1}=\frac{a}{\alpha-\lambda}\left(1-\frac{\alpha^2}{2(\alpha-\lambda)}k+\cdots\right)\tag{13.16b}$$

$$\begin{aligned}\rho_3&=\frac{ka\mathrm{e}^{\frac{1}{2}\alpha k}}{\left(1-\frac{1}{2}k\lambda\right)\mathrm{e}^{\alpha k}-\left(1+\frac{1}{2}k\lambda\right)}\\&=\frac{a}{\alpha-\lambda}\left(1-\frac{\alpha^3k^2}{8}\left(\frac{\frac{1}{3}\alpha-\lambda}{\alpha-\lambda}+\cdots\right)\right)\end{aligned}\tag{13.17b}$$

$$\begin{aligned}\rho_4&=\frac{2ka\mathrm{e}^{\alpha k}}{\mathrm{e}^{2\alpha k}-2\lambda k\mathrm{e}^{\alpha k}-1}=\frac{2ka}{\mathrm{e}^{\alpha k}-2\lambda k-\mathrm{e}^{-\alpha k}}\\&=\frac{a}{\alpha-\lambda}\left(1-\frac{\alpha^3}{\alpha-\lambda}\frac{k^2}{6}+\cdots\right)\end{aligned}\tag{13.18b}$$

显然对四种情况都有

$$\lim_{k\to0}\sup_{0\leqslant v<\infty}|y_I(t_v)-w_v^{(j)}|=\lim_{k\to0}\left|\frac{a}{\alpha-\lambda}-\rho_j\right|=0$$

因而有关于时间的一致收敛性. 如果我们除去共振频率 $\alpha=\lambda$ 的一个邻域($|\alpha-\lambda|\geqslant\delta>0$),则其收敛性与 λ 无关而仅依赖于 αk. 正如人们期望的那样,后两种情况的收敛性($O(k^2)$)要比前两种情况($O(k)$)快得多.

我们的问题对前三种方法的完整解是形式

$$v_v=\tau_jx_j^v+\rho_j\mathrm{e}^{xvk}\quad(j=1,2,3)$$

而对蛙跃法是

$$v_v=\tau_4x_4^v+\tau_{41}x_{41}^v+\rho_4\mathrm{e}^{\alpha vk}$$

系数由 v_v 所满足的初始条件(13.19)和(13.20)所确定. 这就导致下列方程

$$\tau_j = y_0 - \rho_j \quad (j=1,2,3)$$

$$\tau_4 + \tau_{41} = y_0 - \rho_4$$

$$\tau_4 x_4 + \tau_{41} x_{41} = (1+\lambda k) y_0 + ak - \rho_4 e^{\alpha k}$$

所以

$$\tau_j = y_0 - \frac{a}{\alpha - \lambda} + O(k) \quad (j=1,2)$$

$$\tau_j = y_0 - \frac{a}{\alpha - \lambda} + O(k^2) \quad (j=3,4)$$

$$\tau_{41} = O(k^2)$$

因为 $\lim\limits_{k\to 0} \rho_j = \dfrac{a}{\alpha - \lambda}$ 和当 $|\alpha - \lambda| > \delta$ 时关于 λ 一致的收敛性,所以以上四种方法的收敛性态为 $a=0$ 的情况完全地刻划出来了. 从中我们得到最重要的结论是:

(1)若 Real $\lambda < 0$,则我们有关于时间的一致收敛性.

(2)若 Real $\lambda = 0$,则暂态解非但关于时间不一致收敛,而且其精确度将被完全毁掉.

(3)强迫解总是一致收敛的.

§3　截断误差和稳定性定义对误差估计的重要性

在 §1 中我们推导了一种误差估计. 人们可能认为这个误差估计只有理论的意义. 但实际上,当

$|\text{Real }\lambda k| \ll 1$ 且我们着重于暂态解时,不等式(13.14)能用来相当正确地描述§2中的误差性态,而当$|\text{Real }\lambda k| = O(1)$且我们着重于强迫解时(用某种方式来抑制暂态解),我们通常得到一个误差的过高估计.在任何情况下,为了比较各种方法的截断误差和稳定性,常数k,σ都是最重要的参数.我们将通过推导后差方法和中点法在 Real $\lambda = 0$ 的情况来说明此点.截断误差可表为

$$\begin{aligned} & y_{v+1} - y_v - \lambda k y_{v+1} - k a \mathrm{e}^{\alpha v k} \\ = & \frac{k^2}{2}\left(\frac{\mathrm{d}^2 y_v}{\mathrm{d}t^2} - 2\lambda\frac{\mathrm{d}y_v}{\mathrm{d}t}\right) + O(k^3) \\ = & \frac{k^2}{2}\left(-\frac{\mathrm{d}^2 y_v}{\mathrm{d}t^2} + a\alpha \mathrm{e}^{\alpha t_v}\right) + O(k^3) \end{aligned} \tag{13.27}$$

和

$$\begin{aligned} & y_{v+1} - y_v - \frac{1}{2}\lambda k(y_{v+1} + y_v) - k\mathrm{e}^{\alpha(v+\frac{1}{2})k} \\ = & \frac{k^3}{24}\frac{\mathrm{d}^3 y_{v+1/2}}{\mathrm{d}t^3} - \frac{\lambda k^3}{8}\frac{\mathrm{d}^2 y_{v+1/2}}{\mathrm{d}t^2} + O(k^4) \\ = & \frac{k^3}{12}\left(-\frac{\mathrm{d}^3 y_{v+1/2}^3}{\mathrm{d}t} + \frac{3}{2}a\alpha^2 \mathrm{e}^{\alpha t_{v+1/2}}\right) + O(k^4) \end{aligned} \tag{13.28}$$

由(13.16a)和(13.17a)得$|x_2| \leqslant 1$和$|x_3| = 1$.所以我们能取$k=1$和$\sigma=0$.而且它们都是单步法,且$v_0 = y_0$.所以在式(13.14)中$c_j = 0$.先考虑$a=0$的情况.此时$\left|\frac{\mathrm{d}^2 y_v}{\mathrm{d}t^2}\right| \leqslant |\lambda|^2$,我们从式(13.14)得

$$|y(t) - v_v| \leqslant \frac{k}{2}|\lambda^2| t + O(k^2)t, t = t_v \text{(后差方法)} \tag{13.29}$$

$$|y(t)-v_v|\leqslant\frac{k}{12}|\lambda^3|t+O(k^3)t,t=t_v(\text{中点法})\tag{13.30}$$

这些估计和式(13.21)一样精确.

现在设 $a\neq0$,并且我们只对强迫解感兴趣,即我们或恰当地选择初始值,或靠其他方法来消除暂态部分. 当 $t=t_v$ 时,代替(13.29)和(13.30)我们将有

$$|y(t)-v_v|\leqslant\frac{k}{2}\left|\frac{a}{\alpha-\lambda}\right|\cdot|\alpha\lambda|t+O(k^2)t\tag{13.29a}$$

和

$$|y(t)-v_v|\leqslant\frac{k^2}{12}\left|\frac{a}{\alpha-\lambda}\right|\alpha^2\left|\frac{1}{2}\alpha-\frac{3}{2}\lambda\right|t+O(k^3)t\tag{13.30a}$$

若 α 和 λ 不太大,或 $\lambda<\alpha$,则在短时间范围内估计(13.29a)和(13.30a)与(13.17b)和(13.18b)相当一致. 如果 λ 或 t 大的话,(13.29a)和(13.30a)就很不好了,中点法仍然明显地比欧拉法精确得多.

§4　关于差分方法及其步长选择的若干注记

考虑 $\lambda=2\pi i,y_0=1$ 和 $a=0$ 的齐次微分方程(13.1). 设 $k=1/N,N$ 是自然数,即每一波长有 N 个点. 我们要计算这样的 N,使得在时间 $t=j$(在给定点处经过了 j 个解的波长之后)的幅度或相位的误差至多为 $p\%$,

即，$|c_{jN}-\mathrm{e}^{2\pi ij}|\leqslant\frac{p}{100}$. 对于后差方法从式(13.21)得到

$$\frac{p}{100}=|x_2^{jN}-\mathrm{e}^{2\pi ij}|\approx\frac{2\pi^2 j}{N}$$

即
$$N\approx\frac{100}{p}\cdot 2\pi^2 j\approx\frac{2\,000}{p}j$$

所以，如果允许误差至多为 10% 的话，每波长需要 $200j$ 个点. 这对大多数地球物理的应用来说是不能忍受的. 实际上所有一阶方法具有相似的性质.

对于中点法我们有

$$\frac{p}{100}=|x_3^{jN}-\mathrm{e}^{2\pi ij}|\approx\frac{\frac{1}{12}(2\pi)^3 j}{N^2}$$

即
$$N=\sqrt{(2\pi)^3\frac{100}{p\cdot 12}j}$$

同时对于蛙跃格式有

$$\frac{p}{100}=|x_4^{jN}-\mathrm{e}^{2\pi ij}|\approx\frac{\frac{1}{6}(2\pi)^3 j}{N^2}$$

即
$$N=\sqrt{(2\pi)^3\frac{100}{p\cdot 6}j}$$

如果允许误差至多为 10% 的话，每个波长必须分别用 $15\sqrt{j}$ 个点和 $21\sqrt{j}$ 个点. 若把误差减小至 1%，那么为得到相应的估计必须将上述数乘 $\sqrt{10}$.

这些值通常是令人满意的. 但人们能很容易地设计出用点少得多的方法，如果我们用辛普生(Simpson)公式

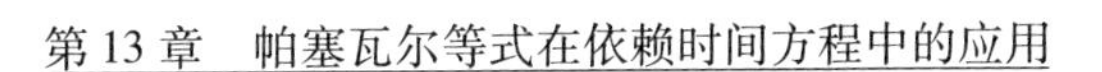

$$v_{v+1}=v_{v-1}+\frac{\lambda k}{3}(v_{v-1}+4v_v+v_{v+1}) \quad (13.31)$$

则其截断误差为

$$y_{v+1}-y_{v-1}-\frac{\lambda k}{3}(y_{v-1}+4y_v+y_{v+1})$$

$$=-\frac{k^5}{90}\frac{\mathrm{d}^5 y_v}{\mathrm{d}t^5}+O(k^6)$$

对于 $\lambda=2\pi$,则有

$$\frac{p}{100}=|v_{jN}-y(j)|=\frac{j}{N^4\cdot 180}(2\pi)^5$$

即

$$N=2\pi j^{\frac{1}{4}}\left(\frac{2\pi}{p}\cdot\frac{5}{9}\right)^{\frac{1}{4}}$$

所以若允许误差不超过 10% ,每波长需要约 $4.5j^{\frac{1}{4}}$ 个点. 注意,每一步计算中辛普生法并不比中点法需要更多的工作量,它只要多储存一层.

另一种隐式方法是

$$\left(1-\frac{1}{2}\lambda k+\frac{1}{12}(\lambda k)^2\right)v_{v+2}=\left(1+\frac{1}{2}\lambda k+\frac{1}{12}(\lambda k)^2\right)v_v \quad (13.32)$$

此时若允许误差不超过 10% ,每波长需要 $3.3j^{\frac{1}{4}}$ 个点. 它每步需要的工作量约是辛普生法的 2 倍. 因此这个方法的好处并不显然. 然而对任何 λk,我们有 $|y_{v+1}|\leqslant|y_v|$,即此法是无条件稳定的. 而辛普生方法不是这样.

我们亦能构造较为有效的显式方法,例如

$$v_{v+1}=v_{v-1}+2\left(\lambda k+\frac{(\lambda k)^3}{3!}\right)v_v \quad (13.33)$$

它亦可改写成一个三步公式

$$\begin{cases} v_v^{(1)} = v_v + \dfrac{1}{\sqrt{6}}\lambda k v_v \\ v_v^{(2)} = \left(1 - \dfrac{\lambda k}{\sqrt{6}}\right) v_v + \dfrac{\lambda k}{\sqrt{6}} v_v^{(1)} \\ v_{v+1} = v_{v-1} + 2\lambda k v_v^{(2)} \end{cases} \tag{13.34}$$

若允许误差不超过 10%，此时每个波长需要 $5.3j^{\frac{1}{4}}$ 个点. 式(13.33)每一步需要的工作量是蛙跃法的 3 倍. 若允许误差不超过 1%，则其优越性就更大，因为所需点数只是原来的 $\sqrt[4]{10}$ 倍而不是 $\sqrt[2]{10}$ 倍.

当然人们能构造一些更为精确的方法，但我们以后将见到所得的好处不多了. 我们已经讨论过的四阶方法也很可能不如用小步长的二阶方法. 这是由于它们或是隐式的或者需要计算一些复杂算子的高次幂. 另一选择是利用高阶非中心对称公式如阿达姆方法. 由于这类方法不是中心对称的，其截断误差不理想，而且必须存储更多层的数据. 例如我们考虑显示四阶精度的阿达姆方法，此时若允许误差不超过 10%，每波长需要点数为 $13.4j^{\frac{1}{4}}$.

提高精确度的另一方法是用理查得森(Richardson)外推. 该问题将在 §10 中讨论. 我们将看到在 10% 误差的要求下，此法没有什么可取之处，但在误差不超过 1% 的要求下，的确有其优点.

§5　蛙跃格式

在本节中我们要详细讨论蛙跃格式的性质. 我们再考虑微分方程

$$\frac{\mathrm{d}y}{\mathrm{d}t}=\lambda y, y(0)=y_0, \lambda=\lambda_1+\mathrm{i}\lambda_2, \lambda_1, \lambda_2 \text{ 是实数} \tag{13.35}$$

其逼近方程为

$$v_{v+1}=v_{v-1}+2k\lambda v_v, v_0=y_0, v_1=\frac{1+\frac{1}{2}\lambda k}{1-\frac{1}{2}\lambda k}y_0 \tag{13.36}$$

我们知道,方程(13.36)的解可表为形式

$$v_v=\tau_4 x_4^v+\tau_{41}x_{41}^v \tag{13.37}$$

其中

$$x_4=\lambda k+\sqrt{1+\lambda^2k^2}=\mathrm{e}^{(\lambda k-\frac{1}{6}\lambda^3k^3+\cdots)}$$

$$x_{41}=\lambda k-\sqrt{1+\lambda^2k^2}=-\mathrm{e}^{-(\lambda k-\frac{1}{6}\lambda^3k^3+\cdots)}$$

$$\tau_4=y_0(1+O(k^2)), \tau_{41}=O(k^3)$$

假设我们要在一个长的时间区间上积分(13.37),并且 λ 是中等程度的大小,即 $|\lambda k|\ll 1$,进一步我们假设 $\lambda_1=\mathrm{Real}\ \lambda<0$,则 $|x_{41}|>1$,并且我们不能直接利用蛙跃格式. 设 $\gamma=-\lambda_1+\mathrm{i}\gamma_2$ 为常数,λ_1 和 γ_2 为实数,于是将新变量 $\tilde{y}=\mathrm{e}^{\gamma t}y$ 代入方程(13.35),则 $\tilde{y}$ 是下列方程的解

$$\frac{d\tilde{y}}{dt}=i(\lambda_2+\gamma_2)\tilde{y}$$

其逼近方程为

$$\tilde{v}_{v+1}=\tilde{v}_{v-1}+2ki(\lambda_2+\gamma_2)\tilde{v}_v$$

令 $\tilde{v}_v=e^{\gamma t}v_v$，我们得到方程(13. 35)的一个逼近

$$e^{\gamma k}v_{v+1}=e^{-\gamma k}v_{v-1}+2ki(\lambda_2+\gamma_2)v_v \quad (13.38)$$

现在用 $1\pm\gamma k$ 代替 $e^{\pm\gamma k}$ 就有

$$(1+\gamma k)v_{v+1}=(1-\gamma k)v_{v-1}+2ki(\lambda_2+\gamma_2)v_v \quad (13.39)$$

它是二阶精度的. 其通解也是(13. 37)的形式，但现在

$$|x_4|^2=e^{-2\lambda_1k(1+O(k^2))},\ |x_{41}|^2=e^{-2\lambda_1k(1+O(k^2))}$$

为了说明这一点只需将

$$v_v=\left(\frac{1-\gamma k}{1+\gamma k}\right)^{\frac{v}{2}}\omega_v$$

代入式(13. 39)而得到

$$w_{v+1}=w_{v-1}+\frac{2ki(\lambda_2+\gamma_2)}{\sqrt{1-\gamma^2k^2}}\omega_v$$

同样的方法可以应用于逼近(13. 33)而得

$$e^{\gamma k}v_{v+1}$$

$$=(e^{-\gamma k})v_{v-1}+2i(\lambda_2+\gamma_2)k\left(1-\frac{(\lambda_2+\gamma_2)^2k^2}{6}\right)v_v$$

再以 $1\pm\gamma k$ 代替 $e^{\pm\gamma k}$ 而得到

$$(1+\gamma k)v_{v+1}$$

$$=(1-\gamma k)v_{v-1}+2i(\lambda_2+\gamma_2)k\left(1-\frac{(\lambda_2+\gamma_2)^2k^2}{6}\right)v_v$$

虽然这只是二阶逼近，当 $\gamma\ll\lambda$ 时是很有用的. 一个四

阶精度的逼近可表为

$$\left(1+\gamma k+\frac{\gamma^2k^2}{2!}+\frac{\gamma^3k^3}{3!}\right)v_{v+1}$$

$$=\left(1-\gamma k+\frac{\gamma^2k^2}{2!}-\frac{\gamma^3k^3}{3!}\right)v_{v-1}+$$

$$2\mathrm{i}(\lambda_2+\gamma_2)k\left(1-\frac{(\lambda_2+\gamma_2)^2k^2}{6}\right)v_v$$

§6　记号和基本定理

若 x 是实数,记其绝对值为 $|x|$. 若 $x=a+\mathrm{i}b$ 是复数,a 和 b 是实数,$\mathrm{i}^2=-1$ 是复数,记其复共轭为 $\bar{x}=a-\mathrm{i}b$,其绝对值为 $|x|=(a^2+b^2)^{\frac{1}{2}}$.

现在考虑向量

$$\boldsymbol{u}=\begin{pmatrix}u_1\\ \vdots\\ u_n\end{pmatrix},v=\begin{pmatrix}v_1\\ \vdots\\ v_n\end{pmatrix}$$

其中 u_j,v_j 是复数,$j=1,2,\cdots,n$. 数量积 $\langle\boldsymbol{u},\boldsymbol{v}\rangle$ 和模 $|\boldsymbol{u}|$(向量的长度)定义为

$$\langle\boldsymbol{u},\boldsymbol{v}\rangle=\sum_{j=1}^{n}\bar{u}_jv_j,\ |\boldsymbol{u}|=\langle\boldsymbol{u},\boldsymbol{u}\rangle^{\frac{1}{2}}\geqslant 0$$

注意记号 $|\cdot|$ 的三种不同用法. 这些用法不至于引起任何混乱,因为从所涉及的内容来看,用法的正确解释是清楚的. 下列结果是众所周知的

$$\begin{cases} |x\boldsymbol{u}| \leqslant |x| \cdot |\boldsymbol{u}| & (x\text{ 为复数},\boldsymbol{u}\text{ 为向量}) \\ |\boldsymbol{u}+\boldsymbol{v}| \leqslant |\boldsymbol{u}| + |\boldsymbol{v}| & (\text{三角不等式}) \\ |\langle \boldsymbol{u},\boldsymbol{v}\rangle| \leqslant |\boldsymbol{u}| \cdot |\boldsymbol{v}| & (\text{柯西－施瓦兹不等式}) \end{cases} \tag{13.40}$$

若 $\boldsymbol{A}=(a_{ij})$ 是 $n \times n$ 阶矩阵

$$\boldsymbol{A}=\begin{pmatrix} a_{11} & \cdots & a_{1n} \\ a_{21} & \cdots & a_{2n} \\ \vdots & & \vdots \\ a_{n1} & \cdots & a_{nn} \end{pmatrix}$$

则其共轭矩阵 $\boldsymbol{A}^*$ 是

$$\boldsymbol{A}^*=\begin{pmatrix} \overline{a}_{11} & \overline{a}_{21} & \cdots & \overline{a}_{n1} \\ \overline{a}_{12} & \overline{a}_{22} & \cdots & \overline{a}_{n2} \\ \vdots & \vdots & & \vdots \\ \overline{a}_{1n} & \overline{a}_{2n} & \cdots & \overline{a}_{nn} \end{pmatrix}$$

若 $\boldsymbol{A}=\boldsymbol{A}^*$，则称 $\boldsymbol{A}$ 为埃尔米特矩阵. 若 $\boldsymbol{AA}^*=\boldsymbol{A}^*\boldsymbol{A}=\boldsymbol{I}$ 则称 $\boldsymbol{A}$ 为酉矩阵. 这里 $\boldsymbol{I}$ 为单位矩阵

$$\boldsymbol{I}=\begin{pmatrix} 1 & 0 & \cdots & 0 \\ 0 & 1 & \cdots & 0 \\ \vdots & \vdots & & \vdots \\ 0 & 0 & \cdots & 1 \end{pmatrix}$$

矩阵的特征值 λ 和特征向量 $\boldsymbol{u}$ 是下列方程的非平凡解

$$\boldsymbol{Au}=\lambda\boldsymbol{u}$$

矩阵 $\boldsymbol{A}$ 的模定义为

$$|\boldsymbol{A}|=\sup_{\boldsymbol{u}\neq\boldsymbol{0}}\frac{|\boldsymbol{Au}|}{|\boldsymbol{u}|}=\sup_{|\boldsymbol{u}|=1}|\boldsymbol{Au}|$$

对矩阵 $\boldsymbol{A},\boldsymbol{B}$ 和向量 $\boldsymbol{u},\boldsymbol{v}$，下列结果是众所周知的

$$\begin{cases}(\boldsymbol{AB})^* = \boldsymbol{B}^*\boldsymbol{A}^* \\ \langle \boldsymbol{u},\boldsymbol{Av}\rangle = \langle \boldsymbol{A}^*\boldsymbol{u},\boldsymbol{v}\rangle \\ |\langle \boldsymbol{u},\boldsymbol{Av}\rangle| \leqslant |\boldsymbol{A}|\cdot|\boldsymbol{u}|\cdot|\boldsymbol{v}|\end{cases} \tag{13.41}$$

设 $\boldsymbol{A}$ 是埃尔米特矩阵. 其特征值是实数，并且存在一个酉阵 $\boldsymbol{u}$ 使 $\boldsymbol{A}$ 化为对角型

$$\boldsymbol{u}^*\boldsymbol{A}\boldsymbol{u} = \begin{pmatrix}\lambda_1 & & 0\\ & \ddots & \\ 0 & & \lambda_n\end{pmatrix}$$

其中 λ_j 是 $\boldsymbol{A}$ 的特征值并且 u 的列向量是特征向量. 对任何矩阵 $\boldsymbol{A},\boldsymbol{B}$ 和向量 u 有

$$\begin{cases}|\boldsymbol{Au}| \leqslant |\boldsymbol{A}|\cdot|\boldsymbol{u}| \\ |(\boldsymbol{A}+\boldsymbol{B})\boldsymbol{u}| \leqslant (|\boldsymbol{A}|+|\boldsymbol{B}|)|\boldsymbol{u}| \\ |\boldsymbol{ABu}| \leqslant |\boldsymbol{A}||\boldsymbol{B}||\boldsymbol{u}|\end{cases} \tag{13.42}$$

并且可以证明

$$|\boldsymbol{A}|^2 = \boldsymbol{AA}^* \text{ 的最大特征值}$$

所以若 $\boldsymbol{A}$ 是酉阵则 $|\boldsymbol{A}|=1$.

若 $\boldsymbol{u},\boldsymbol{v}$ 是依赖于 $x_1,\cdots,x_s$ 的向量函数，则我们定义 L_2 纯量积 $(\boldsymbol{u},\boldsymbol{v})$ 的模 $\|u\|$ 分别为

$$(\boldsymbol{u},\boldsymbol{v}) = \int_{-\infty}^{+\infty}\cdots\int_{-\infty}^{+\infty}\boldsymbol{u}^*\boldsymbol{v}\mathrm{d}x_1\cdots\mathrm{d}x_2,\ \|\boldsymbol{u}\| = (\boldsymbol{u},\boldsymbol{u})^{\frac{1}{2}}$$

下列关系式是众所周知的

$$\begin{cases}(\boldsymbol{u},\boldsymbol{v}) = \overline{(\boldsymbol{v},\boldsymbol{u})} \\ (\boldsymbol{u},\boldsymbol{Av}) = (\boldsymbol{A}^*\boldsymbol{u},\boldsymbol{v}) \\ |(\boldsymbol{u},\boldsymbol{v})| \leqslant |\boldsymbol{u}|\cdot|\boldsymbol{v}| \\ (\boldsymbol{u},\dfrac{\partial\boldsymbol{v}}{\partial x_j}) = -(\dfrac{\partial\boldsymbol{u}}{\partial x_j},\boldsymbol{v})\end{cases} \tag{13.43}$$

设 $\boldsymbol{u}$ 是一充分光滑的函数. $\boldsymbol{u}$ 的傅里叶变换 $\widehat{\boldsymbol{u}}$ 为

$$\widehat{\boldsymbol{u}}(w) = (2\pi)^{-\frac{s}{2}}\int_{-\infty}^{+\infty} \mathrm{e}^{-\mathrm{i}\langle w,x\rangle}\boldsymbol{u}(x)\,\mathrm{d}x = F\boldsymbol{u}$$

其中 $\boldsymbol{w}=(w_1,\cdots,w_s)$ 表示 x 的(实的)对偶变量,而 $\mathrm{d}x=\mathrm{d}x_1\cdots\mathrm{d}x_2$.

下面的著名结果是重要的.

定理 13.2(傅里叶递变定理) 若 $\widehat{\boldsymbol{u}}=F\boldsymbol{u}$,则

$$\boldsymbol{u}(x) = (2\pi)^{-\frac{s}{2}}\int_{-\infty}^{+\infty} \mathrm{e}^{\mathrm{i}\langle w,x\rangle}\widehat{\boldsymbol{u}}(w)\,\mathrm{d}w = F^{-1}\widehat{\boldsymbol{u}}$$

定理 13.3(帕塞瓦尔关系) 若 $\widehat{\boldsymbol{u}}=F\boldsymbol{u}$,则

$$\begin{aligned}\|\boldsymbol{u}(x)\|^2 &= \int_{-\infty}^{+\infty}|\boldsymbol{u}(x)|^2\mathrm{d}x\\ &= \int_{-\infty}^{+\infty}|\widehat{\boldsymbol{u}}(w)|^2\mathrm{d}w\\ &= \|\widehat{\boldsymbol{u}}(w)\|^2\end{aligned}$$

定理 13.4(乘法定理)

若 $\widehat{\boldsymbol{u}}=F\boldsymbol{u}$,则 $\mathrm{i}w_j\widehat{\boldsymbol{u}}=F\left(\dfrac{\partial\boldsymbol{u}}{\partial x_j}\right)$.

我们现在定义几个差分算子. 定义位移算子

$$E_j(h),h>0$$

$$E_j\boldsymbol{u}(x)=\boldsymbol{u}(x_1,\cdots,x_{j-1},x_j+h,x_{j+1},\cdots,x_n)\quad(j=1,2,\cdots,n)$$

位移算子有下述性质

$$(\boldsymbol{E}_i\boldsymbol{E}_j)\boldsymbol{u}(x)=\boldsymbol{E}_i(\boldsymbol{E}_j\boldsymbol{u}(x))$$

于是 $\boldsymbol{E}_1^{\alpha_1}\cdots\boldsymbol{E}_n^{\alpha_n}\boldsymbol{u}(x)=\boldsymbol{u}(x_1+\alpha_1h,\cdots,x_n+\alpha_nh)$

现在定义 $\boldsymbol{D}_{+j}=\boldsymbol{D}_{+j}(h)=\dfrac{1}{h}(\boldsymbol{E}_j-\boldsymbol{I})$

$$\boldsymbol{D}_{-j}=\boldsymbol{D}_{-j}(h)=\frac{1}{h}(\boldsymbol{I}-\boldsymbol{E}_j^{-1})$$

$$\boldsymbol{D}_{0j}=\boldsymbol{D}_{0j}(h)=(2h)^{-1}(\boldsymbol{E}_j-\boldsymbol{E}_j^{-1})=\frac{1}{2}(\boldsymbol{D}_{+j}+\boldsymbol{D}_{-j})$$

其中 $\boldsymbol{I}=\boldsymbol{E}_j^0$ 是么算子.

§7　适定的柯西问题

考虑线性偏微分方程组的柯西问题

$$\frac{\partial \boldsymbol{u}}{\partial t}=P\left(x,\frac{\partial}{\partial x}\right)\boldsymbol{u} \tag{13.44}$$

$$\boldsymbol{u}(x,0)=f,\ -\infty<x_j<+\infty,j=1,2,\cdots,s \tag{13.45}$$

其中

$$\boldsymbol{u}=\boldsymbol{u}(x,t)=\begin{pmatrix}u^{(1)}(x,t)\\ \vdots\\ u^{(n)}(x,t)\end{pmatrix},f=f(x)=\begin{pmatrix}f^{(1)}(x)\\ \vdots\\ f^{(n)}(x)\end{pmatrix}$$

是依赖于 $x=(x_1,\cdots,x_s)$ 和 t 的向量函数. 设 $\boldsymbol{v}=(v_1,\cdots,v_s)$, v_j 为自然数, $|\boldsymbol{v}|=\sum v_j$.

$$P\left(x,\frac{\partial}{\partial x}\right)=\sum_{j=0}^{m}P_j\left(x,\frac{\partial}{\partial x}\right)$$

$$P_j\left(x,\frac{\partial}{\partial x}\right)=\sum_{|\boldsymbol{v}|=j}A_{\boldsymbol{v}}(x)\frac{\partial^{|\boldsymbol{v}|}}{\partial x_1^{v_1}\cdots\partial x_s^{v_s}}$$

是具有光滑系数矩阵的微分算子.

式(13.44)和(13.45)并不总是符合物理过程的. 例如,考虑方程组

$$\frac{\partial}{\partial t}\boldsymbol{u}=\begin{pmatrix}0 & 1\\ -1 & 0\end{pmatrix}\frac{\partial}{\partial x}\boldsymbol{u} \tag{13.46}$$

及初始条件

$$\boldsymbol{u}(x,0) = (2\pi)^{-\frac{1}{2}}\int_{-R}^{+R} e^{i\omega x}\hat{f}(\omega)\mathrm{d}\omega \quad (13.47)$$

其中R为某常数. 于是(13.46)和(13.47)的解可表为

$$\boldsymbol{u}(x,t) = (2\pi)^{-\frac{1}{2}}\int_{-R}^{+R} e^{i\omega x}\hat{\boldsymbol{u}}(\omega,t)\mathrm{d}\omega \quad (13.48)$$

将式(13.48)代入(13.46)后对每一频率ω得

$$\frac{\mathrm{d}\hat{\boldsymbol{u}}(\omega,t)}{\mathrm{d}t} = i\omega\begin{pmatrix} 0 & 1 \\ -1 & 0 \end{pmatrix}\hat{\boldsymbol{u}}(\omega,t), \hat{\boldsymbol{u}}(\omega,0) = \hat{f}(\omega) \quad (13.49)$$

方程(13.49)的解是

$$\hat{\boldsymbol{u}}(\omega,t) = \lambda_1\begin{pmatrix} 1 \\ -i \end{pmatrix}e^{\omega t} + \lambda_2\begin{pmatrix} 1 \\ i \end{pmatrix}e^{-\omega t} \quad (13.50)$$

其中常数$\lambda_j = \lambda_j(\omega)$由方程

$$\lambda_1\begin{pmatrix} 1 \\ -i \end{pmatrix} + \lambda_2\begin{pmatrix} 1 \\ i \end{pmatrix} = \hat{\boldsymbol{f}}(\omega) = \begin{pmatrix} \hat{f}^{(1)}(\omega) \\ \hat{f}^{(2)}(\omega) \end{pmatrix} \quad (13.51)$$

决定. 式(13.50)表明(13.46)和(13.47)的解可能如e^{Rt}那样增长. R是任意的,所以柯西问题(13.46)具有增长得任意快的解. 这就表明(13.46)和(13.47)不像任何物理过程. 转而考虑

$$\frac{\partial}{\partial t}\boldsymbol{u} = \begin{pmatrix} 0 & 1 \\ 1 & 0 \end{pmatrix}\frac{\partial \boldsymbol{u}}{\partial x} \quad (13.52)$$

及同式(13.47)一样的初值,其解仍可表为(13.48)的形式,其中

$$\hat{\boldsymbol{u}}(\omega,t) = \lambda_1\begin{pmatrix} 1 \\ 1 \end{pmatrix}e^{i\omega t} + \lambda_2\begin{pmatrix} 1 \\ -1 \end{pmatrix}e^{-i\omega t}$$

$$\lambda_1\begin{pmatrix} 1 \\ 1 \end{pmatrix} + \lambda_2\begin{pmatrix} 1 \\ -1 \end{pmatrix} = \hat{\boldsymbol{f}}(\omega)$$

即

$$\begin{aligned}&\widehat{\boldsymbol{u}}(\omega,t)\\&=\frac{1}{2}(\widehat{\boldsymbol{f}}^{(1)}+\widehat{\boldsymbol{f}}^{(2)})\begin{pmatrix}1\\1\end{pmatrix}\mathrm{e}^{\mathrm{i}\omega t}+\frac{1}{2}(\widehat{\boldsymbol{f}}^{(1)}-\widehat{\boldsymbol{f}}^{(2)})\begin{pmatrix}1\\-1\end{pmatrix}\mathrm{e}^{-\mathrm{i}\omega t}\end{aligned}$$

并且有

$$\begin{aligned}|\widehat{\boldsymbol{u}}(\omega,t)|^2&=|\widehat{\boldsymbol{u}}^{(1)}(\omega,t)|^2+|\widehat{\boldsymbol{u}}^{(2)}(\omega,t)|^2\\&=|\widehat{\boldsymbol{f}}^{(1)}(\omega)|^2+|\widehat{\boldsymbol{f}}^{(2)}\omega|^2\\&=|\widehat{\boldsymbol{f}}(\omega)|^2\end{aligned}$$

对任何固定的 t 由帕塞瓦尔关系得到

$$\begin{aligned}\|\boldsymbol{u}(x,t)\|^2&=\int_{-\infty}^{+\infty}|\boldsymbol{u}(x,t)|^2\mathrm{d}x\\&=\int_{-R}^{R}|\widehat{\boldsymbol{u}}(\omega,t)|^2\mathrm{d}\omega\\&=\int_{-R}^{R}|\widehat{\boldsymbol{f}}(\omega)|^2\mathrm{d}\omega\\&=\int_{-\infty}^{+\infty}|\boldsymbol{u}(x,0)|^2\mathrm{d}x\\&=\|\boldsymbol{u}(x,0)\|^2\end{aligned}$$

在这种情况 L_2 模是常数，即若初值是微小的，则其解始终是微小的. 这就是我们对一个物理系统所期望的性态.

定义 13.2　对所有初值 $\boldsymbol{f}$ 考虑问题(13.44)，(13.45)，其中 $\|\boldsymbol{f}\|<\infty$. 问题称为适定的，是指存在常数 K,α(与 f 无关)对任何解和时间 t 下列估计成立

$$\|\boldsymbol{u}(x,t)\|\leqslant K\mathrm{e}^{\alpha t}\|\boldsymbol{u}(x,0)\| \tag{13.53}$$

我们的第一个例子不满足条件(13.53)，因为我们不能找到这样的 α 使(13.53)对任何解一致成立. 第二个例子是适定的，因为对 $K=1,a=0$. 式(13.53)

成立.

现在考虑常系数方程组的柯西问题

$$\frac{\partial \boldsymbol{u}}{\partial t} = \boldsymbol{P}\left(\frac{\partial}{\partial x}\right)\boldsymbol{u} = \sum_{j=0}^{m} \boldsymbol{P}_j\left(\frac{\partial}{\partial x}\right)\boldsymbol{u} \qquad (13.54)$$

容易推导此问题适定的代数条件. 设

$$\boldsymbol{u}(x,0) = (2\pi)^{-\frac{s}{2}}\int_{-\infty}^{+\infty} \mathrm{e}^{\mathrm{i}\langle\omega,x\rangle}\widehat{\boldsymbol{f}}(\omega)\mathrm{d}\omega \qquad (13.55)$$

其解是如下形式

$$\boldsymbol{u}(x,t) = (2\pi)^{-\frac{s}{2}}\int_{-\infty}^{+\infty} \mathrm{e}^{\mathrm{i}\langle\omega,x\rangle}\widehat{\boldsymbol{u}}(\omega,t)\mathrm{d}\omega \qquad (13.56)$$

将式(13.56) 代入(13.54) 对每一频率得

$$\frac{\mathrm{d}\widehat{\boldsymbol{u}}(\omega,t)}{\mathrm{d}t} = \boldsymbol{P}(\mathrm{i}\omega)\widehat{\boldsymbol{u}}(\omega,t), \widehat{\boldsymbol{u}}(\omega,0) = \widehat{f}(\omega) \qquad (13.57)$$

由定理 13.4 得

$$\boldsymbol{P}(\mathrm{i}\omega) = \sum_{|\boldsymbol{\nu}|=m} A_{\boldsymbol{\nu}}(\mathrm{i}\omega_1)^{v_1}\cdots(\mathrm{i}\omega_s)^{v_s}$$

方程(13.57) 的解可表为

$$\widehat{\boldsymbol{u}}(\omega,t) = \mathrm{e}^{P(\mathrm{i}\omega)t}\widehat{\boldsymbol{f}}(\omega)$$

于是由定理 13.2 得

$$\boldsymbol{u}(x,t) = (2\pi)^{-s/2}\int_{-\infty}^{+\infty} \mathrm{e}^{\mathrm{i}\langle\omega,x\rangle}\mathrm{e}^{P(\mathrm{i}\omega)t}\widehat{\boldsymbol{f}}(\omega)\mathrm{d}\omega$$

帕塞瓦尔关系意味着

$$\begin{aligned}\|\boldsymbol{u}(x,t)\|^2 &= \int_{-\infty}^{+\infty} |\mathrm{e}^{P(\mathrm{i}\omega)t}\widehat{\boldsymbol{f}}(\omega)|^2\mathrm{d}\omega \\ &\leqslant \max_{\omega}|\mathrm{e}^{P(\mathrm{i}\omega)t}|^2\int_{-\infty}^{+\infty}|\widehat{\boldsymbol{f}}(\omega)|^2\mathrm{d}\omega \\ &= \max_{\omega}|\mathrm{e}^{P(\mathrm{i}\omega)t}|^2 \cdot \|\boldsymbol{f}(x)\|^2\end{aligned}$$

$$= \max_{\omega} | e^{P(i\omega)t} |^2 \cdot \| \boldsymbol{u}(x,0) \|^2 \tag{13.58}$$

于是有

定理 13.6　方程组(13.54)的柯西问题适定的充要条件是存在常数 K 和 α 使得

$$\max_{\omega} | e^{P(i\omega)t} | \leqslant K e^{\alpha t} \tag{13.59}$$

证明　若式(13.59)成立,则由式(13.58)推得式(13.53)成立,亦即式(13.59)是适定的充分条件. 我们将不证明式(13.59)亦是必要的.

我们现在讨论双曲型方程组.

定义 13.3　方程组(13.54)是双曲型的,是指 $m=1$并且对每一 ω 存在非奇异矩阵 $\boldsymbol{T}$ 使得

$$\boldsymbol{T}(\omega)\boldsymbol{P}_1(i\omega)\boldsymbol{T}^{-1}(\omega) = i\boldsymbol{\Lambda} = i\begin{pmatrix} \lambda_1 & & 0 \\ & \ddots & \\ 0 & & \lambda_n \end{pmatrix}$$

其中 λ_j 为实数,并且

$$\sup_{\omega} \max(|\boldsymbol{T}(\omega)|, |\boldsymbol{T}^{-1}(\omega)|) = K_1 < \infty$$

方程(13.51)是双曲型方程的一个例子,因为

$$\boldsymbol{P}(i\omega) = \boldsymbol{P}_1(i\omega) = i\omega\begin{pmatrix} 0 & 1 \\ 1 & 0 \end{pmatrix}$$

的特征值是 $\lambda_1 = i\omega, \lambda_2 = -i\omega$,并且 $P(i\omega)$可经酉矩阵$|\boldsymbol{T}| = |\boldsymbol{T}^{-1}| = 1$ 变成对角形.

线性化的浅水方程是另一个例子

$$-\frac{\partial}{\partial t}\begin{pmatrix} u \\ v \\ \phi \end{pmatrix} = \begin{pmatrix} U & 0 & 1 \\ 0 & U & 0 \\ \Phi & 0 & U \end{pmatrix}\frac{\partial}{\partial x}\begin{pmatrix} u \\ v \\ \phi \end{pmatrix} +$$

$$
\begin{pmatrix} V & 0 & 0 \\ 0 & V & 1 \\ 0 & \Phi & V \end{pmatrix} \frac{\partial}{\partial y} \begin{pmatrix} u \\ v \\ \phi \end{pmatrix} +
$$

$$
\begin{pmatrix} 0 & -f & 0 \\ f & 0 & 0 \\ 0 & 0 & 0 \end{pmatrix} \begin{pmatrix} u \\ v \\ \phi \end{pmatrix}
$$

进行新的变量代换,很容易将上述方程变为对称方程组

$$
\begin{pmatrix} u' \\ v' \\ \phi' \end{pmatrix} = \begin{pmatrix} \Phi^{1/2} & 0 & 0 \\ 0 & \Phi^{1/2} & 0 \\ 0 & 0 & 1 \end{pmatrix} \begin{pmatrix} u \\ v \\ \phi \end{pmatrix}
$$

于是我们得到

$$
-\frac{\partial}{\partial t} \begin{pmatrix} u' \\ v' \\ \phi' \end{pmatrix} = \begin{pmatrix} U & 0 & \Phi^{1/2} \\ 0 & U & 0 \\ \Phi^{1/2} & 0 & U \end{pmatrix} \frac{\partial}{\partial x} \begin{pmatrix} u' \\ v' \\ \phi' \end{pmatrix} +
$$

$$
\begin{pmatrix} V & 0 & 0 \\ 0 & V & \Phi^{1/2} \\ 0 & \Phi^{1/2} & V \end{pmatrix} \frac{\partial}{\partial y} \begin{pmatrix} u' \\ v' \\ \phi' \end{pmatrix} +
$$

$$
\begin{pmatrix} 0 & -f & 0 \\ f & 0 & 0 \\ 0 & 0 & 0 \end{pmatrix} \begin{pmatrix} u' \\ v' \\ \phi' \end{pmatrix}
$$

对上面的方程我们有 $\boldsymbol{P}(\mathrm{i}\omega) = \mathrm{i}\boldsymbol{S}(\omega)$,其中 $\boldsymbol{S}(\omega)$ 是对称矩形. 于是可利用酉变换将 $\boldsymbol{P}(\mathrm{i}\omega)$ 变为对角型,同时 $\boldsymbol{P}(\mathrm{i}\omega)$ 的特征值是纯虚数,亦即此方程组为双曲型的.

我们现在证明

定理 13.7　若方程组(13.54)是双曲型的,则柯

西问题是逆定的.

证明　考虑方程组(13.57). 设 T 是定义 13.3 中的变换,引进新变量

$$\widehat{\boldsymbol{v}}=\boldsymbol{T}\widehat{\boldsymbol{u}}$$

于是我们得到

$$\frac{\mathrm{d}\widehat{v}}{\mathrm{d}t}=\mathrm{i}\boldsymbol{\Lambda}\widehat{\boldsymbol{v}}+\boldsymbol{T}\boldsymbol{P}_0\boldsymbol{T}^{-1}\widehat{\boldsymbol{v}}$$

并且

$$\begin{aligned}\frac{\mathrm{d}}{\mathrm{d}t}|\widehat{\boldsymbol{v}}|^2&=\frac{\mathrm{d}}{\mathrm{d}t}\langle\widehat{\boldsymbol{v}},\widehat{\boldsymbol{v}}\rangle=\left\langle\frac{\mathrm{d}\widehat{\boldsymbol{v}}}{\mathrm{d}t},\widehat{\boldsymbol{v}}\right\rangle+\left\langle\widehat{\boldsymbol{v}},\frac{\mathrm{d}\widehat{\boldsymbol{v}}}{\mathrm{d}t}\right\rangle\\&=\langle\mathrm{i}\boldsymbol{\Lambda}\widehat{\boldsymbol{v}},\widehat{\boldsymbol{v}}\rangle+\langle\widehat{\boldsymbol{v}},\mathrm{i}\boldsymbol{\Lambda}\widehat{\boldsymbol{v}}\rangle+\langle\boldsymbol{T}\boldsymbol{P}_0\boldsymbol{T}^{-1}\widehat{\boldsymbol{v}},\widehat{\boldsymbol{v}}\rangle+\\&\quad\langle\widehat{\boldsymbol{v}},\boldsymbol{T}\boldsymbol{P}_0\boldsymbol{T}^{-1}\widehat{\boldsymbol{v}}\rangle\end{aligned}\tag{13.60}$$

利用关系(13.41)有

$$\langle\mathrm{i}\boldsymbol{\Lambda}\widehat{\boldsymbol{v}},\widehat{\boldsymbol{v}}\rangle+\langle\widehat{\boldsymbol{v}},\mathrm{i}\boldsymbol{\Lambda}\widehat{\boldsymbol{v}}\rangle=0$$

$$\begin{aligned}&|\langle\boldsymbol{T}\boldsymbol{P}_0\boldsymbol{T}^{-1}\widehat{\boldsymbol{v}},\widehat{\boldsymbol{v}}\rangle+\langle\widehat{\boldsymbol{v}},\boldsymbol{T}\boldsymbol{P}_0\boldsymbol{T}^{-1}\widehat{\boldsymbol{v}}\rangle|\\&\leqslant2|\boldsymbol{T}|\cdot|\boldsymbol{T}^{-1}|\cdot|\boldsymbol{P}_0|\cdot|\widehat{\boldsymbol{v}}|^2\end{aligned}$$

式(13.60)和定义 13.3 意味着

$$|\widehat{\boldsymbol{v}}(\omega,t)|\leqslant\mathrm{e}^{\alpha t}|\widehat{\boldsymbol{v}}(\omega,0)|,\alpha=K_1^2|\boldsymbol{P}_0|$$

所以

$$\begin{aligned}|\widehat{\boldsymbol{u}}(\omega,t)|&=|\boldsymbol{T}^{-1}\boldsymbol{T}\widehat{\boldsymbol{u}}(\omega,t)|\leqslant|\boldsymbol{T}^{-1}|\cdot|\widehat{\boldsymbol{v}}(\omega,t)|\\&\leqslant|\boldsymbol{T}^{-1}|\mathrm{e}^{\alpha t}|\widehat{\boldsymbol{v}}(\omega,0)|\leqslant K_1^2\mathrm{e}^{\alpha t}|\widehat{\boldsymbol{u}}(\omega,0)|\end{aligned}$$

这个不等式意味着

$$|\mathrm{e}^{P(\mathrm{i}\omega)t}|\leqslant K_1^2\mathrm{e}^{\alpha t}$$

定理得证.

我们现在简单地讨论抛物型方程.

定义 13.4　方程组(13.54)是抛物型的,是指

$m=2p$是一个偶整数，并且存在常数$\delta>0$，对$\boldsymbol{P}_m(\mathrm{i}\omega)$的特征值$x_j^{(m)}$满足不等式

$$\mathrm{Real}\ x_j^{(m)} \leqslant -\delta\omega^{2p} \tag{13.61}$$

最简单的抛物型方程的例子是热传导方程

$$\frac{\partial \boldsymbol{u}}{\partial t}=\frac{\partial^2 \boldsymbol{u}}{\partial x^2}$$

此时$\boldsymbol{P}(\mathrm{i}\omega)=\boldsymbol{P}_2(\mathrm{i}\omega)=-\omega^2$并且$|\mathrm{e}^{P(\mathrm{i}\omega)t}|=\mathrm{e}^{-\omega^2 t}\leqslant 1$. 所以柯西问题是适定的. 对附有低阶项的方程结论一样成立. 我们考虑$\frac{\partial \boldsymbol{u}}{\partial t}=\frac{\partial^2 \boldsymbol{u}}{\partial x^2}+a\frac{\partial \boldsymbol{u}}{\partial x}+b\boldsymbol{u}$, a,b为复数. 此时

$$\boldsymbol{P}(\mathrm{i}\omega)=-\omega^2+a\mathrm{i}\omega+b$$

并且
$$|\mathrm{e}^{\boldsymbol{P}(\mathrm{i}\omega)t}|=\mathrm{e}^{-\omega^2 t-\frac{1}{2}(a-\bar{a})\omega t+\frac{1}{2}(b+\bar{b})t}$$
$$\leqslant \mathrm{e}^{\left(-\frac{1}{16}|a-\bar{a}|^2+\frac{1}{2}(b+\bar{b})\right)t}$$

柯西问题仍然是适定的. 事实上，对抛物型方程组此结论总是对的. 我们不加证明地叙述下面的定理.

定理 13.8　对抛物型方程组(13.54)柯西问题总是适定的.

最后我们叙述一个常用的反面结果.

定理 13.9　假设$\boldsymbol{P}_m(\mathrm{i}\omega)$有一个特征值$x_j^{(m)}$，对某些频率$\omega$满足

$$\mathrm{Real}\ x_j^{(m)}>0 \tag{13.62}$$

则式(13.54)的柯西问题是不适定的.

我们用方程(13.46)作例子. 此时

$$\boldsymbol{P}(\mathrm{i}\omega)=\boldsymbol{P}_1(\mathrm{i}\omega)=\mathrm{i}\omega\begin{pmatrix}0 & 1\\ -1 & 0\end{pmatrix}$$

其特征值可表为

$$\lambda_1=\omega,\lambda_2=-\omega$$

所以,由定理 13.9 问题是不适定的.

至此我们仅讨论了常系数方程. 现在考虑变系数方程(13.44). 用冻结系数的办法我们得到一族常系数方程,即对每一固定的 x_0 有

$$\frac{\partial \boldsymbol{u}}{\partial t}=\boldsymbol{P}_0\left(x_0,\frac{\partial}{\partial x}\right)\boldsymbol{u} \tag{13.63}$$

方程组(13.63)的性态基本上刻划了方程(13.44)的性态. 确切地说,我们有

定理 13.10　若存在一个 x_0 使式(13.62)成立,则式(13.44)的柯西问题是不适定的.

定理 13.11　若式(13.63)中所有的方程组都是抛物型的,并且式(13.61)中的常数 δ 与 x 无关,则式(13.44)的柯西问题是适定的.

定理 13.12　若式(13.63)中所有的方程组都是双曲型的,并且定义 13.3 中的矩阵 $\boldsymbol{T}(\omega,x_0)$ 是 ω 和 x_0 的光滑函数,则式(13.44)的柯西问题是适定的.

若式(13.44)的系数亦是 t 的光滑函数,则类似的结果成立.

应该指出,对非双曲型或抛物型方程,这种简化为常系数方程的情况常常不能确保产生所期望的结论. 例如考虑方程

$$\frac{\partial \boldsymbol{u}}{\partial t}=\mathrm{i}a(x)\boldsymbol{u}_{xx}+\mathrm{i}\left(\frac{\mathrm{d}a}{\mathrm{d}x}\right)\boldsymbol{u}_x,a(x)\geqslant a_0>0$$

其柯西问题是适定的,因为

$$\frac{\partial}{\partial t}(\boldsymbol{u},\boldsymbol{u}) = (\mathrm{i}(a\boldsymbol{u}_x)_x,\boldsymbol{u}) + (\boldsymbol{u},\mathrm{i}(a\boldsymbol{u}_x)_x) = 0$$

若我们冻结系数,即考虑

$$\frac{\partial \boldsymbol{u}}{\partial t} = \mathrm{i}a(x_0)\boldsymbol{u}_{xx} + \mathrm{i}\left(\frac{\mathrm{d}a(x_0)}{\mathrm{d}x}\right)\boldsymbol{u}_x$$

则 $$\boldsymbol{P}(\mathrm{i}\omega,x_0) = -\mathrm{i}a(x_0)\omega^2 - \left(\frac{\mathrm{d}a(x_0)}{\mathrm{d}x}\right)\omega$$

若 $\frac{\mathrm{d}a(x_0)}{\mathrm{d}x} \neq 0$, 则 $\mathrm{e}^{\boldsymbol{P}(\mathrm{i}\omega,x_0)t}$ 显然是无界的. 所以若 $a(x) \neq \mathrm{const}$,则不是所有柯西问题的关联族的成员是适定的.

人们也可构造这样的例子,即柯西问题的关联族是适定的,但其变系数问题是不适定的.

对非线性方程尚无一般全局性结果,我们仅叙述

定理 13.13　考虑方程组

$$\frac{\partial \boldsymbol{u}}{\partial t} = \sum_{j=0}^{s} \boldsymbol{A}_j(x,t,u)\frac{\partial \boldsymbol{u}}{\partial x_j} + \boldsymbol{B}(x,t,u) \quad (13.64)$$

其中 $\boldsymbol{A}_j(x,t,u)$ 是光滑地依赖 x,t 和 u 的对称矩阵. 则在一个依赖于 $\boldsymbol{u}$ 的光滑性质的充分小区间 $0 \leqslant t \leqslant T$ 上,柯西问题是适定的.

对特殊的方程有些较好的结果. 参看拉得仁斯卡娅(O. Ladyzhenskaya,1963)关于纳维 - 斯托克司方程及爱洛生和叙林(Aronson 和 Serrin,1967)关于抛物型方程的结果.

对许多问题估计(13.53)可直接地推得. 我们从下面引理出发.

引理 13.1　设 $\boldsymbol{A}(x,t)$ 是一矩阵,则

$$-\left(u,\boldsymbol{A}\frac{\partial \boldsymbol{v}}{\partial x_j}\right)=\left(\frac{\partial \boldsymbol{u}}{\partial x_j},\boldsymbol{A}\boldsymbol{v}\right)+\left(\boldsymbol{u},\frac{\partial \boldsymbol{A}}{\partial x_j \boldsymbol{v}}\right) \quad (13.65)$$

证明　分部积分得

$$\int_{-\infty}^{+\infty}\boldsymbol{u}^*\boldsymbol{A}\partial\boldsymbol{v}/\partial x_j\mathrm{d}x$$

$$=\int_{-\infty}^{+\infty}(\boldsymbol{A}^*\boldsymbol{u})^*\partial\boldsymbol{v}/\partial x_j\mathrm{d}x$$

$$=-\int_{-\infty}^{+\infty}\partial(\boldsymbol{A}^*\boldsymbol{u})^*/\partial x_j\boldsymbol{v}\mathrm{d}x$$

$$=-\int_{-\infty}^{+\infty}\partial\boldsymbol{u}^*/\partial x_j\boldsymbol{A}\boldsymbol{v}\mathrm{d}x-\int_{-\infty}^{+\infty}\boldsymbol{u}^*\partial\boldsymbol{A}/\partial x_j\boldsymbol{v}\mathrm{d}x$$

由此容易推得(13.65).

我们现在引进下列概念.

定义 13.5　微分算子 $\boldsymbol{P}\left(x,t,\frac{\partial}{\partial x}\right)$是半有界的,是指存在一个常数 α,使得对所有 t 和充分光滑的函数 $\boldsymbol{w}$ 有

$$\left(\boldsymbol{w},\boldsymbol{P}\left(x,t,\frac{\partial}{\partial x}\right)\boldsymbol{w}\right)+\left(\boldsymbol{P}\left(x,t,\frac{\partial}{\partial x}\right)\boldsymbol{w},\boldsymbol{w}\right)\leqslant 2\alpha(\boldsymbol{w},\boldsymbol{w})$$

定理 13.14　若微分算子 $\boldsymbol{P}$ 是半有界的,则对于相应的柯西问题的解,我们有估计

$$\|\boldsymbol{u}(x,t)\|\leqslant \mathrm{e}^{\alpha t}\|\boldsymbol{u}(x,0)\|$$

证明

$$\frac{\partial}{\partial t}\|\boldsymbol{u}\|^2=\left(\frac{\partial \boldsymbol{u}}{\partial t},\boldsymbol{u}\right)+\left(\boldsymbol{u},\frac{\partial \boldsymbol{u}}{\partial t}\right)$$

$$=(\boldsymbol{P}\boldsymbol{u},\boldsymbol{u})+(\boldsymbol{u},\boldsymbol{P}\boldsymbol{u})$$

$$\leqslant 2a\|\boldsymbol{u}\|^2$$

即
$$\|\boldsymbol{u}(x,t)\|^2\leqslant \mathrm{e}^{2\alpha t}\|\boldsymbol{u}(x,0)\|^2$$

定理得证.

例 13.1 设

$$P\left(x,t,\frac{\partial}{\partial x}\right)=A(x,t)\frac{\partial}{\partial x}+B(x,t)\frac{\partial}{\partial y}+C \tag{13.66}$$

其中 $A=A^*$, $B=B^*$ 是光滑的对称矩阵,从引理 13.1 可以直接推得算子 P 是半有界的.

设

$$P\left(x,t,\frac{\partial}{\partial x}\right)=A(x,t)\frac{\partial^2}{\partial x^2}+B\frac{\partial}{\partial x}+C$$

其中 A 是正定的,即存在常数 $\delta>0$ 使得

$$(v,(A+A^*)v)\geqslant 2\delta\|v\|^2$$

则 P 是半有界的. 由引理 13.1 知

$$\begin{aligned}
&\left(w,A\frac{\partial^2 w}{\partial x^2}\right)+\left(A\frac{\partial^2 w}{\partial x^2},w\right)\\
&=-\left(\frac{\partial w}{\partial x},(A+A^*)\frac{\partial w}{\partial x}\right)-\left(w,\frac{\partial A}{\partial x}\frac{\partial w}{\partial x}\right)-\\
&\quad\left(\frac{\partial A}{\partial x}\frac{\partial w}{\partial x},w\right)\\
&\leqslant -2\delta\left\|\frac{\partial w}{\partial x}\right\|^2+2\left\|\frac{\partial A}{\partial x}\right\|\cdot\|w\|\cdot\left\|\frac{\partial w}{\partial x}\right\|\\
&\leqslant -\delta\left\|\frac{\partial w}{\partial x}\right\|^2+\delta^{-1}\left\|\frac{\partial A}{\partial x}\right\|^2\cdot\|w\|^2
\end{aligned}$$

所以

$$\begin{aligned}
&(w,Pw)+(Pw,w)\\
&\leqslant -\delta\left\|\frac{\partial w}{\partial x}\right\|^2+2\|B\|\cdot\|w\|\cdot\left\|\frac{\partial w}{\partial x}\right\|+\\
&\quad\left(2\|C\|+\delta^{-1}\left\|\frac{\partial A}{\partial x}\right\|^2\right)\|w\|^2
\end{aligned}$$

$$\leqslant (2\|\boldsymbol{C}\| + \delta^{-1}(\left\|\frac{\partial \boldsymbol{A}}{\partial x}\right\|^2 + \|\boldsymbol{B}\|^2))\|\boldsymbol{w}\|^2$$

现在假定下面方程组的柯西问题是适定的

$$\frac{\partial \boldsymbol{u}}{\partial t} = \boldsymbol{P}\left(x,t,\frac{\partial}{\partial u}\right)\boldsymbol{u}$$

则只要 $\boldsymbol{u}(x,t_1)$ 给定,我们能对任何时间区间 $t_1 \leqslant t \leqslant t_2$ 求解. 我们可记

$$\boldsymbol{u}(x,t_2) = \boldsymbol{S}(t_2,t_1)\boldsymbol{u}(x,t_1)$$

解算子 $\boldsymbol{S}$ 具有下列性质

$$\boldsymbol{S}(t,t) = \boldsymbol{I}, \boldsymbol{S}(t_3,t_1) = \boldsymbol{S}(t_3,t_2)\boldsymbol{S}(t_2,t_1), t_3 \geqslant t_2 \geqslant t_1$$

$$\|\boldsymbol{S}(t_2,t_1)\| \leqslant K\mathrm{e}^{\alpha(t_2-t_1)} \tag{13.67}$$

这些都是适定性的显然的推论.

考虑非齐次问题

$$\frac{\partial \boldsymbol{v}}{\partial t} = \boldsymbol{P}\boldsymbol{v} + \boldsymbol{F}(x,t) \tag{13.68}$$

$$\boldsymbol{v}(x,0) = \boldsymbol{f}(x)$$

我们要用解算子 $\boldsymbol{S}$ 表示它的解.

定理 13.15　式(13.68)的解能表为

$$\boldsymbol{v}(x,t) = \boldsymbol{S}(t,0)\boldsymbol{f}(x) + \int_0^t \boldsymbol{S}(t,\tau)\boldsymbol{F}(x,\tau)\mathrm{d}\tau \tag{13.69}$$

并且有下列估计

$$\|\boldsymbol{v}(x,t)\| \leqslant K\mathrm{e}^{\alpha t}\|\boldsymbol{f}\| + K\max_{0\leqslant\tau\leqslant t}\|\boldsymbol{F}(x,\tau)\|\frac{\mathrm{e}^{\alpha t}-1}{\alpha}$$

证明　设 $\boldsymbol{v}$ 由式(13.69)定义,那么 $\boldsymbol{v}(x,0) = \boldsymbol{f}(x)$,并且我们要证明 $\boldsymbol{v}$ 满足式(13.68). 从(13.67)形式地推得

$$\frac{\partial \boldsymbol{S}(t,\tau)}{\partial t} = \lim_{\Delta t \to 0} \frac{\boldsymbol{S}(t+\Delta t,\tau) - \boldsymbol{S}(t,\tau)}{\Delta t}$$
$$= \lim_{\Delta t \to 0} \frac{\boldsymbol{S}(t+\Delta t,t) - \boldsymbol{I}}{\Delta t} S(t,\tau)$$
$$= \boldsymbol{P}\left(x,t,\frac{\partial}{\partial x}\right)\boldsymbol{S}(t,\tau)$$

所以

$$\frac{\partial \boldsymbol{v}}{\partial t}$$
$$= \boldsymbol{P}\left(x,t,\frac{\partial}{\partial x}\right)(\boldsymbol{S}(t,0)\boldsymbol{f}(x) +$$
$$\int_0^t \boldsymbol{S}(t,\tau)\boldsymbol{F}(x,\tau)\mathrm{d}\tau) + \boldsymbol{F}(x,t)$$
$$= \boldsymbol{P}\left(x,t,\frac{\partial}{\partial x}\right)\boldsymbol{v} + \boldsymbol{F}(x,t) \tag{13.70}$$

从式(13.69)和(13.67)推出估计(13.70).

§8 柯西问题的稳定的差分逼近

在本节中我们要讲述柯西问题的差分逼近理论.首先从下面的简单例子开始

$$\frac{\partial \boldsymbol{u}}{\partial t} = \frac{\partial \boldsymbol{u}}{\partial x}, \quad -\infty < x < +\infty \tag{13.71}$$
$$\boldsymbol{u}(x,0) = \boldsymbol{f}(x)$$

若

$$\boldsymbol{f}(x) = (2\pi)^{-\frac{1}{2}} \int_{-\infty}^{+\infty} \mathrm{e}^{\mathrm{i}\omega x} \widehat{\boldsymbol{f}}(\omega)\mathrm{d}\omega \tag{13.72}$$

则显然(13.71)的解可表为

$$\boldsymbol{u}(x,t) = (2\pi)^{-\frac{1}{2}}\int_{-\infty}^{+\infty} e^{i\omega(x+t)}\widehat{\boldsymbol{f}}(\omega)d\omega = \boldsymbol{f}(x+t)$$

现在我们用一差分方程逼近(13.71). 为此引进时间步长 $k>0$ 和网格步长 $h>0$. 然后在 $x=x_v=vh, v=0, \pm1, \pm2, \cdots, t=t_\mu=\mu k, \mu=0,1,2,\cdots$ 处用下列方程逼近(13.71)得

$$\frac{\boldsymbol{v}(x,t+k)-\boldsymbol{v}(x,t)}{k}=\frac{\boldsymbol{v}(x+h,t)-\boldsymbol{v}(x-h,t)}{2h} \tag{13.73}$$

$$\boldsymbol{v}(x,0)=\boldsymbol{f}(x)$$

将上式改写为

$$\boldsymbol{v}(x,t+k)=(\boldsymbol{I}+k\boldsymbol{D}_0)\boldsymbol{v}(x,t), \boldsymbol{v}(x,0)=\boldsymbol{f}(x) \tag{13.74}$$

对所有的 $x=x_v, t=t_\mu$, 我们可以用式(13.73)计算 $\boldsymbol{v}(x,t)$, 并希望 $\boldsymbol{v}$ 收敛于 $\boldsymbol{u}$. 让我们来计算(13.73)的显式解. 从式(13.72)推得

$$\boldsymbol{v}(x,t) = (2\pi)^{-1/2}\int_{-\infty}^{+\infty} e^{i\omega x}\widehat{\boldsymbol{v}}(\omega,t)d\omega, \widehat{\boldsymbol{v}}(\omega,0) = \widehat{\boldsymbol{f}}(\omega) \tag{13.75}$$

注意到

$$D_0 e^{i\omega x}=\frac{i\sin \omega h}{h}e^{i\omega x}$$

将式(13.75)代入(13.74)得到

$$\widehat{\boldsymbol{v}}(\omega,t+k)=(1+i\lambda\sin \omega h)\widehat{\boldsymbol{v}}(\omega,t), \lambda=\frac{k}{h}$$

亦即

$$\widehat{\boldsymbol{v}}(\omega,t)=(1+i\lambda\sin \omega h)^{\frac{t}{k}}\widehat{\boldsymbol{f}}(\omega)$$

所以

$$\boldsymbol{v}(x,t) = (2\pi)^{\frac{1}{2}}\int_{-\infty}^{+\infty}(1+\mathrm{i}\lambda\sin\omega h)^{\frac{t}{k}}\mathrm{e}^{\mathrm{i}\omega x}\widehat{\boldsymbol{f}}(\omega)\,\mathrm{d}\omega \tag{13.76}$$

于是

$$\begin{aligned}&\boldsymbol{u}(x,t)-\boldsymbol{v}(x,t)\\&=(2\pi)^{-\frac{1}{2}}\int_{-\infty}^{+\infty}((1+\mathrm{i}\lambda\sin\omega h)^{\frac{t}{k}}-\mathrm{e}^{\mathrm{i}\omega t})\mathrm{e}^{\mathrm{i}\omega x}\widehat{\boldsymbol{f}}(\omega)\,\mathrm{d}\omega\end{aligned}$$

根据帕塞瓦尔关系

$$\begin{aligned}&\|\boldsymbol{u}(x,t)-\boldsymbol{v}(x,t)\|^2\\&=\int_{-\infty}^{+\infty}|(1+\mathrm{i}\lambda\sin\omega h)^{\frac{t}{k}}-\mathrm{e}^{\mathrm{i}\omega t}|^2|\widehat{f}(\omega)|^2\mathrm{d}\omega\end{aligned}$$

假定 ω 是一个固定的频率,则

$$\begin{aligned}(1+\mathrm{i}\lambda\sin\omega h)^{\frac{t}{k}}&=(1+\mathrm{i}k\omega+O(\omega^3kh^2))^{\frac{t}{k}}\\&=\mathrm{e}^{t(\mathrm{i}\omega+O(\omega^3kh^2))}\end{aligned}$$

所以$(1+\mathrm{i}\lambda\sin\omega h)^{\frac{t}{k}}$对每一固定的 ω 收敛于 $\mathrm{e}^{\mathrm{i}\omega t}$.

大多数物理过程能用有限个频率来描述,甚至更好地能用这样的初值 $f(x)$ 来描述:当 $|\omega|>R$ 时,有 $\widehat{\boldsymbol{f}}(\omega)\equiv 0$(这里 R 是个定数). 于是

$$\begin{aligned}&\|\boldsymbol{u}(x,t)-\boldsymbol{v}(x,t)\|^2\\&=\int_{-R}^{+R}|(1+\mathrm{i}\lambda\sin\omega h)^{t/k}-\mathrm{e}^{\mathrm{i}\omega t}|^2|\widehat{\boldsymbol{f}}(\omega)|^2\mathrm{d}\omega\end{aligned}$$

并且当 $h\to 0,k\to 0$ 时收敛. 因此,在应用式(13.73)时显然没什么困难. 然而我们不可能在计算时不产生误差,而舍入误差将导致高频成分. 例如当 $k=20h$ 且 $\boldsymbol{f}\equiv 0$ 时考虑(13.74),则

$$\begin{aligned}\boldsymbol{v}(x,t+k)&=\boldsymbol{v}(x,t)+10(\boldsymbol{v}(x+h,t)-\boldsymbol{v}(x-h,t))\\\boldsymbol{v}(x,0)&=0\end{aligned}$$

对此有 $\boldsymbol{v}(x,t)\equiv 0$. 假设在 $x=0$ 处有一舍入误差 E,即以

$$\boldsymbol{v}(x,0)\equiv\begin{cases}0 & (\text{当 } x\neq 0)\\ E & (\text{当 } x=0)\end{cases}$$

代替初值 $\boldsymbol{v}(x,0)\equiv 0$. 这个舍入误差的严重影响能从下表看出

$$\begin{array}{ccccccccc}
\cdot & 10^3E & \cdot & \cdot & \cdot & \cdot & \cdot & -10^3E & \cdot \\
\cdot & \cdot & 10^2E & \cdot & \cdot & \cdot & 10^2E & \cdot & \cdot \\
0 & 0 & 10E & E & -10E & 0 & 0 & 0 \\
\hline
0 & 0 & 0 & E & 0 & 0 & 0 & 0
\end{array}$$

这种现象的起因是这个误差导致了高频成分,而其振幅的增长非常快. 例如,当 $\omega h=\dfrac{\pi}{2}$时我们有

$$\widehat{\boldsymbol{v}}(\omega,t)=(1+\mathrm{i}20)^{t/h}\widehat{\boldsymbol{f}}(\omega)$$

所以关于很高的高频成分不出现的假定是不现实的. 我们必需考虑一般的初值,并且就数值计算而言只有那种能保证对所有初值都收敛的方法才是有用的.

其充分必要条件是对低频成分有收敛性,而对高频成分则基本不放大. 例如,当用下式代替式(13.74)时这个目的可以达到

$$\boldsymbol{v}(x,t+k)=\frac{1}{2}(\boldsymbol{v}(x+h,t)+\boldsymbol{v}(x-h,t))+k\boldsymbol{D}_0\boldsymbol{v}(x,t)$$

这里我们考虑

$$0<\lambda_0\leqslant\lambda=k/h\leqslant 1$$

其中 λ_0 是某常数. 于是

$$\widehat{\boldsymbol{v}}(\omega,t)=(\cos\omega h+\mathrm{i}\lambda\sin\omega h)^{t/k}\widehat{\boldsymbol{f}}(\omega)$$

显然 $$|(\cos \omega h + \mathrm{i}\lambda \sin \omega h)^{t/k}| \leqslant 1$$

并且对每一固定频率 ω 有

$$\begin{aligned}&\lim_{k\to 0}(\cos \omega h + \mathrm{i}\lambda \sin \omega h)^{\frac{t}{k}}\\&=(1+\mathrm{i}k\omega + O(\omega^2 h^2))^{\frac{t}{k}} \sim \mathrm{e}^{\mathrm{i}\omega t} + \frac{\omega^2 h^2 t}{k}\end{aligned}$$

所以对每一 R 有

$$\begin{aligned}&\|\boldsymbol{u}(x,t) - \boldsymbol{v}(x,t)\|^2\\&=\int_{-R}^{+R}|(\cos \omega h + \mathrm{i}\lambda \sin \omega h)^{\frac{t}{k}} - \mathrm{e}^{\mathrm{i}\omega t}|^2 |\widehat{\boldsymbol{f}}(\omega)|^2 \mathrm{d}\omega + \\&\int_{|\omega| \geqslant R}|(\cos \omega h + \mathrm{i}\lambda \sin \omega h)^{\frac{t}{k}} - \mathrm{e}^{\mathrm{i}\omega h}|^2 |\widehat{\boldsymbol{f}}(\omega)|^2 \mathrm{d}\omega\\&\leqslant \mathrm{const}\left(\frac{R^2 ht}{\lambda}\int_{-R}^{+R}|\widehat{\boldsymbol{f}}(\omega)|^2 \mathrm{d}\omega + \int_{|\omega| \geqslant R}|\widehat{\boldsymbol{f}}(\omega)|^2 d\omega\right)\end{aligned}$$

其收敛性是显然的.

为使前面论证精确起见,我们引入稳定性和相容性的概念. 最一般的齐次差分方程为如下形式

$$Q_{-1}\boldsymbol{v}(x,t+k) = \sum_{j=0}^{p} Q_j \boldsymbol{v}(x,t-jk) \quad (13.77)$$

这里 $Q_\mu = Q_\mu(x,t,h,k), \mu = -1,0,1,\cdots,p$ 是差分算子

$$Q_\mu = \sum A_{\boldsymbol{v}}(x,t,h,k) E_1^{v_1} \cdots E_s^{v_s}, \boldsymbol{v} = (v_1, \cdots, v_s)$$

其中 $A_v(x,t,h,k)$ 为充分光滑地依赖于 x,t,h,k 的矩阵 E_j 是位移算子

$$E_j \varphi(x_1,\cdots,x_j,\cdots,x_s) = \varphi(x_1,\cdots,x_j+h,\cdots,x_s)$$

我们始终假定 Q_{-1}^{-1} 对所有 t 存在并是有界算子. 于是只要我们已知 $\boldsymbol{v}(x,t)$ 在 $t_0, t_0-k, \cdots, t_0-pk$ 处的值,就能计算以后任何时间 $t=t_0+\upsilon k, \upsilon=1,2,\cdots$ 的值. 引入

向量

$$\tilde{\boldsymbol{v}}(x,t)=(\boldsymbol{v}(x,t),\boldsymbol{v}(x,t-k),\cdots,\boldsymbol{v}(x,t-pk))'$$

和范数 $\|\tilde{\boldsymbol{v}}\|^2=\sum_{j=0}^{P}\|\boldsymbol{v}(x,t-jk)\|^2$

我们能找到一个这样的解算子

$$\tilde{\boldsymbol{v}}(x,t)=\boldsymbol{S}(t,t_0)\tilde{\boldsymbol{v}}(x,t_0)$$

这里 $\boldsymbol{S}(t,t_0)$ 有下面的性质

$$\boldsymbol{S}(t_0,t_0)=\boldsymbol{I},\boldsymbol{S}(t_2,t_0)=\boldsymbol{S}(t_2,t_1)\boldsymbol{S}(t_1,t_0),t_2\geqslant t_1\geqslant t_0$$

定义 13.6　对序列 $k\to 0,h\to 0$ 差分逼近(8.7)是稳定的,是借存在常数 α_s,K_s 使对所有满足 $t\geqslant t_0$ 的 t_0,t 和所有 $\tilde{\boldsymbol{v}}(x,t_0)$ 估计

$$\begin{aligned}\|\tilde{\boldsymbol{v}}(x,t)\| &= \|\boldsymbol{S}(t,t_0)\tilde{\boldsymbol{v}}(x,t_0)\| \\ &\leqslant K_s \mathrm{e}^{\alpha_s(t-t_0)}\|\tilde{\boldsymbol{v}}(x,t_0)\| \end{aligned} \quad (13.78)$$

成立.

现在考虑下面微分方程组的柯西问题

$$\frac{\partial \boldsymbol{u}}{\partial t}=P\left(x,t,\frac{\partial}{\partial u}\right)\boldsymbol{u}+\boldsymbol{g}$$

$$\boldsymbol{u}(x,0)=\boldsymbol{g} \quad (13.79)$$

用下面的方程和初值逼近它

$$Q_{-1}\boldsymbol{w}(x,t+k)=\sum_{j=0}^{p}Q_j\boldsymbol{w}(x,t-jk)+k\boldsymbol{F}(x,t) \quad (13.79\text{a})$$

$$\boldsymbol{w}(x,pk)=\boldsymbol{f}_p(x),\cdots,\boldsymbol{w}(x,0)=\boldsymbol{f}_0(x) \quad (13.79\text{b})$$

定义 13.7　差分格式(13.79a),(13.79b)对其特

解 $\boldsymbol{u}(x,t)$是(q_1,q_2)阶精度的，是指存在常数 $c_j\geqslant 0$ 和函数 $c(t)$，它在每一个有限区间$[0,T]$上有界，使对任何充分小的 k,h 有

$$\begin{aligned}&\| Q_{-1}\boldsymbol{u}(x,t+k)-\sum_{j=0}^{p}Q_j\boldsymbol{u}(x,t-jk)-k\boldsymbol{F}\|\\ \leqslant\ & kc(t)(h^{q_1}+k^{q_2})\end{aligned}$$

$$\|\boldsymbol{f}_j(x)-\boldsymbol{u}(x,jk)\|\leqslant c_j(h^{q_1}+k^{q_2})\tag{13.80}$$

若式(13.80)对任何充分光滑的解成立，则我们称此逼近是(q_1,q_2)阶精度的，而不涉及其特解.

决定一给定的差分逼近的精度是十分简单的，至少当解是充分光滑时是这样. 我们只需将 $\boldsymbol{u}(x,t)$展成泰勒级数，所以函数 $c(t)$一般代表 $\boldsymbol{u}$ 的充分高阶导数的某个界. 必须指出，像在常微分方程中已见到的那样，为正确估计一个给定的方法，计算 $c(t)$也是必要的.

为了推导误差估计，我们需要下述引理.

引理 13.2 对固定的 k,h 考虑(13.79)，并假定不等式(13.78)成立，则

$$\begin{aligned}&\|\widetilde{\boldsymbol{w}}(x,t)\|\\ \leqslant\ & K_s e^{\alpha_s t}\left(\sum_{j=0}^{p}\|\boldsymbol{f}_j\|^2\right)^{1/2}+K_s\sup_{0\leqslant\tau\leqslant t}\|Q_{-1}^{-1}\|\cdot\\ &\sup_{0\leqslant\tau\leqslant t}\|\boldsymbol{F}\|\cdot l(t,\alpha_s)\end{aligned}\tag{13.81}$$

其中

$$l(t,\alpha_s)=\begin{cases}k(1-e^{\alpha_s t})/(1-e^{\alpha_s k}) & (\text{当 }\alpha_s\neq 0)\\ t & (\text{当 }\alpha_s=0)\end{cases}$$

证明 易知我们能将方程(13.79)的解表为形式

$$\tilde{\boldsymbol{w}}(x,nk) = \boldsymbol{S}(nk,t_p)\tilde{\boldsymbol{w}}(x,t_p) + k\sum_{v=p}^{n-1}\boldsymbol{S}(nk,vk)Q_{-1}^{-1}\widetilde{G}(x,vk) \tag{13.82}$$

其中 $\tilde{G}(x,vk)=(\boldsymbol{F}(x,vk),0,\cdots,0)'$(式(13.82)只不过是窦哈美尔(Duhamel)公式的差分类似). 于是估计式(13.81)不难从式(13.78)推得. 从引理 13.2 我们立刻得到

定理 13.15　假定对固定的 k 和 h 估计(13.78)和(13.80)成立,则对任何 $t=vk\geqslant pk$ 我们有

$$\begin{aligned}&\|\tilde{\boldsymbol{u}}(x,t)-\tilde{\boldsymbol{w}}(x,t)\|\\ \leqslant{}& K_s e^{\alpha_s t}(h^{q_1}+k^{q_2})\Big(\sum_{j=0}^{p}c_j^2\Big)^{1/2}+K_s\sup_{0\leqslant\tau\leqslant t}\|Q_{-1}^{-1}\|\cdot\\ &\sup_{0\leqslant\tau\leqslant t}(c(\tau)\cdot(h^{q_1}+k^{q_2})l(t,\alpha_s))\end{aligned}$$

于是若对序列 $k\to0,h\to0$(13.78)成立,并且 Q_{-1}^{-1} 也一致有界,则 $\boldsymbol{w}(x,t)$ 收敛于 $\boldsymbol{u}(x,t)$.

证明　从(13.80)推出

$$Q_{-1}\boldsymbol{u}(x,t+k) = \sum_{j=0}^{p}Q_j\boldsymbol{u}(x,t-jk)+k\boldsymbol{F}+kh(x,t) \tag{13.83}$$

其中对截断误差 $\boldsymbol{H}$ 有估计

$$\|\boldsymbol{H}\|\leqslant c(t)(h^{q_1}+k^{q_2})$$

从式(13.83)中减去(13.79a)得到关于 $\boldsymbol{v}=\boldsymbol{u}-\boldsymbol{w}$ 的差分方程,并且从引理 13.2 推得此估计.

对常微分方程我们已经见到,截断误差和以 α_s 和 K_s 为代表的稳定性性质决定着收敛的速度.

现在我们再考虑

$$\frac{\partial u}{\partial t}=P\left(x,t,\frac{\partial}{\partial u}\right)u$$

$$u(x,0)=f$$

并假定它是适定的,即存在常数 α 和 K 使得

$$\|\boldsymbol{u}(x,t)\|\leqslant K\mathrm{e}^{\alpha(t-t_0)}\|\boldsymbol{u}(x,t_0)\|$$

假设 α 尽可能的小. 若我们在一个长的时间范围内积分此微分方程,那么自然期望 $\alpha_s\leqslant\alpha$. 所以,我们约定

定义 13.8　若估计式(13.78)对 $\alpha_s\leqslant\alpha$ 成立,则差分逼近是严格稳定的.

我们将对严格稳定的方法先予以重视.

§9　双曲型方程组的差分逼近

考虑常系数双曲型方程组的柯西问题

$$\frac{\partial \boldsymbol{u}}{\partial t}=P\left(\frac{\partial}{\partial x}\right)\boldsymbol{u}=\sum A_j\frac{\partial \boldsymbol{u}}{\partial x_j}$$

$$\boldsymbol{u}(x,0)=\boldsymbol{f}(x) \qquad (13.84)$$

从§7 知道它的解满足估计

$$\|\boldsymbol{u}(x,t)\|\leqslant K\|\boldsymbol{u}(x,0)\|,0<t<+\infty$$

所以式(13.84)的解一致有界. 用下面的差分格式逼近(13.84)

$$\boldsymbol{Q}_{-1}\boldsymbol{v}(x,t+k)=\sum_{j=0}^{p}\boldsymbol{Q}_j\boldsymbol{v}(x,t-jk) \qquad (13.85)$$

$$\boldsymbol{v}(x,t)=x^{\frac{t}{k}}\mathrm{e}^{\mathrm{i}\omega x}\boldsymbol{\phi}(\omega)\neq 0 \qquad (13.86)$$

只要式(13.86)中 $\boldsymbol{\phi},x$ 满足特征方程

$$(\widehat{\boldsymbol{Q}}_{-1}x^{p+1} - \sum_{j=0}^{p}\widehat{\boldsymbol{Q}}_j x^j)\boldsymbol{\phi} = 0 \qquad (13.87)$$

$\boldsymbol{v}(x,t)$ 便是方程(13.85)的一个解,这里

$$\widehat{\boldsymbol{Q}}_\mu = \sum A_{\upsilon\mu}\mathrm{e}^{\mathrm{i}\upsilon_1\omega_1 h}\cdots\mathrm{e}^{\mathrm{i}\upsilon_s\omega_s h} = \widehat{\boldsymbol{Q}}_\mu(\xi),\xi_j = \omega_j h$$

从方程(13.87)我们立即得到

定理 13.16(冯·诺曼条件)　差分逼近(13.85)无指数型增长解的必要条件是方程

$$\mathrm{Det}\left|\widehat{\boldsymbol{Q}}_{-1}x^{p+1} - \sum_{j=0}^{p}\widehat{\boldsymbol{Q}}_j x^j\right| = 0 \qquad (13.88)$$

的解 x_j 满足不等式

$$|x_j| \leqslant 1$$

此条件不是充分的.例如,考察微分方程

$$\frac{\partial}{\partial t}\begin{pmatrix}u_1\\u_2\end{pmatrix} = 0$$

并且用下列方程逼近它

$$\boldsymbol{v}(x,t+k) = \left(\boldsymbol{I} + \begin{pmatrix}0 & 1\\0 & 0\end{pmatrix}(\boldsymbol{E} - 2\boldsymbol{I} + \boldsymbol{E}^{-1})\right)\boldsymbol{v}(x,t)$$

设 $k=h$ 并且　$\boldsymbol{v}(x,t) = \mathrm{e}^{\mathrm{i}\omega x}\widehat{\boldsymbol{v}}(\omega,t) \neq 0$

其中 $\widehat{\boldsymbol{v}}(\omega,t)$ 是方程

$$\widehat{\boldsymbol{v}}(\omega,t+k) = \left(\boldsymbol{I} + 4\sin^2\frac{\omega h}{2}\begin{pmatrix}0 & 1\\0 & 0\end{pmatrix}\right)\widehat{\boldsymbol{v}}(\omega,t)$$

的解,即

$$\widehat{\boldsymbol{v}}(x,t) = \left(\boldsymbol{I} - 4\sin^2\frac{\omega h}{2}\begin{pmatrix}0 & 1\\0 & 0\end{pmatrix}\right)^{\frac{t}{k}}\widehat{\boldsymbol{v}}(\omega,0)$$

$$= \left(\boldsymbol{I} - \frac{4t}{k}\sin^2\frac{\omega h}{2}\begin{pmatrix}0 & 1\\0 & 0\end{pmatrix}\right)^{\frac{t}{k}}\widehat{\boldsymbol{v}}(\omega,0)$$

显然这些解对整个时间过程而言是无界的.

关于一个差分逼近无增长型解的一般的充要条件是十分复杂的. 但是有一类差分逼近,它们的这些条件却相当简单,这就是耗散型逼近,即对方程(13.88)的解 x_j 有估计

$$|x_j| \leqslant 1-\delta|\omega h|^{2r}, \text{当 } 0 \leqslant |\omega h| \leqslant \pi$$

这里 $\delta>0$ 是某一常数,而 $2r$, r 是自然数,称为耗散阶.

我们来考察一些实例.

例 13.2 考虑双曲型方程组

$$\frac{\partial \boldsymbol{u}}{\partial t}=\boldsymbol{A}\frac{\partial \boldsymbol{u}}{\partial x} \tag{13.89}$$

其中 $\boldsymbol{A}$ 是常数对称矩阵,用下列方程逼近它

$$\begin{aligned}\boldsymbol{v}(x,t+k)&=(\boldsymbol{I}(1+kh\sigma \boldsymbol{D}_+\boldsymbol{D}_-)+k\boldsymbol{A}\boldsymbol{D}_0)\boldsymbol{v}(x,t)\\&=\boldsymbol{Q}_0\boldsymbol{v}(x,t)\end{aligned} \tag{13.90}$$

其中 $\sigma>0$ 是常数.

矩阵 $\boldsymbol{A}$ 是对称的,所以存在酉矩阵 $\boldsymbol{U}$ 使得

$$\boldsymbol{U}^*\boldsymbol{A}\boldsymbol{U}=\begin{pmatrix}\mu_1 & 0 & \cdots & 0\\ 0 & \mu_2 & \cdots & 0\\ \vdots & \vdots & & \vdots\\ 0 & 0 & \cdots & \mu_n\end{pmatrix}, \boldsymbol{U}^*\boldsymbol{U}=\boldsymbol{I}, \mu_j \text{ 是实数}$$

所以特征方程(13.87)

$$x\boldsymbol{I}\phi=\widehat{\boldsymbol{Q}}_0\phi=(\boldsymbol{I}(1-4\sigma\lambda\sin^2\xi/2)+\mathrm{i}\lambda\boldsymbol{A}\sin\xi)\phi$$

$$\xi=\omega h, \lambda=k/h$$

的解可表为

$$x_j=1-4\lambda\sigma\sin^2\xi/2+\mathrm{i}\lambda\mu_j\sin\xi$$

若我们这样选 $\lambda=\dfrac{k}{h}$ 和 σ

$$1>2\sigma\lambda\geqslant\lambda|\mu_j|>\lambda^2|\mu_j|^2\quad(j=1,2,\cdots,n)$$

则存在一常数 $\delta>0$ 使得

$$|x_j|\leqslant 1-\delta|\xi|^2,\text{对}|\xi|\leqslant\pi$$

其逼近是 2 阶耗散型的.

例 13.3（拉克斯 - 温特洛夫（Lax - Wendroff）方法）　式（13.90）的精度一般只是（1,1）. 我们要推出一个较高精度的方法. 对任一充分光滑的微分方程的解我们有

$$\begin{aligned}
&\boldsymbol{u}(x,t+k)\\
&=\boldsymbol{u}(x,t)+k\frac{\partial\boldsymbol{u}(x,t)}{\partial t}+\left(\frac{k^2}{2}\right)\frac{\partial^2\boldsymbol{u}(x,t)}{\partial t^2}+\\
&\quad O(k^3)\\
&=\boldsymbol{u}(x,t)+kA\frac{\partial\boldsymbol{u}(x,t)}{\partial x}+\left(\frac{k^2}{2}\right)\boldsymbol{A}^2\frac{\partial^2\boldsymbol{u}(x,t)}{\partial x^2}+\\
&\quad O(k^2)\\
&=\boldsymbol{u}(x,t)+k\boldsymbol{A}\boldsymbol{D}_0\boldsymbol{u}(x,t)+\left(\frac{k^2}{2}\right)\boldsymbol{A}^2\boldsymbol{D}_+\boldsymbol{D}_-\boldsymbol{u}(x,t)+\\
&\quad O(k^3+kh^2+k^2h)
\end{aligned}$$

$$\boldsymbol{v}(x,t+k)=(\boldsymbol{I}+k\boldsymbol{A}\boldsymbol{D}_0+\left(\frac{k^2}{2}\right)\boldsymbol{A}^2\boldsymbol{D}_+\boldsymbol{D}_-)v(x,t)$$

自然是（2,2）阶精度的. 此时

$$x_j=1+\mathrm{i}\lambda\mu_j\sin\xi-2\lambda^2\mu_j^2\sin^2\left(\frac{\xi}{2}\right)$$

若 $\boldsymbol{A}$ 为非奇异则

$$|x_j|\leqslant 1-\delta|\xi|^4,\text{当 }\lambda\max_j|\mu_j|<1$$

此逼近的精度的(2,2),并且是4阶耗散型的.

例 13.4(蛙跃格式)　我们用下列方程逼近式(13.89)

$$\boldsymbol{v}(x,t+k)=\boldsymbol{v}(x,t-k)+2k\boldsymbol{A}\boldsymbol{D}_0\boldsymbol{v}(x,t) \tag{13.91}$$

它是(2,2)阶精度的. 其特征方程为

$$\boldsymbol{I}(x^2-1)-2x\lambda\,\mathrm{i}\boldsymbol{A}\sin\xi=0$$

所以　$$(x^2-1)-2\mathrm{i}x\lambda\mu_j\sin\xi=0$$

并且　$$x_j=\mathrm{i}\lambda\mu_j\sin\xi\pm\sqrt{1-\lambda^2\mu_j^2\sin^2\xi}$$

同时　$$|x_j|=1,\text{当 }\lambda\max_j|\mu_j|\leqslant 1$$

此逼近是非耗散的. 我们容易改变(13.91)为耗散型的

$$\boldsymbol{v}(x,t+k)=\left(\boldsymbol{I}-\varepsilon\frac{h^4}{16}\boldsymbol{D}_+^2\boldsymbol{D}_-^2\right)\boldsymbol{v}(x,t-k)+2k\boldsymbol{A}\boldsymbol{D}_0\boldsymbol{v}(x,t) \tag{13.92}$$

于是　$|x_j|=1-\varepsilon\sin^4\xi/2$,当$|\lambda|\leqslant 1-\varepsilon,\varepsilon<1$.

此逼近为四阶耗散型,而仍然为(2,2)阶精度.

应该指出有许多方法使逼近称为耗散型的. 例如,我们以下列方程代替(13.91)

$$\left(\boldsymbol{I}+\frac{\varepsilon}{32}h^4\boldsymbol{D}_+^2\boldsymbol{D}_-^2\right)\boldsymbol{v}(x,t+k)$$
$$=\left(\boldsymbol{I}-\frac{\varepsilon}{32}h^4\boldsymbol{D}_+^2\boldsymbol{D}_-^2\right)\boldsymbol{v}(x,t-k)+2k\boldsymbol{A}\boldsymbol{D}_0v(x,t) \tag{13.92a}$$

于是此逼近对所有 $\varepsilon>0$ 都是耗散的.

例 13.5　用

$$\boldsymbol{v}(x,t+k)=\boldsymbol{v}(x,t-k)+2k\boldsymbol{A}\left(\frac{4}{3}\boldsymbol{D}_0(h)-\frac{1}{3}\boldsymbol{D}_0(2h)\right)\boldsymbol{v}(x,t) \tag{13.93}$$

来逼近式(13.89),其精度为(4,2)阶,而对充分小的 λ,我们有 $|x_j|=1$,因而此逼近不是耗散的. 代之以考察

$$\boldsymbol{v}(x,t+k)=\left(\boldsymbol{I}+E\frac{h^6}{64}\boldsymbol{D}_+^3\boldsymbol{D}_-^3\right)\boldsymbol{v}(x,t-k)+2k\boldsymbol{A}\left(\frac{4}{3}\boldsymbol{D}_0(h)-\frac{1}{3}\boldsymbol{D}_0(2h)\right)\boldsymbol{v}(x,t) \tag{13.94}$$

其逼近精度为(4,2)阶,而耗散阶为 6.

拉克斯－温特洛夫格式是耗散的,而耗散的量仅能为网格步长 h 所控制,这是不易实施的办法. 一般更好的办法是将一耗散项加到非耗散格式中去,此时耗散量能被控制.

耗散性的重要性在于

定理 13.17　设式(13.85)是 $2m-2$ 阶或 $2m-1$ 阶精度的和 $2m$ 阶耗散型的逼近,则它是严格稳定的.

类似的结果对变系数方程也有效.

在多数应用中,人们能用另一种方法证明差分逼近的稳定性,这种方法称为能量法. 现在我们证明一个关于下列格式的较为一般的逼近的稳定性结果

$$(\boldsymbol{I}-k\boldsymbol{Q}_1)\boldsymbol{v}(t+k)=2k\boldsymbol{Q}_0\boldsymbol{v}(t)+(\boldsymbol{I}+k\boldsymbol{Q}_1)\boldsymbol{v}(t-k) \tag{13.95}$$

定理 13.18　若存在常数 η 使对所有 $\boldsymbol{v},\boldsymbol{w}$ 有

$$(\boldsymbol{v},\boldsymbol{Q}_0\boldsymbol{w}) = -(\boldsymbol{Q}_0\boldsymbol{v},\boldsymbol{w}),k\|\boldsymbol{Q}_0\| < 1-\eta \tag{13.96}$$

$$\mathrm{Real}(\boldsymbol{v},\boldsymbol{Q}_1\boldsymbol{v}) \leqslant 0 \tag{13.97}$$

则逼近式(13.95)是稳定的.

证明　将式(13.95)写为

$$\boldsymbol{v}(t+k)-\boldsymbol{v}(t-k)=2k\boldsymbol{Q}_0\boldsymbol{v}(t)+k\boldsymbol{Q}_1(\boldsymbol{v}(t+k)+\boldsymbol{v}(t-k))$$

乘以 $\boldsymbol{v}(t+k)+\boldsymbol{v}(t)$,我们从(9.14)得

$$\|\boldsymbol{v}(t+k)\|^2-\|\boldsymbol{v}(t-k)\|^2$$
$$\leqslant 2k\mathrm{Real}\{(\boldsymbol{v}(t+k),\boldsymbol{Q}_0\boldsymbol{v}(t))+(\boldsymbol{v}(t-k),\boldsymbol{Q}_0\boldsymbol{v}(t))\}$$

式(13.96)意味着

$$\begin{aligned}&L(t+k)\\&=\|\boldsymbol{v}(t+k)\|^2+\|\boldsymbol{v}(t)\|^2-2k\mathrm{Real}(\boldsymbol{v}(t+k),\boldsymbol{Q}_0\boldsymbol{v}(t))\\&\leqslant\|\boldsymbol{v}(t)\|^2+\|\boldsymbol{v}(t-k)\|^2-2k\mathrm{Real}(\boldsymbol{v}(t),\boldsymbol{Q}_0\boldsymbol{v}(t-k))\\&=L(t)\end{aligned}$$

并且

$$\eta(\|\boldsymbol{v}(t+k)\|^2+\|\boldsymbol{v}(t)\|^2)\leqslant L(t)$$
$$\leqslant 2(\|\boldsymbol{v}(t+k)\|^2+\|\boldsymbol{v}(t)\|^2)$$

所以逼近是稳定的.

许多常用的差分方法可写成式(13.95)的形式.为了说明这一技巧我们再证明式(13.92a)逼近的稳定性.首先有

引理 13.3　$(\boldsymbol{u},\boldsymbol{E}_j\boldsymbol{v})=(\boldsymbol{E}_j^{-1}\boldsymbol{u},\boldsymbol{v})$

$$\begin{aligned}\boldsymbol{E}_j\boldsymbol{u}(x_1,\cdots,x_j,\cdots,x_n)&=\boldsymbol{u}(x_1,\cdots,x_j+h,\cdots,x_n)\\&=\boldsymbol{u}(x+he_j)\end{aligned}$$

所以

$$(\boldsymbol{u},\boldsymbol{D}_{0j}\boldsymbol{v}) = -(\boldsymbol{D}_{0j}\boldsymbol{u},\boldsymbol{v}),(\boldsymbol{u},\boldsymbol{D}_{+j}\boldsymbol{v}) = -(\boldsymbol{D}_{-j}\boldsymbol{u},\boldsymbol{v})$$

证明　利用分部积分得到

$$\begin{aligned}(\boldsymbol{u},\boldsymbol{E}_j\boldsymbol{v}) &= \int_{-\infty}^{+\infty}\boldsymbol{u}(x)\boldsymbol{v}(x+he_j)\mathrm{d}x \\ &= \int_{-\infty}^{+\infty}\boldsymbol{u}(x'-he_j)\boldsymbol{v}(x')\mathrm{d}x' \\ &= (\boldsymbol{E}_j^{-1}\boldsymbol{u},\boldsymbol{v})\end{aligned}$$

其第二个结论从下列关系推得

$$2h\boldsymbol{D}_{0j} = \boldsymbol{E}_j - \boldsymbol{E}_j^{-1} \quad 和 \quad h\boldsymbol{D}_{+j} = \boldsymbol{E}_j - \boldsymbol{I}$$

对(13.92a)我们有

$$\boldsymbol{Q}_1 = -\frac{\varepsilon}{32}h^4\boldsymbol{D}_+^2\boldsymbol{D}_-^2,\boldsymbol{Q}_0 = \boldsymbol{A}\boldsymbol{D}_0$$

由引理 13.3 得

$$(\boldsymbol{v},\boldsymbol{Q}_1\boldsymbol{v}) = -\frac{\varepsilon}{32}h^4\|\boldsymbol{D}_+^2\boldsymbol{v}\|^2 \leqslant 0$$

$$\begin{aligned}(\boldsymbol{v},\boldsymbol{Q}_0\boldsymbol{w}) &= (\boldsymbol{v},\boldsymbol{A}\boldsymbol{D}_0\boldsymbol{w}) = (\boldsymbol{A}\boldsymbol{v},\boldsymbol{D}_0\boldsymbol{w}) = -(\boldsymbol{A}\boldsymbol{D}_0\boldsymbol{v},\boldsymbol{w}) \\ &= -(\boldsymbol{Q}_0\boldsymbol{v},\boldsymbol{w})\end{aligned}$$

进一步得到

$$\begin{aligned}k\|\boldsymbol{Q}_0\| &= \max_{\|v\|=1} k\|\boldsymbol{A}\boldsymbol{D}_0\boldsymbol{v}\| \\ &\leqslant \max_{\|v\|=1}\frac{k\|\boldsymbol{A}\|}{2h}\|\boldsymbol{v}(x+h)-\boldsymbol{v}(x-h)\| \\ &\leqslant \frac{k}{h}|\boldsymbol{A}| \leqslant \frac{k}{h}\max_j|\mu_j|\end{aligned}$$

所以逼近稳定的条件为

$$\frac{k}{h}\max_j|\mu_j| < 1$$

§10　关于差分格式的选择

在本节,我们要讨论求解下列纯量方程的各种方法

$$\frac{\partial \boldsymbol{u}}{\partial t} = -c\frac{\partial \boldsymbol{u}}{\partial x}, \boldsymbol{u}(x,0) = \mathrm{e}^{2\pi i\omega x} \quad (13.98)$$

其解为
$$\boldsymbol{u}(x,t) = \mathrm{e}^{2\pi i\omega(x-ct)}$$
我们不考虑时间离散化的误差,即考虑微分-差分方程

$$\frac{\partial \boldsymbol{v}}{\partial t} = -c\boldsymbol{D}_0(h)\boldsymbol{v}(x,t) \quad (13.99)$$

其局部截断误差为 $O(h^2)$.

若 $\boldsymbol{v}(x,0) = \mathrm{e}^{2\pi i\omega x}$,则方程(13.99)的解为

$$\boldsymbol{v}(x,t) = \mathrm{e}^{2\pi i\omega(x-c_1(\omega)t)} \quad (13.100)$$

其中
$$c_1(\omega) = \frac{c\sin 2\pi\omega h}{2\pi\omega h} \quad (13.101)$$

相位误差 e_1 是

$$e_1(\omega) = 2\pi\omega t(c - c_1(\omega)) \quad (13.102)$$

一种四阶逼近是

$$\frac{\partial \boldsymbol{v}}{\partial t} = -c\left(\frac{4}{3}\boldsymbol{D}_0(h) - \frac{1}{3}\boldsymbol{D}_0(2h)\right)\boldsymbol{v}(x,t) \quad (13.103)$$

像上面那样,若 $\boldsymbol{v}(x,0) = \mathrm{e}^{2\pi i\omega x}$,则方程(13.103)的解为

$$\boldsymbol{v}(x,t) = \mathrm{e}^{2\pi i\omega(x-c_2(\omega)t)} \quad (13.104)$$

其中
$$c_2(\omega)=c\left(\frac{8\sin 2\pi\omega h-\sin 4\pi\omega h}{12\pi\omega h}\right)\quad(13.105)$$

相位误差 e_2 是
$$e_2(\omega)=2\pi\omega t(c-c_2(\omega))\quad(13.106)$$

现在我们寻找一些条件，使式(13.100)和(13.104)的解对 $0\leqslant e_i\leqslant\frac{1}{2}$ 和 $0\leqslant t\leqslant\frac{j}{\omega c}$(这里 j 为进行计算的时间的周期数)满足
$$e_1(\omega)\leqslant e\quad(13.107)$$
$$e_2(\omega)\leqslant e\quad(13.108)$$

从(13.101),(13.102),(13.105)和(13.106)各式容易看出,e_1 和 e_2 是时间 t 的增函数. 所以若取 $N=(\omega h)^{-1}$ 使
$$e_1(\omega,j)=2\pi j\left(1-\frac{\sin(2\pi/N)}{2\pi/N}\right)=e\quad(13.109)$$

和
$$e_2(\omega,j)=2\pi j\left(1-\frac{8\sin(2\pi/N)-\sin(4\pi/N)}{12\pi/N}\right)=e\quad(13.110)$$

则条件(13.107)和(13.108)对 $0\leqslant t\leqslant\frac{j}{\omega c}$ 均满足. N 表示每波长的网点数.

将式(13.109)和(13.110)的左端展成 $\frac{2\pi}{N}$ 的幂级数且仅保留最低阶项,则我们有
$$e_1(j,N_1)\sim\frac{(2\pi)^3}{6}jN_1^{-2}\quad(13.111)$$

和
$$e_2(j,N_2)\sim\frac{(2\pi)^5}{30}jN_2^{-4}\quad(13.112)$$

视 N_1 和 N_2 为 j 的函数. 设 e 为允许的最大相位误差. 用(13.111)和(13.112)两式我们推得

$$N_1(j) \sim 2\pi(2\pi/6e)^{1/2}j^{1/2} \qquad (13.113)$$

和

$$N_2(j) \sim 2\pi(2\pi/30e)^{1/4}j^{1/4} \qquad (13.114)$$

对六阶格式

$$v_t = -c\left(\frac{3}{2}D_0(h) - \frac{3}{5}D_0(2h) + \frac{1}{10}D_0(3h)\right)v(t) \qquad (13.115)$$

的类似的计算得出

$$N_3(j) \sim 2\pi(72\pi/7!\ e)^{1/6}j^{1/6} \qquad (13.116)$$

若 $e=0.1$,则

$$N_1(j) \sim 20j^{1/2}$$

$$N_2(j) \sim 7j^{1/4}$$

$$N_3(j) \sim 5j^{1/6}$$

若 $e=0.01$,则

$$N_1(j) \sim 64j^{1/2}$$

$$N_2(j) \sim 13j^{1/4}$$

$$N_3(j) \sim 8j^{1/6}$$

注意,六阶方法的运算量约为四阶方法的$\frac{3}{2}$倍. 四阶方法的运算量则为二阶方法的 2 倍. 上表清楚地说明四阶方法和六阶方法比二阶方法优越. 误差越小其优越性越显著. 然而考虑到六阶方法比四阶方法需要额外的工作,上面说明如若我们允许误差为 1%,并且不是在太长的时间区间上求积分,这在许多气象计算

中是自然的,则用六阶方法几乎没有什么好处.在计算要延伸很长的时间时,由于N_1的增长如同$j^{\frac{1}{2}}$,N_2的增长如同$j^{\frac{1}{4}}$,N_3的增长如同$j^{\frac{1}{6}}$,高阶方法的优越性就更大.于是对长的求积过程来说,六阶方法较为经济,但节约是小的.

现在我们考虑对微分算子更高阶的逼近,设用下列方程逼近式(13.98)可得

$$\frac{\partial \boldsymbol{v}}{\partial t}=-c\boldsymbol{D}^{[2m]}(h)v,\boldsymbol{v}(x,0)=\mathrm{e}^{2\pi\mathrm{i}\omega x}$$

其中

$$\boldsymbol{D}^{[2m]}(h)=\sum_{\upsilon=1}^{m}\lambda_{\upsilon}\boldsymbol{D}_0(\upsilon h),\lambda_{\upsilon}=\frac{-2(-1)^{\upsilon}(m!)^2}{(m+\upsilon)!(m-\upsilon)!}$$

当$m=1,2,3$时,我们有前面讨论过的二、四、六阶格式.像前面那样,设$N_{2m}=(\omega h)^{-1}$表示每一波长的网点数,而$j=c\omega t$是要计算的周期数.此时能证明,当$2m\to\infty$时有$N_{2m}(j)\to 2$,所以每波长都至少要有两个网点.

注意,上面$2m$阶方法的工作量约为二阶方法的m倍.由式(13.115)中可见到,对气象计算来说高于六阶的差分方法很难说有任何实际的优越性.

有另一种提高精度阶的方法,称为理查得森外推法.其根据是方程(13.99)的解能被展开成级数

$$\begin{aligned}&\boldsymbol{v}(x,t)\\&=\boldsymbol{v}(x,t,h)\\&=\boldsymbol{u}(x,t)+h^2\boldsymbol{w}_1(x,t)+h^4\boldsymbol{w}_2(x,t)+h^6\boldsymbol{w}_3(x,t)+\cdots\end{aligned} \tag{13.117}$$

这里$\boldsymbol{w}_j(x,t)$是某些非齐次方程的解

$$\frac{\partial \boldsymbol{w}_j}{\partial t} = -c\frac{\partial \boldsymbol{w}_j}{\partial x} + \gamma_j(x), \boldsymbol{w}_j(x,0) = 0$$

我们来确定 $\boldsymbol{w}_j$. 将式(13.117)代入式(13.99)得

$$\frac{\partial \boldsymbol{u}}{\partial t} + h^2\frac{\partial \boldsymbol{w}_1}{\partial t} + h^4\frac{\partial \boldsymbol{w}_2}{\partial t} + \cdots$$

$$= -c(\boldsymbol{D}_0\boldsymbol{u} + h^2\boldsymbol{D}_0\boldsymbol{w}_1 + h^4\boldsymbol{D}_0\boldsymbol{w}_2 + \cdots) \quad (13.118)$$

$$D_0 u = \frac{\partial \boldsymbol{u}}{\partial x} + \frac{h^2}{3!}\frac{\partial^3 \boldsymbol{u}}{\partial x^3} + \frac{h^4}{5!}\frac{\partial^5 \boldsymbol{u}}{\partial x^5} + \cdots$$

对 $\boldsymbol{w}_j(x,t)$ 相应的展开式也成立. 将这些表达式代入式(13.118)并合并 h 的同幂次项后得

$$\frac{\partial \boldsymbol{w}_1}{\partial t} = -c\frac{\partial \boldsymbol{w}_1}{\partial x} - \frac{c}{3!}\frac{\partial^3 \boldsymbol{u}}{\partial x^3}$$

$$\frac{\partial \boldsymbol{w}_2}{\partial t} = -c\frac{\partial \boldsymbol{w}_2}{\partial x} - \frac{c}{5!}\frac{\partial^5 \boldsymbol{u}}{\partial x^5} - \frac{c}{3!}\frac{\partial^3 \boldsymbol{w}_1}{\partial x^3}$$

$$\frac{\partial \boldsymbol{w}_3}{\partial t} = -c\frac{\partial \boldsymbol{w}_3}{\partial x} - \frac{c}{7!}\frac{\partial^7 \boldsymbol{u}}{\partial x^7} - \frac{c}{5!}\frac{\partial^5 \boldsymbol{w}_1}{\partial x^5} - \frac{c}{3!}\frac{\partial^3 \boldsymbol{w}_2}{\partial x^3}$$

……

其中 $\boldsymbol{u} = \mathrm{e}^{2\pi\mathrm{i}\omega(x-ct)}$,所以 $\boldsymbol{w}_1$ 是下列方程之解

$$\frac{\partial \boldsymbol{w}_1}{\partial t} = -c\frac{\partial \boldsymbol{w}_1}{\partial x} - \frac{c(2\pi\mathrm{i}\omega)^3}{3!}\mathrm{e}^{2\pi\mathrm{i}\omega(x-ct)}$$

$$\boldsymbol{w}_1(x,0) = 0$$

亦即 $$\boldsymbol{w}_1(x,t) = -\frac{c(2\pi\mathrm{i}\omega)^3}{3!}\cdot t\cdot \mathrm{e}^{2\pi\mathrm{i}\omega(x-ct)}$$

相应地,我们有

$$\boldsymbol{w}_2(x,t) = -\frac{c(2\pi\mathrm{i}\omega)^5}{5!}\cdot t\cdot \mathrm{e}^{2\pi\mathrm{i}\omega(x-ct)} + \frac{(2\pi\mathrm{i}\omega)^6\cdot c^2\cdot t^2}{3!\cdot 3!\cdot 2}\mathrm{e}^{2\pi\mathrm{i}\omega(x-ct)}$$

$$w_3(x,t)=\Big(-\frac{c}{7!}(2\pi i\omega)^7\cdot t+\frac{c^2(2\pi i\omega)^8\cdot t^2}{3!\cdot 5!})-\frac{c^3(2\pi i\omega)^9\cdot t^3}{3!\cdot 3!\cdot 3!\cdot 3!}e^{2\pi i\omega(x-ct)}\Big)$$

……

设我们对一具体的 h_0 计算 $v(x,t)$，然后对 $2h_0$ 也进行计算. 我们得到

$$v(x,t,2h_0)=u(x,t)+4h_0^2w_1(x,t)+16h_0^4w_2(x,t)+\cdots$$

所以

$$u(x,t)=\frac{1}{3}(4v(x,t,h_0)-v(x,t,2h_0))+4h_0^4w_2(x,t)+\cdots$$

若忽略高阶项，则在 j 个时间周期之后

$$\left|u(x,t)-\frac{1}{3}(4v(x,t,h_0)-v(x,t,2h_0))\right|$$

$$\cong 4h^4|w_2(x,t)|\cong 4\left(\frac{2\pi}{N}\right)^4\cdot\frac{(2\pi)^2\cdot j^2}{48}$$

其中 N 如前所定义. 对应于方程(13.114)我们有

$$N=2\pi\cdot(2\pi)^{1/2}\cdot(\frac{1}{12}e)^{1/4}\cdot j^{1/4}$$

$$=\begin{cases}15j^{1/2} & 当\ e=0.1\\ 26.8j^{1/2} & 当\ e=0.01\end{cases}$$

所以此改进对照原来的蛙跃法(见方程(13.113))，当误差限为10%时并不显著，但当误差限为1%时是实在的. 无论哪种情况四阶方法是比较好的.

当然还可以计算 $v(x,t,h)$ 在 $h=3h_0$ 时的值，于是我们能消去方程(13.117)中 h^4 的项得到

$$N=\begin{cases}12.9j^{1/2} & 当\ e=0.1\\ 19.0j^{1/2} & 当\ e=0.01\end{cases}$$

所以也没有多少好处. 四阶方法仍然较好.

§11 三角插值

设 N 是自然数, $h=(2N+1)^{-1}$ 而 $x_v=vh, v=0,\pm 1,\pm 2,\cdots$. 考虑周期为 1 的函数 $\boldsymbol{v}(x), \boldsymbol{v}(x)=\boldsymbol{v}(x+1)$, 已知其在网点 x_v 的值 $v_v=\boldsymbol{v}(x_v)$. 我们要用三角插值多项式

$$\boldsymbol{w}(x)=\sum_{\omega=-N}^{N} a(\omega)\mathrm{e}^{2\pi\mathrm{i}\omega x} \qquad (13.119)$$

来逼近 $\boldsymbol{v}(x)$ 使得

$$\boldsymbol{w}(x_v)=\boldsymbol{v}(x_v), v=0,1,2,\cdots,2N \quad (13.120)$$

我们要证明此插值问题有唯一解. 首先定义离散的数量积和模

$$(\boldsymbol{u}(x),\boldsymbol{v}(x))_h=\sum_{v=0}^{2N}\boldsymbol{u}(x_v)\cdot\boldsymbol{v}(x_v)h$$

$$\|\boldsymbol{u}\|_h^2=(\boldsymbol{u},\boldsymbol{u})_h$$

我们有

引理 13.4

$$(\mathrm{e}^{2\pi\mathrm{i}nx},\mathrm{e}^{2\pi\mathrm{i}mx})_h=\begin{cases}0, & 当\ 0<|m-n|\leqslant 2N\\ 1, & 当\ m=n\end{cases}$$

证明 若 $m=n$, 引理是显然的. 否则

$$(\mathrm{e}^{2\pi\mathrm{i}nx},\mathrm{e}^{2\pi\mathrm{i}mx})_h=\sum_{v=0}^{2N}\mathrm{e}^{2\pi\mathrm{i}(m-n)vh}h=\frac{h(1-\mathrm{e}^{2\pi\mathrm{i}(m-n)})}{1-\mathrm{e}^{2\pi\mathrm{i}(m-n)h}}=0$$

由此引理我们有

定理 13.18 插值问题(13.119),(13.120)有唯

一解. 其系数可表为

$$a(\mu) = \sum_{\upsilon=0}^{2\upsilon} \boldsymbol{v}(x_\upsilon)\mathrm{e}^{-2\pi\mathrm{i}\mu x_\upsilon}h = (\mathrm{e}^{2\pi\mathrm{i}\mu x}, \boldsymbol{v}(x))_h \tag{13.121}$$

证明　若我们作 $\mathrm{e}^{2\pi\mathrm{i}\mu x}$ 和式(13.120)的数量积，则利用引理 13.4 得

$$(\mathrm{e}^{2\pi\mathrm{i}\mu x}, \boldsymbol{w}(x))_h = \sum_{\omega=-N}^{N} a(\omega)(\mathrm{e}^{2\pi\mathrm{i}\mu x}, \mathrm{e}^{2\pi\mathrm{i}\omega x})_h = a(\mu)$$

若我们将此方程左端展开并利用条件(13.120)便得式(13.121). 若将式(13.121)代入(13.119),并用引理 13.4 便说明式(13.120)成立. 式(13.120)是关于 $2N+1$ 个未知数 $a(\omega)$ 的 $2N+1$ 个线性方程的方程组. 唯一性从这样的事实推得,即对任何 $\boldsymbol{v}(x_\upsilon)(\upsilon = 0,\cdots,2N)$,式(13.121)给出一个解,这意味着矩阵是可逆的.

三角插值之所以有用,在于保持了函数的光滑性质和对充分光滑的函数的快速收敛性. 定义 L_2 数量积及模如下

$$(\boldsymbol{u}, \boldsymbol{v}) = \int_0^1 \bar{u}\, v\mathrm{d}x,\ \|\boldsymbol{u}\|^2 = (\boldsymbol{u}, \boldsymbol{u})$$

我们有

定理 13.19(光滑性质)

$$\|\boldsymbol{w}(x)\|^2 = \|\boldsymbol{v}(x)\|_h^2 = \sum_{\omega=-N}^{N} |a(\omega)|^2 \tag{13.122}$$

$$\left\|\frac{\mathrm{d}^j \boldsymbol{w}}{\mathrm{d}x^j}\right\|^2 \leqslant \left(\frac{\pi}{2}\right)^{2j} \|\boldsymbol{D}_+^j \boldsymbol{v}\|_h^2 = \sum_{\upsilon=0}^{2N} |D_+^j v(x_\upsilon)|^2 h \tag{13.123}$$

注 $\boldsymbol{v}$ 是周期为 1 的函数是式(13.123)成立的关键. 若 $\boldsymbol{v}(x)$ 仅只定义在 $0 \leqslant x < 1$ 上,只有当我们能将它延拓为周期为 1 的函数时式(13.123)才正确. 若此延拓是不连续的,则 $\|\boldsymbol{D}_+^j \boldsymbol{v}\|_h = O(h^{-j})$.

证明 式(13.122)可由引理 13.4 和帕塞瓦尔关系直接推得. 于是

$$\left\|\frac{\mathrm{d}^j \boldsymbol{w}}{\mathrm{d}x^j}\right\|^2 = \sum_{\omega=-N}^{N} (2\pi\omega)^{2j} |a(\omega)|^2$$

和

$$\begin{aligned}
\|\boldsymbol{D}_+^j \boldsymbol{v}\|_h^2 &= \left\|\sum_{\omega=-N}^{N} a(\omega)\left(\frac{\mathrm{e}^{2\pi\mathrm{i}\omega h}-1}{h}\right)^j \mathrm{e}^{2\pi\mathrm{i}\omega x}\right\|_h^2 \\
&= \sum_{\omega=-N}^{N} |a(\omega)|^2 \cdot \left|\frac{\mathrm{e}^{2\pi\mathrm{i}\omega h}-1}{h}\right|^{2j} \\
&= \sum_{\omega=-N}^{N} |a(\omega)|^2 \cdot \left|\frac{2\sin \pi\omega h}{h}\right|^{2j} \\
&\geqslant \left(\frac{2}{\pi}\right)^{2j} \cdot \sum_{\omega=-N}^{N} (2\pi\omega)^{2j} |a(\omega)|^2 \\
&= \left(\frac{2}{\pi}\right)^{2j} \cdot \left\|\frac{\mathrm{d}^j w}{\mathrm{d}x^j}\right\|^2
\end{aligned}$$

证明完毕.

设 $P(\alpha, M)$ 是这样的函数类,其中任何成员 $\boldsymbol{v}(x)$ 能被展成傅里叶级数

$$\boldsymbol{v}(x) = \sum_{\omega=-\infty}^{\infty} \widehat{\boldsymbol{v}}(\omega)\mathrm{e}^{2\pi\mathrm{i}\omega x} \qquad (13.123)$$

并且

$$|\widehat{\boldsymbol{v}}(\omega)| \leqslant \frac{M}{|2\pi\omega|\alpha+1} \qquad (13.124)$$

下面的引理是众所周知的.

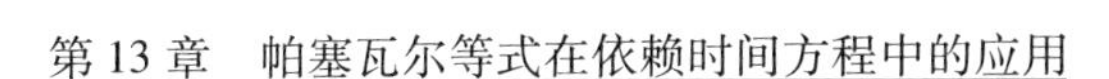

引理 13.5　若 $\boldsymbol{v}(x)$ 是一个周期为1的函数,并且 $\boldsymbol{v}(x) \in C^\alpha$,$C^\alpha$ 为在 $-\infty < x < +\infty$ 上具有 α 阶连续导数的函数类,则 $\boldsymbol{v} \in P(\alpha, M)$,而 $M = \| \mathrm{d}^\alpha \boldsymbol{v}/\mathrm{d}x^\alpha \|$.

若 $\boldsymbol{v}(x)$ 是一个周期为1的屋顶形函数,则 $\boldsymbol{v}(x) \in P(2, M)$,其中 M 为某一值. 设

$$\boldsymbol{v}(x) = \sum_{\omega=-\infty}^{+\infty} \widehat{\boldsymbol{v}}(\omega) \mathrm{e}^{2\pi \mathrm{i} \omega x} \tag{13.125}$$

是一个周期为1的函数,并用函数

$$\omega(x) = \sum_{\omega=-N}^{N} a(\omega) \mathrm{e}^{2\pi \mathrm{i} \omega x} \tag{13.126}$$

来插值使(13.120)成立. 我们要用 $\widehat{\boldsymbol{v}}(\omega)$ 表示 $a(\omega)$.

引理 13.6　对(13.125)和(13.126)两式的系数,我们有关系

$$a(\mu) = \sum_{j=-\infty}^{+\infty} \widehat{\boldsymbol{v}}(\mu + j(2N+1)), \mid \mu \mid \leqslant N \tag{13.127}$$

证明　任何整数 ω 能表示

$$\omega = [\omega] + j(2N+1)$$

其中 $[\omega]$ 是一个整数,满足 $-N \leqslant [\omega] \leqslant N$,而 j 是另一个整数. 从(13.121)和(13.125)两式得

$$\begin{aligned} a(\mu) &= \sum_{\omega=0}^{2N} \Big(\sum_{\omega=-\infty}^{+\infty} \widehat{\boldsymbol{v}}(\omega) \mathrm{e}^{2\pi \mathrm{i} \omega x_v} \Big) \mathrm{e}^{-2\pi \mathrm{i} \mu x_v} h \\ &= \sum_{\omega=-\infty}^{+\infty} \widehat{\boldsymbol{v}}(\omega) (\mathrm{e}^{2\pi \mathrm{i} \omega x}, \mathrm{e}^{2\pi \mathrm{i} \mu x})_h \end{aligned} \tag{13.128}$$

现在

$$\mathrm{e}^{2\pi \mathrm{i} \omega x_v} = \mathrm{e}^{2\pi \mathrm{i} [\omega] x_v}$$

所以

$$(e^{2\pi i\omega x},e^{2\pi i\mu x})_h=(e^{2\pi i[\omega]x},e^{2\pi i\mu x})_h=\begin{cases}0, & 当[\omega]\neq\mu\\ 1, & 当[\omega]=\mu\end{cases}$$

从式(13.128)推出式(13.127).

我们现在能研究插值多项式对实际函数收敛的速率

定理 13.20　设 $\boldsymbol{v}(x)\in P(\alpha,M)$,且 $\alpha>1$,则

$$|\boldsymbol{w}(x)-\boldsymbol{v}(x)|\leqslant\frac{6M\cdot N^{-\alpha+1}}{(2\pi)^{\alpha}}\left(\frac{1}{\alpha-1}+\sum_{j=1}^{\infty}\frac{1}{(2j-1)^{\alpha}}\right)\tag{13.129}$$

证明　记级数(13.133)为

$$\boldsymbol{v}(x)=\boldsymbol{v}_N(x)+\boldsymbol{v}_R(x)$$

其中

$$\boldsymbol{v}_N(x)=\sum_{\omega=-N}^{N}\widehat{\boldsymbol{v}}(\omega)e^{2\pi i\omega x},\boldsymbol{v}_R(x)=\sum_{|\omega|>N}\widehat{\boldsymbol{v}}(\omega)e^{2\pi i\omega x}$$

亦将 $\boldsymbol{w}(x)$ 记为

$$\boldsymbol{w}(x)=\boldsymbol{w}_N(x)+\boldsymbol{w}_R(x)$$

其中

$$\boldsymbol{w}_N(x)=\sum_{\omega=-N}^{N}a^{(N)}(\omega)e^{2\pi i\omega x},a^{(N)}(\omega)=(e^{2\pi i\omega x},v_N(x))_h$$

$$\boldsymbol{w}_R(x)=\sum_{\omega=-N}^{N}a^{(R)}(\omega)e^{2\pi i\omega x},a^{(R)}(\omega)=(e^{2\pi i\omega x},\boldsymbol{v}_R(x))_h$$

$\boldsymbol{w}_N(x)$ 是 $\boldsymbol{v}_N(x)$ 的简单的插值,所以由定理 13.4 知

$$\boldsymbol{w}_N(x)=\boldsymbol{v}_N(x)$$

$\boldsymbol{w}_R(x)$ 代表 $\boldsymbol{v}_R(x)$ 的插值,所以由引理 13.6 知

$$a^{(R)}(\omega)=\sum_{j=-\infty,j\neq 0}^{\infty}\widehat{\boldsymbol{v}}(\omega+j(2N+1)),|\omega|\leqslant N$$

从式(13.124)我们得到估计

$$|\boldsymbol{v}_R(x)| \leqslant \frac{2M}{(2\pi)^{\alpha}} \sum_{\omega=-\alpha+1}^{\infty} \frac{1}{\omega^{\alpha}} \leqslant \frac{2M}{(\alpha-1)(2\pi)^{\alpha}} \cdot N^{-\alpha+1}$$

同时 $|a^{(R)}(\omega)| \leqslant \dfrac{2M \cdot N^{-\alpha}}{(2\pi)^{\alpha}} \cdot \displaystyle\sum_{j=1}^{\infty} \frac{1}{(2j-1)^{\alpha}}$

所以 $|\boldsymbol{w}_R(x)| \leqslant \dfrac{6M \cdot N^{-\alpha+1}}{(2\pi)^{\alpha}} \cdot \displaystyle\sum_{j=1}^{\infty} \frac{1}{(2j-1)^{\alpha}}$

最后式(13.129)可从下式推得

$$|\boldsymbol{v}(x) - \boldsymbol{w}(x)| \leqslant |\boldsymbol{v}_R(x)| + |\boldsymbol{w}_R(x)|$$

若 $\alpha > 1$,定理 13.20 证明了一致收敛性. 此定理可应用于屋顶型函数及类似的逐段光滑函数. 对多维的情况有类似的收敛性定理.

第14章 帕塞瓦尔关系在依赖时间问题的傅里叶方法中的应用

设 N 是一自然数，$h=\dfrac{1}{2N+1}$ 而 $x_v=vh(v=0,1,\cdots,2N)$，考虑周期为 1 的函数 $\boldsymbol{v}(x)$，即 $\boldsymbol{v}(x)=\boldsymbol{v}(x+1)$，已知其在网点 x_v 上的值 $v_v=\boldsymbol{v}(x_v)$. 逼近 $\dfrac{\mathrm{d}\boldsymbol{v}(x_v)}{\mathrm{d}x}$ 的一个非常精确的方法是用三角多项式

$$\begin{cases}\boldsymbol{v}(x)=\sum\limits_{|\omega|\leqslant N}\widehat{\boldsymbol{v}}(\omega)\mathrm{e}^{2\pi\mathrm{i}\omega x},x=x_v\\ \widehat{\boldsymbol{v}}(\omega)=\sum\limits_{v=0}^{2N}\boldsymbol{v}(x_v)\mathrm{e}^{-2\pi\mathrm{i}\omega x_v}\end{cases}\tag{14.1}$$

对函数值 $\boldsymbol{v}(x_v)$ 进行插值，并对此多项式进行微分得

$$\left.\frac{\mathrm{d}\boldsymbol{v}(x)}{\mathrm{d}x}\right|_{x=x_v}=\sum_{|\omega|\leqslant N}2\pi\mathrm{i}\omega\widehat{\boldsymbol{v}}(\omega)\mathrm{e}^{2\pi\mathrm{i}\omega x_v}\tag{14.2}$$

对此可用两个快速傅里叶变换和 N 个复

数乘法来完成. 我们引进向量 $\tilde{\boldsymbol{v}} = (v_0, \cdots, v_{2N})'$ 和 $\tilde{\boldsymbol{w}} = \left(\frac{\mathrm{d}v_0}{\mathrm{d}x}, \cdots, \frac{\mathrm{d}v_{2N}}{\mathrm{d}x}\right)'$,则我们能将上述过程写成算子的形式

$$\tilde{\boldsymbol{w}} = \boldsymbol{S}\tilde{\boldsymbol{v}}$$

其中 $\boldsymbol{S}$ 是 $(2N+1) \times (2N+1)$ 矩阵. 设纯量积和模定义为

$$(\tilde{\boldsymbol{v}}, \tilde{\boldsymbol{u}})_N = \sum_{j=0}^{2N} \tilde{v}_j u_j, \ \|\tilde{\boldsymbol{v}}\|_N^2 = (\tilde{v}, \tilde{v})$$

这里 $\tilde{v}_j$ 表示 v_j 的复共轭. 我们有

引理 14.1　$\boldsymbol{S}$ 是反埃尔米特矩阵,并且 $\|\boldsymbol{S}\|_N = 2\pi N$.

证明　设 $\tilde{\boldsymbol{e}}_\omega = (1, \mathrm{e}^{2\pi i\omega h}, \cdots, \mathrm{e}^{2\pi i\omega(2Nh)})'$, $\omega = 0, \pm 1, \cdots, \pm N$. 显然

$$\boldsymbol{S}\tilde{\boldsymbol{e}}_\omega = 2\pi i\omega\tilde{e}_\omega \tag{14.3}$$

即 $2\pi i\omega$ 和 $\tilde{\boldsymbol{e}}_\omega$ 分别是 $\boldsymbol{S}$ 的特征值和特征函数. 还有

$$(\tilde{\boldsymbol{e}}_j, \tilde{\boldsymbol{e}}_k) = \sum_{v=0}^{2N} \mathrm{e}^{2\pi i(k-j)vh} = \begin{cases} 1 & (\text{当 } k = j) \\ 0 & (\text{当 } k \neq j) \end{cases}$$

所以特征函数构成一个正交差. 注意,特征值是纯虚数,且其绝对值以 $2\pi N$ 为界,于是引理得证.

现在我们以常微分方程组

$$\begin{cases} \dfrac{\mathrm{d}\tilde{\boldsymbol{v}}}{\mathrm{d}t} = -c\boldsymbol{S}\tilde{\boldsymbol{v}} \\ \tilde{\boldsymbol{v}}(0) = \tilde{\boldsymbol{g}} \end{cases} \tag{14.4}$$

$\widehat{\boldsymbol{g}}$ 定义为　$\boldsymbol{g}_v = \boldsymbol{g}(x_v) = \sum_{|\omega| \leqslant N} \widehat{\boldsymbol{f}}(\omega)\mathrm{e}^{2\pi i\omega x_v}$

代替微分方程

$$\frac{\partial \boldsymbol{u}}{\partial t} = -\frac{c\partial \boldsymbol{u}}{\partial x}$$

$$\boldsymbol{u}(x,0) = \boldsymbol{f}(x), \boldsymbol{u}(0,t) = \boldsymbol{u}(1,t) \quad (14.5)$$

$$\boldsymbol{f}(x) = \sum_{\omega} \widehat{\boldsymbol{f}}(\omega) \mathrm{e}^{2\pi \mathrm{i}\omega x}$$

从方程(14.3)推得方程(14.4)的解为

$$\boldsymbol{v}_v(t) = \sum_{|\omega| \leqslant N} \widehat{\boldsymbol{f}}\omega \mathrm{e}^{2\pi \mathrm{i}\omega(x_v - ct)}$$

于是其前 $2N+1$ 频率成分,$|\omega| \leqslant N$,被完全精确地表出.

所以,用这个方法,每波长只需两个网点就精确地表示了这个波,相比之下,对四阶方法当允许误差为10%时要七个网点,当允许误差为1%时要13个网点.

现在我们用蛙跃格式来逼近(14.5)得

$$\tilde{\boldsymbol{v}}(t+k) = \tilde{\boldsymbol{v}}(t-k) - 2ck\boldsymbol{S}\,\tilde{\boldsymbol{v}}(t) \quad (14.6)$$

从引理14.1知,当 $|2\pi Nck| < 1$ 时逼近(14.6)是稳定的.

由于在 $2N+1$ 个点上的每一FFT需要约 $N\log_2(2N)$ 次复数乘法和 $2N\log_2(2N)$ 次复数加法,时间每进一步,式(14.6)需要的运算量约为

$$8N\log_2(2N) \text{ 次实数乘法和 } 8N\log_2(2N) \text{ 次实数加法} \quad (14.7)$$

而四阶格式需要 $4N$ 次实数乘法和 $6N$ 次实数加法,对四阶格式我们约需4-7倍的网点数.所以我们必须把式(14.7)与下式相比

$$16N - 28N \text{ 次实数乘法和 } 24N - 42N \text{ 次实数加法}$$

所以,在这种情况下,只要我们的计算不多于 16 个波数. 傅里叶方法至少和四阶格式一样经济. 而当长时间积分时傅里叶方法的优点更显著. 另外,对每一维空间的存储量减少了 4 -7 倍,并且用傅里叶方法处理耗散量和滤波问题要容易得多.

当对变系数方程应用此法时,出现一些其他的困难. 例如考虑方程

$$\frac{\partial \boldsymbol{u}}{\partial t}=c(x,t)\frac{\partial \boldsymbol{u}}{\partial x}=\boldsymbol{T}\boldsymbol{u} \tag{14.8}$$

设 L_2 纯量积和模定义为

$$(\boldsymbol{u},\boldsymbol{v})=\int_0^1 \bar{\boldsymbol{u}}\boldsymbol{v}\mathrm{d}x,\ \|\boldsymbol{u}\|^2=(\boldsymbol{u},\boldsymbol{u}) \tag{14.9}$$

则方程(14.8)意味着

$$\begin{aligned}\frac{\partial}{\partial t}\|\boldsymbol{u}\|^2&=(\boldsymbol{u},\boldsymbol{T}\boldsymbol{u})+(\boldsymbol{T}\boldsymbol{u},\boldsymbol{u})=((\boldsymbol{T}+\boldsymbol{T}^{\#})\boldsymbol{u},\boldsymbol{u})\\&=-\left(\tilde{\boldsymbol{v}},\frac{\partial c}{\partial x}\tilde{\boldsymbol{v}}\right)\end{aligned} \tag{14.10}$$

其中 $\boldsymbol{T}^{\#}\boldsymbol{u}=-\frac{\partial}{\partial x}c\boldsymbol{u}$ 是 $\boldsymbol{T}$ 的共轭算子,所以$(\boldsymbol{T}+\boldsymbol{T}^{\#})\boldsymbol{u}=-\left(\frac{\mathrm{d}c}{\mathrm{d}x}\right)\boldsymbol{u}$ 是一个有界算子. 这正好就是问题适定的原因.

我们用

$$\frac{\mathrm{d}\tilde{\boldsymbol{v}}}{\mathrm{d}t}=\boldsymbol{C}\boldsymbol{S}\tilde{\boldsymbol{v}} \tag{14.11}$$

逼近方程(14.8),其中

Parseval 等式

$$
\boldsymbol{C}=\begin{pmatrix} c(x_0,t) & 0 & \cdots & 0 \\ 0 & c(x_1,t) & \cdots & 0 \\ \vdots & \vdots & & \vdots \\ 0 & \cdots & 0 & c(x_{2N},t) \end{pmatrix}
$$

则
$$
\begin{aligned}
\frac{\mathrm{d}}{\mathrm{d}t}\|\tilde{\boldsymbol{v}}\|_N^2 &= (\boldsymbol{CS}\tilde{\boldsymbol{v}},\tilde{\boldsymbol{v}})_N+(\tilde{\boldsymbol{v}},\boldsymbol{CS}\tilde{\boldsymbol{v}})_N \\
&= ((\boldsymbol{CS}-\boldsymbol{SC})\tilde{\boldsymbol{v}},\tilde{\boldsymbol{v}})_N
\end{aligned}
$$

一般 $\boldsymbol{CS}-\boldsymbol{SC}$ 关于 N 不是有界的,所以我们不能用式(14.10),这个困难是容易避免的. 将方程(14.8)写成形式

$$
\frac{\partial \boldsymbol{u}}{\partial t}=\frac{1}{2}\left(c\frac{\partial \boldsymbol{u}}{\partial x}+\frac{\partial}{\partial x}(c\boldsymbol{u})\right)-\frac{1}{2}\frac{\mathrm{d}c}{\mathrm{d}x}\boldsymbol{u} \qquad (14.12)
$$

并用
$$
\frac{\mathrm{d}\tilde{\boldsymbol{v}}}{\mathrm{d}t}=\frac{1}{2}(\boldsymbol{CS}+\boldsymbol{SC})\tilde{\boldsymbol{v}}-\frac{1}{2}\tilde{\boldsymbol{v}}\frac{\mathrm{d}\boldsymbol{C}}{\mathrm{d}x} \qquad (14.13)
$$

逼近它. $\boldsymbol{CS}+\boldsymbol{SC}$ 是反埃尔米特矩阵,所以

$$
\frac{\mathrm{d}}{\mathrm{d}t}\|\tilde{\boldsymbol{v}}\|_N^2=-\left(\tilde{\boldsymbol{v}},\frac{\mathrm{d}c}{\mathrm{d}x}\tilde{\boldsymbol{v}}\right)
$$

它是和式(14.10)一样的等式.

现时还不清楚对变系数方程傅里叶方法的精确度是什么,特别当出现间断系数时的情况. 一些基础性计算表明,若解是不连续的,则所需的频率数必须有相当大的增加. 一种粗略的基本估计是,为了达到相同的精确度需要用处理常系数方程时两倍那样多个谐波.

我们现在要对傅里叶方法推出误差估计. 正如我们已经见到的,对常系数方程的情况是非常好的. 其误差绝不大于用截断的 $2N+1$ 项傅里叶级数来逼近初始函数时所产生的误差. 其原因在于函数 $\mathrm{e}^{2\pi\mathrm{i}\omega x}$ 是该问

题的特征函数. 对变系数方程,情况并非如此有利. 此时误差亦依赖于我们用截断的傅里叶级数逼近一阶导数是否好的问题.

考虑微分方程(14.12),其初值为

$$\boldsymbol{f}(x)=\sum_{\omega=-N}^{N}\widehat{\boldsymbol{f}}(\omega)\mathrm{e}^{2\pi\mathrm{i}\omega x}$$

对每一 t,其解能展成傅里叶级数

$$\begin{aligned}\boldsymbol{u}(x,t)&=\sum_{\omega}\widehat{\boldsymbol{u}}(\omega,t)\mathrm{e}^{2\pi\mathrm{i}\omega x}\\&=\sum_{|\omega|\leqslant N}\widehat{\boldsymbol{u}}(\omega,t)\mathrm{e}^{2\pi\mathrm{i}\omega x}+\sum_{|\omega|>N}\widehat{\boldsymbol{u}}(\omega,t)\mathrm{e}^{2\pi\mathrm{i}\omega x}\\&=\boldsymbol{u}_N(x,t)+\boldsymbol{u}_R(x,t)\end{aligned}$$

同样方式

$$\begin{aligned}d(x,t)&=c(x)u_N(x,t)=\sum_{\omega}\widehat{d}(\omega)\mathrm{e}^{2\pi\mathrm{i}\omega x}\\&=d_N(x,t)+d_R(x,t)\\&=(c\boldsymbol{u}_N)_N(x,t)+(c\boldsymbol{u}_N)_R(x,t)\end{aligned}$$

现在我们能将(14.12)写成

$$\frac{\partial\boldsymbol{u}_N}{\partial t}=\frac{1}{2}\left(c\frac{\partial\boldsymbol{u}_N}{\partial x}+\frac{\partial}{\partial x}(c\boldsymbol{u}_N)_N\right)-\frac{1}{2}\frac{\partial c}{\partial x}\boldsymbol{u}_N+\boldsymbol{G}\tag{14.14}$$

其中

$$G=\frac{1}{2}\left(c\frac{\partial\boldsymbol{u}_R}{\partial x}+\frac{\partial}{\partial x}(c\boldsymbol{u}_R)_N+\frac{\partial}{\partial x}(c\boldsymbol{u})_R-\frac{\partial c}{\partial x}\boldsymbol{u}_R-2\frac{\partial\boldsymbol{u}_R}{\partial t}\right)$$

现在我们在 $2N+1$ 个网点 $x_v=vh(v=0,1,2,\cdots,2N)$ 上方程(14.14). 它能表为

$$\frac{\mathrm{d}\tilde{\boldsymbol{u}}_N}{\mathrm{d}t}=\frac{1}{2}(\boldsymbol{CS}\tilde{\boldsymbol{u}}_N+\boldsymbol{S}(\boldsymbol{C}\tilde{\boldsymbol{u}})_N)-\frac{1}{2}\frac{\mathrm{d}\boldsymbol{C}}{\mathrm{d}x}\tilde{\boldsymbol{u}}_N+\widehat{\boldsymbol{G}}\tag{14.15}$$

其中 $\boldsymbol{C}$ 如式(14.11)所定义,而

$$\tilde{\boldsymbol{u}}_N=\begin{pmatrix} u_N(0,t)\\ \vdots\\ \vdots\\ u_N(2Nh,t)\end{pmatrix},\widetilde{\boldsymbol{G}}=\begin{pmatrix} G(0,t)\\ \vdots\\ \vdots\\ G(2Nh,t)\end{pmatrix}$$

$$\frac{\mathrm{d}\boldsymbol{C}}{\mathrm{d}x}=\begin{pmatrix} c'(0) & 0 & \cdots & 0\\ 0 & c'(h) & \cdots & 0\\ \vdots & \vdots & & \vdots\\ \sigma & 0 & \cdots & c'(2Nh)\end{pmatrix}$$

设 $\tilde{\boldsymbol{v}}$ 是方程(14.13)的解,并取初值

$$\tilde{\boldsymbol{v}}(0)=\tilde{\boldsymbol{u}}_N(0)$$

则 $\tilde{\boldsymbol{w}}=\tilde{\boldsymbol{u}}_N-\tilde{\boldsymbol{v}}$ 是下列方程的解

$$\frac{\mathrm{d}\,\tilde{\boldsymbol{w}}}{\mathrm{d}t}=\frac{1}{2}(\boldsymbol{CS}\,\tilde{\boldsymbol{w}}+\boldsymbol{S}(\boldsymbol{C}\,\tilde{\boldsymbol{w}}))-\frac{1}{2}\frac{\mathrm{d}\boldsymbol{C}}{\mathrm{d}x}\tilde{\boldsymbol{w}}+\widetilde{\boldsymbol{G}},\tilde{\boldsymbol{w}}(0)=0$$

进行论证后得

定理 14.1 设$\frac{\mathrm{d}\boldsymbol{C}}{\mathrm{d}x}+\left(\frac{\mathrm{d}\boldsymbol{C}}{\mathrm{d}x}\right)^*\leqslant 2\alpha$,则

$$\begin{aligned}&\|\tilde{\boldsymbol{w}}(t)\|_N\\ =&\|\tilde{\boldsymbol{u}}_N(t)-\tilde{\boldsymbol{v}}(t)\|_N\\ \leqslant&\left(\mathrm{e}^{\alpha t}\|\tilde{\boldsymbol{w}}(0)\|=\sup_{0\leqslant\tau\leqslant t}\|\widetilde{\boldsymbol{G}}(\tau)\|_N\cdot 1-\frac{\mathrm{e}^{\alpha t}}{\alpha}\right)\end{aligned} \tag{14.16}$$

若 $\boldsymbol{v}(x,t)$是以网点上取值 $\boldsymbol{v}(vh,t)$的三角插值多项式,则由帕塞瓦尔关系

$$\|\boldsymbol{u}_N(x,t)-\boldsymbol{v}(x,t)\|=\|\tilde{\boldsymbol{u}}_N(t)-\tilde{\boldsymbol{v}}(t)\|_N$$

所以式(14.16)给我们一个关于 $\boldsymbol{v}(x,t)$逼近于 $\boldsymbol{u}(x,t)$

前 $2N+1$ 种波型好坏的估计. 对 $\widetilde{G}$ 我们有

$$2\|\widetilde{\boldsymbol{G}}\|_N \leqslant \max_x |\boldsymbol{C}| \cdot \left\|\frac{\partial(\boldsymbol{u}-\boldsymbol{u}_N)}{\partial x}\right\|_N + \left\|\frac{\partial((c\boldsymbol{u})-(c\boldsymbol{u})_N)}{\partial x}\right\|_N + \max_x \frac{\partial c}{\partial x} \cdot \|(\boldsymbol{u}-\boldsymbol{u}_N)\|_N + \left\|\frac{\partial(c\boldsymbol{u}_R)_N}{\partial x}\right\|_N$$

但

$$\left\|\frac{\partial(c\boldsymbol{u}_R)_N}{\partial x}\right\| = \left\|\frac{\partial(c\boldsymbol{u}_R)_N}{\partial x}\right\| \leqslant \left\|\frac{\partial(c\boldsymbol{u}_R)}{\partial x}\right\| \leqslant \max_x |\boldsymbol{C}| \cdot \left\|\frac{\partial(\boldsymbol{u}-\boldsymbol{u}_N)}{\partial x}\right\| + \max_x \frac{\partial c}{\partial x} \cdot \|\boldsymbol{u}-\boldsymbol{u}_N\|$$

所以 $\|\widetilde{\boldsymbol{G}}\|_N$ 能用 $\boldsymbol{u}, \frac{\partial \boldsymbol{u}}{\partial x}, \frac{\partial(c\boldsymbol{u})}{\partial x}, \frac{\partial \boldsymbol{u}}{\partial x}$ 以及对应的逼近 $\boldsymbol{u}_N, \frac{\partial \boldsymbol{u}_N}{\partial x}, \frac{\partial(c\boldsymbol{u})_N}{\partial x}$ 和 $\frac{\partial \boldsymbol{u}_N}{\partial t}$ 来估计.

还有另一种途径去构造傅里叶方法,即加略尔金方法. 设 $\phi_{-N}(x),\cdots,\phi_0(x),\cdots,\phi_N(x)$ 是一线性无关函数组. 我们用表达式

$$\boldsymbol{v}(x,t) = \sum_{j=-N}^{N} \boldsymbol{e}_j(t)\phi_j(x) \qquad (14.18)$$

逼近方程

Parseval 等式

$$\frac{\partial \boldsymbol{u}}{\partial t} = \boldsymbol{P}\left(x,t,\frac{\partial}{\partial x}\right)\boldsymbol{u}, \boldsymbol{u}(x,0) = \boldsymbol{f}(x) = \sum_{j=-N}^{N} \widehat{\boldsymbol{f}}_j \phi_j \tag{14.17}$$

的解,其中 $\boldsymbol{e}_j(0) = \widehat{\boldsymbol{f}}_j$,加略尔金方法要求

$$\left(\frac{\partial \boldsymbol{v}}{\partial t} - \boldsymbol{P}\left(x,t,\frac{\partial}{\partial x}\right)\boldsymbol{v}, \phi_v(x)\right) = 0 \quad (v = 0, \pm 1, \cdots) \tag{14.19}$$

即

$$\sum_{j=-N}^{+N} \frac{\mathrm{d}\boldsymbol{e}_j(t)}{\mathrm{d}t}(\phi_j(x), \phi_v(x)) = \sum_{j=-N}^{+N} \boldsymbol{e}_j(t)\left(\boldsymbol{P}\left(x,t,\frac{\partial}{\partial x}\right)\phi_j, \phi_v\right)$$

$$(v = 0, \pm 1, \cdots, \pm N)$$

式(14.19)是一常微分方程组,由它确定 $\boldsymbol{e}_j(t)$. 我们可将它改写为

$$\boldsymbol{A}\frac{\mathrm{d}\tilde{\boldsymbol{e}}}{\mathrm{d}t} = \boldsymbol{B}(t)\tilde{\boldsymbol{e}}, \tilde{\boldsymbol{e}} = \begin{pmatrix} e_{-N} \\ \vdots \\ e_N \end{pmatrix}$$

这里

$$\boldsymbol{A} = \begin{pmatrix} (\phi_{-N}, \phi_{-N}) & \cdots & (\phi_N, \phi_{-N}) \\ \vdots & & \vdots \\ (\phi_{-N}, \phi_N) & \cdots & (\phi_N, \phi_N) \end{pmatrix}$$

$$\boldsymbol{B} = \begin{pmatrix} (P\phi_{-N}, \phi_{-N}) & \cdots & (P\phi_N, \phi_{-N}) \\ \vdots & & \vdots \\ (P\phi_{-N}, \phi_N) & \cdots & (P\phi_N, \phi_N) \end{pmatrix}$$

一般情况 $\boldsymbol{A}$ 是稠密矩阵,并可能是病态的. 若 $\phi_j(x)$

$(j=0,\pm 1,\cdots,\pm N)$是正交的,即

$$(\phi_j,\phi_k)=\begin{cases}1,当 j=k\\0,当 j\neq k\end{cases}$$

则$\boldsymbol{A}=\boldsymbol{I}$,并且(14.19)具有形式

$$\frac{\mathrm{d}\,\tilde{\boldsymbol{e}}}{\mathrm{d}t}=\boldsymbol{B}\,\tilde{\boldsymbol{e}} \tag{14.20}$$

若算子$P\left(x,t,\frac{\partial}{\partial x}\right)$是半有界的,则加略尔金方法的优越性在于它产生的方法是稳定的,即对任何线性组合(14.18)有

$$(\boldsymbol{P}\boldsymbol{v},\boldsymbol{v})+(\boldsymbol{v},\boldsymbol{P}\boldsymbol{v})\leqslant 2\alpha\|\boldsymbol{v}\|^2 \tag{14.21}$$

定理 14.2　当$\boldsymbol{P}$满足式(14.21)时,方程(14.19)的解有估计

$$\|\boldsymbol{v}(x,t)\|\leqslant \mathrm{e}^{\alpha t}\|\boldsymbol{v}(x,0)\| \tag{14.22}$$

证明　设式(14.18)是式(14.19)的解. 以$\boldsymbol{e}_v(t)$乘方程组(14.19)的每一个,并将所得方程加起来. 则

$$\left(\frac{\partial \boldsymbol{v}}{\partial t}-\boldsymbol{P}\left(x,t,\frac{\partial}{\partial x}\right)\boldsymbol{v},\boldsymbol{v}\right)+\left(\boldsymbol{v},\frac{\partial \boldsymbol{v}}{\partial t}-\boldsymbol{P}\left(x,t,\frac{\partial}{\partial x}\right)\boldsymbol{v}\right)=0 \tag{14.23}$$

而式(14.21)意味着

$$\frac{\partial}{\partial t}\|\boldsymbol{v}\|^2\leqslant 2\alpha\|\boldsymbol{v}\|^2$$

于是,立即推得式(14.22).

设$\boldsymbol{u}_N(x,t)$是$\boldsymbol{u}(x,t)$形如式(14.18)的最佳逼近,并定义

$$\boldsymbol{u}_R(x,t)=\boldsymbol{u}(x,t)-\boldsymbol{u}_N(x,t)$$

现在我们能将方程(14.23)写为

Parseval 等式

$$\frac{\partial \boldsymbol{u}_N}{\partial t}-\boldsymbol{P}\left(x,t,\frac{\partial}{\partial x}\right)\boldsymbol{u}_N=\boldsymbol{R}_N,\boldsymbol{R}_N=-\frac{\partial \boldsymbol{u}_R}{\partial t}+\boldsymbol{P}\boldsymbol{u}_R$$

$$\boldsymbol{u}_N(x,0)=\boldsymbol{f}_N(x)$$

于是 $$\left(\frac{\partial \boldsymbol{u}_N}{\partial t}-\boldsymbol{P}\boldsymbol{u}_N,\boldsymbol{\phi}_v\right)=(\boldsymbol{R}_N,\boldsymbol{\phi}_v)$$

设 $\boldsymbol{v}(x,t)$ 是方程(14.19)的解,具有初值

$$\boldsymbol{v}(x,0)=\boldsymbol{f}_N(x)$$

则 $\boldsymbol{w}=\boldsymbol{u}_N(x,t)-\boldsymbol{v}(x,t)$ 满足

$$\left(\frac{\partial \boldsymbol{w}}{\partial t}-\boldsymbol{P}\boldsymbol{w},\boldsymbol{\phi}_v\right)=(\boldsymbol{R}_N,\boldsymbol{\phi}_v)$$

所以 $$\left(\frac{\partial \boldsymbol{w}}{\partial t}-\boldsymbol{P}\boldsymbol{w},\boldsymbol{w}\right)=(\boldsymbol{R}_N,\boldsymbol{w})$$

若 $\boldsymbol{P}$ 是半有界的,则我们得

$$\frac{\mathrm{d}}{\mathrm{d}t}\|\boldsymbol{w}\|^2\leqslant 2\alpha\|\boldsymbol{w}\|^2+2\|\boldsymbol{R}_N\|\cdot\|\boldsymbol{w}\|$$

$$\|\boldsymbol{w}(0)\|=0$$

最后得到估计

$$\|\boldsymbol{w}(t)\|\leqslant\sup_{0\leqslant\tau\leqslant t}\|\boldsymbol{R}(\tau)\|\cdot\frac{\mathrm{e}^{\alpha t}-1}{\alpha}$$

现在我们有

定理 14.3 若算子 $\boldsymbol{P}$ 是半有界的,则我们有估计

$$\|\boldsymbol{v}(x,t)-\boldsymbol{u}_N(x,t)\|$$
$$\leqslant\frac{\mathrm{e}^{\alpha t}-1}{\alpha}\cdot\sup_{0\leqslant\tau\leqslant t}\left\|\left(-\frac{\partial}{\partial t}+\boldsymbol{P}\left(x,\tau,\frac{\partial}{\partial x}\right)\right)(\boldsymbol{u}-\boldsymbol{u}_N)\right\| \tag{14.24}$$

实质上,方程(14.24)和(14.16)是同样形式的.设 $\boldsymbol{P}$ 是一 m 阶微分算子,则 $\boldsymbol{v}(x,t)$ 作为加略尔金方法

的解，当 $\boldsymbol{u}-\boldsymbol{u}_N$，$\frac{\partial}{\partial t}(\boldsymbol{u}-\boldsymbol{u}_N)$ 和 $\boldsymbol{u}-\boldsymbol{u}_N$ 的前 m 阶空间导数很小时，就能很好地逼近微分方程的解

$$\boldsymbol{u}(x,t)=\boldsymbol{u}_N(x,t)+\boldsymbol{u}_R(x,t)$$

作为一个例子，我们考察方程(14.8)并取

$$\phi_j(x)=\mathrm{e}^{2\pi\mathrm{i}jx}$$

则加略尔金方程(14.19)是(14.20)形的，并且

$$B=(b_{j\nu}),b_{j\nu}=-2\pi\mathrm{i}j\int_0^1 c(x,t)\mathrm{e}^{2\pi\mathrm{i}(\nu-j)x}\mathrm{d}x$$

若 $c(x,t)=c_0=\mathrm{con\ st}$，则积分能显式地计算. 事实上，所产生的方程组正是我们先前所推导出的方程(14.5). 因此，先前对此法和差分方法的对比在此仍有效.

现在我们考虑更一般的情况，即 c 是 x,t 的函数，当用加略尔金法去解方程(14.20)时，在每一时间步上必须计算 $b_{j\nu}$. 这可用数值积分来完成. 所得的方法可以理解为差分方法，因而没有什么有利之处. 另外我们能将 $c(x,t)$ 展成傅里叶级数

$$c(x,t)=\sum_{\mu}\widehat{c}(t)\mathrm{e}^{2\pi\mathrm{i}\mu x}$$

并用 FFT 技术计算积分. 对此方法奥萨格(Orszag)进行了广泛研究. 他指出 $b_{j\nu}$ 能用六个复 FFT 在 $2N$ 个点上进行计算. 所以我们讨论过的傅里叶方法由于它只需四个 FFT 而效率高 50%. 此优越性对方程组的情况更显著. 另外，它不必把微分算子写成反自共轭的形式，只是需要加上适当的耗散处理，所以第一种方法应该更快.

我们再来考察微分方程

$$u_t = u_x - \alpha l + \beta e^{2\pi i\rho x} \tag{14.25}$$

和初值

$$\boldsymbol{u}(x,0) = e^{2\pi i\sigma x} \tag{14.26}$$

其中 $\alpha \geqslant 0$,β 是实数,ρ 和 σ 是自然数. 上述问题的解是

$$\boldsymbol{u}(x,t) = \frac{\beta e^{2\pi i\rho x}}{\alpha - 2\pi i\rho}(1 - e^{-\alpha t + 2\pi i\rho t}) + e^{2\pi i\sigma(x+t) - \alpha t} \tag{14.27}$$

考虑两种差分逼近

$$\begin{aligned}&(1+\alpha k)v_v(t+k)\\&= (1-\alpha k)v_v(t-k) + 2kD_0 v_v(t) + \\&2k\beta e^{2\pi i\rho vh}, v_v(0) = e^{2\pi i\sigma vh}\end{aligned} \tag{14.28}$$

及

$$\begin{aligned}&\left(1 + \frac{\alpha k}{2} - \frac{1}{2}kD_0\right)v_v(t+k)\\&= \left(1 - \frac{\alpha k}{2} + \frac{1}{2}kD_0\right)v_v(t) + k\beta e^{2\pi i\rho vh}, v_v(0) = e^{2\pi i\sigma vh}\end{aligned} \tag{14.29}$$

设 $\alpha = \beta = 0$,则 $\boldsymbol{u}(x,t) = e^{2\pi i\sigma(x+t)}$,并且解沿 t 方向和沿 x 方向振动得一样快. 于是空间的和时间的图像应具同样的尺寸,即$\frac{k}{h} \sim 1$. 所以对(14.28)稳定性要求,$\frac{k}{h} \leqslant 1$,不成其为限制. 在这种情况下没有必要用方法(14.29),该方法是无条件稳定的.

现在设 $\alpha > 0$,则当 $t \to \infty$ 时 $\boldsymbol{u}(x,t)$ 收敛于定态解

$\dfrac{\beta e^{2\pi i\rho x}}{\alpha-2\pi i\rho}$. 于是,当 t 很大时 $\boldsymbol{u}(x,t)$ 沿 t 方向的振动远比沿 x 方向的振动缓慢. 此时只要关于 $v_v(t+k)$ 的方程组能容易地求解,方法(14.29)可能是有利的. 解此方程组有两类方法:迭代法和直接法. 对一些线性方程组而言迭代法比不上直接法,所以我们只考虑直接法.

设 $h=N^{-1}$, N 为自然数,则 $\boldsymbol{v}_{v+N}(t)=\boldsymbol{v}_v(t)$,并且对 $\boldsymbol{v}=0,1,\cdots,N-1$ 考虑方程(14.29). 设

$$\tilde{\boldsymbol{v}}=\begin{pmatrix} v_0 \\ \vdots \\ v_{N-1} \end{pmatrix}, \widetilde{\boldsymbol{F}}=\begin{pmatrix} F_0 \\ \vdots \\ F_{N-1} \end{pmatrix}$$

$$\boldsymbol{F}_v=\left(1-\frac{\alpha k}{2}+\frac{1}{2}kD_0\right)\boldsymbol{v}_v(t)+k\beta e^{2\pi i\rho v h}$$

式(14.29)能写为

$$\boldsymbol{A}\tilde{\boldsymbol{v}}=\begin{pmatrix} 1+\frac{\alpha k}{2} & -\frac{k}{4h} & 0 & & +\frac{k}{4h} \\ & & \ddots & \ddots & \\ +\frac{k}{4h} & 1+\frac{\alpha k}{2} & & \ddots & 0 \\ 0 & & \ddots & \ddots & -\frac{k}{4h} \\ & \ddots & & & \\ -\frac{k}{4h} & 0 & +\frac{k}{4h} & & 1+\frac{\alpha k}{2} \end{pmatrix}\tilde{v}=\widetilde{\boldsymbol{F}}$$

由于矩阵是带状结构的,所以容易用高斯消去法求解.

如前所述,通常在 x 方向用四阶方法更好些. 此时对应矩阵是带宽为 5 的带状矩阵.

现在让我们来考虑具有带状矩阵的线性方程组求解的一般问题. 设

$$A=\begin{pmatrix} a_{11} & a_{1\alpha} & 0 \\ & & \ddots \\ a_{\alpha 1} & \ddots & a_{n-\alpha,n} \\ & \ddots & \\ 0 & a_{n,n-\alpha} & a_{nn} \end{pmatrix} \tag{14.30}$$

是带宽为 $2\alpha-1$ 的 $n\times n$ 矩阵. 则方程 $Ax=b$ 的解需要不多于 $n(\alpha^2+\alpha-1)$ 次乘法和 $n((\alpha-1)^2+2(\alpha-1))$ 次加法. 在周期函数的情况

$$A_1=A+\begin{pmatrix} 0 & a_{1,n-\alpha+2} & a_{1n} \\ & & \ddots \\ a_{n+2-\alpha,1} & \ddots & a_{\alpha-1,n} \\ & \ddots & \\ a_{n1} & a_{n,\alpha-1} & 0 \end{pmatrix} \tag{14.31}$$

以 2α 代替 α 后,上述公式仍适用.

现在我们考虑柯西问题

$$\frac{\partial \boldsymbol{u}}{\partial t}=\begin{pmatrix}1&0\\0&0\end{pmatrix}\frac{\partial \boldsymbol{u}}{\partial x}+10\begin{pmatrix}0&0\\0&1\end{pmatrix}\frac{\partial \boldsymbol{u}}{\partial x},\boldsymbol{u}=\begin{pmatrix}u^{(1)}\\u^{(2)}\end{pmatrix} \tag{14.32}$$

和初值

$$\boldsymbol{u}^{(1)}(x,0)=\mathrm{e}^{2\pi i w x},\boldsymbol{u}^{(2)}(x,0)=\mathrm{e}^{\frac{1}{5}\pi i w x}$$

其解可表为

$$\boldsymbol{u}^{(1)}(x,t)=\mathrm{e}^{2\pi i w x}\cdot \mathrm{e}^{2\pi i w t},\boldsymbol{u}^{(2)}(x,t)=\mathrm{e}^{\frac{1}{5}\pi i w x}\cdot \mathrm{e}^{2\pi i w t}$$

所以 $\boldsymbol{u}^{(1)}$ 和 $\boldsymbol{u}^{(2)}$ 在时间方向性态相同. 我们用蛙跃格

式

$$\boldsymbol{v}_v(t+k)$$
$$=\boldsymbol{v}_v(t-k)+2k\begin{pmatrix}1&0\\0&0\end{pmatrix}D_0\boldsymbol{v}_v(t)+20k\begin{pmatrix}0&0\\0&1\end{pmatrix}D_0\boldsymbol{v}_v(t) \tag{14.33}$$

来逼近方程(14.32).假设我们希望按1%的误差来逼近方程(14.32)的解,则我们必须取 $h=\frac{1}{64\omega}$. 对方程(14.33)的稳定性条件为 $k=\frac{1}{640w}$,这是一个令人失望的情况.有两条途径来改善这种情况.我们先考虑

$$\left(\boldsymbol{I}-10k\begin{pmatrix}0&0\\0&1\end{pmatrix}D_0\right)v_v(t+k)$$
$$=\left(\boldsymbol{I}+10k\begin{pmatrix}0&0\\0&1\end{pmatrix}D_0\right)v_v(t-k)+2k\begin{pmatrix}1&0\\0&0\end{pmatrix}D_0v_v(t) \tag{14.34}$$

式(14.34)的稳定性条件是 $k\leqslant h=\frac{1}{64w}$. 由于隐式地处理了

$$9\begin{pmatrix}0&0\\0&1\end{pmatrix}\frac{\partial u}{\partial x}$$

即使我们取 k 大到 $k=h-\delta(0<\delta\ll1)$,只要初值 $\boldsymbol{u}^{(2)}(x,0)$ 的振动速度不比 $\boldsymbol{u}^{(1)}(x,0)$ 的振动速度的 $\frac{1}{10}$ 快,就不会破坏精确度.如果 $\boldsymbol{u}^{(2)}(x,0)=\mathrm{e}^{2\pi iwx}$,那么该逼近的相位误差约为50%.若初值为形式

$$\boldsymbol{u}^{(1)}(x,0)=\mathrm{e}^{2\pi iwx},\boldsymbol{u}^{(2)}(x,0)=\mathrm{e}^{2\pi iwx}+\varepsilon\mathrm{e}^{2\pi iwx},|\varepsilon|\ll1$$

则 $\varepsilon\mathrm{e}^{2\pi iwx}$ 项对方程组造成了快速振荡的永不耗散的噪

声. 这对非线性方程来说可能是致命的.

另一途径是用方程(14. 33),但将

$$20k\begin{pmatrix}0 & 0\\0 & 1\end{pmatrix}D_0 v_v(t)$$

代之以 $$20k\cdot \boldsymbol{C}\begin{pmatrix}0 & 0\\0 & 1\end{pmatrix}D_0 v_v(t)$$

其中 $\boldsymbol{C}$ 是一平滑化算子,它使高频成分的振幅衰减. 作为这种技巧的一例,我们考虑

$$\boldsymbol{C}=(\boldsymbol{I}+\sigma h^4\boldsymbol{D}_+^2\boldsymbol{D}_-^2)^{-1} \tag{14. 35}$$

则当 $\frac{k}{h}\leqslant 1$,并且

$$\frac{k}{h}\cdot\frac{10\sin 2\pi wh}{1+16\sin^4\pi wh}\leqslant 1$$

逼近(14. 33)是稳定的. 若 $h=\frac{1}{64w}$,且

$$16\sigma\sin^4\frac{\pi wh}{10}\sim\frac{16\sigma}{10^4}\cdot\left(\frac{\pi}{64}\right)^4=10^{-2}$$

即 $\sigma\sim 10^6$,则精确度不受影响. 若 $\sigma\geqslant 6^4$,则方程(14. 35)对所有 $\frac{k}{h}\leqslant 1$ 成立.

现在考虑方程

$$\frac{\partial \boldsymbol{u}}{\partial x}=a\boldsymbol{u}_x+b\boldsymbol{u}_y \tag{14. 36}$$

和初值 $$\boldsymbol{u}(x,y,0)=\mathrm{e}^{2\pi\mathrm{i}(w_1x+w_2y)}$$

一个无条件稳定的差分逼近是

$$\left(\boldsymbol{I}-\frac{k}{2}(a\boldsymbol{D}_{0x}+b\boldsymbol{D}_{0y})\right)\boldsymbol{v}(t+k)$$

$$=\left(\boldsymbol{I}+\frac{k}{2}(a\boldsymbol{D}_{0x}+b\boldsymbol{D}_{0y})\right)\boldsymbol{v}(t) \tag{14. 37}$$

这里 $\boldsymbol{D}_{0x},\boldsymbol{D}_{0y}$ 分别表示 x 和 y 方向的中心差分算子. 此种逼近的困难在于 $I-\frac{k}{2}(a\boldsymbol{D}_{0x}+b\boldsymbol{D}_{0y})$ 的求逆. 用如下形式的逼近更简捷

$$\left(\boldsymbol{I}-\frac{k}{2}a\boldsymbol{D}_{0x}\right)\left(I-\frac{k}{2}b\boldsymbol{D}_{0y}\right)\boldsymbol{v}(t+k)$$

$$=\left(\boldsymbol{I}+\frac{k}{2}a\boldsymbol{D}_{0x}\right)\left(\boldsymbol{I}+\frac{k}{2}b\boldsymbol{D}_{0y}\right)\boldsymbol{v}(t) \qquad (14.38)$$

它仍是无条件稳定的. 为解方程

$$\left(\boldsymbol{I}-\frac{k}{2}a\boldsymbol{D}_{0x}\right)\left(\boldsymbol{I}-\frac{k}{2}b\boldsymbol{D}_{0y}\right)\boldsymbol{v}(t+k)=\boldsymbol{F}$$

我们引进

$$\left(\boldsymbol{I}-\frac{k}{2}b\boldsymbol{D}_{0y}\right)\boldsymbol{v}(t+k)=\boldsymbol{w}(t+k) \qquad (14.39)$$

作为辅助变量,则

$$\left(\boldsymbol{I}-\frac{k}{2}a\boldsymbol{D}_{0x}\right)\boldsymbol{w}(t+k)=\boldsymbol{F} \qquad (14.40)$$

在每一直线 $y=\text{const}$ 上是一形如方程(14.31)和 $\alpha=2$ 的三对角线型方程组. 同样道理,在每一直线 $x=\text{const}$ 上,方程(14.39)也是(14.31)型的. 以 $2N$ 个简单的带状矩阵求逆就能解方程(14.40). 另一方面,逼近(14.37)需要对一个分块三对角线型矩阵求逆,这是十分费时的. 然而两者的截断误差均为 $O(k^2+h^2)$. 式(14.38)是分裂法的一个例子. 我们能证明下面的一般定理:

定理 14.5　设 $\boldsymbol{Q}_1,\boldsymbol{Q}_2$ 是有界算子,并且

$$\text{Real}(\boldsymbol{v},\boldsymbol{Q}_j\boldsymbol{v})=(\boldsymbol{Q}_j\boldsymbol{v},\boldsymbol{v})+(\boldsymbol{v},\boldsymbol{Q}_j\boldsymbol{v})\leqslant 0 \quad (j=1,2)$$

则逼近

$$(\boldsymbol{I}-\boldsymbol{Q}_1)(\boldsymbol{I}-\boldsymbol{Q}_2)\boldsymbol{v}(t+k)=(\boldsymbol{I}+\boldsymbol{Q}_1)(\boldsymbol{I}+\boldsymbol{Q}_2)\boldsymbol{v}_2(t) \tag{14.41}$$

是稳定的.

证明 设

$$(\boldsymbol{I}-\boldsymbol{Q}_2)\boldsymbol{v}(t+k)=\boldsymbol{z},(\boldsymbol{I}+\boldsymbol{Q}_3)\boldsymbol{v}(t)=\boldsymbol{y}$$

则式(14.41)能写成

$$\boldsymbol{z}-\boldsymbol{y}=\boldsymbol{Q}_1(\boldsymbol{z}+\boldsymbol{y})$$

所以

$$\begin{aligned}\|\boldsymbol{z}\|^2-\|\boldsymbol{y}\|^2&=\mathrm{Real}(\boldsymbol{z}+\boldsymbol{y},\boldsymbol{z}-\boldsymbol{y})\\&=\mathrm{Real}(\boldsymbol{z}+\boldsymbol{y},\boldsymbol{Q}_1(\boldsymbol{z}+\boldsymbol{y}))\leqslant 0\end{aligned}$$

于是

$$\begin{aligned}&\|\boldsymbol{v}(t+k)\|^2+\|\boldsymbol{Q}_2\boldsymbol{v}(t+k)\|^2\\&\leqslant\|\boldsymbol{z}\|^2\leqslant\|\boldsymbol{y}\|^2\leqslant\|\boldsymbol{v}(t)\|^2+\|\boldsymbol{Q}_2\boldsymbol{v}(t)\|^2\end{aligned}$$

此逼近是稳定的.

另一个具有截断误差 $O(h^4+k^2)$ 逼近于式(14.36)的例子如下. 我们简单地取

$$\boldsymbol{Q}_1=\frac{k}{6}a(4\boldsymbol{D}_{0x}(h)-\boldsymbol{D}_{0x}(2h))$$

$$\boldsymbol{Q}_2=\frac{k}{6}b(4\boldsymbol{D}_{0y}(h)-\boldsymbol{D}_{0y}(2h))$$

如果我们考虑非线性方程,此时情况是十分复杂的. 如

$$\boldsymbol{u}_t=(1+\boldsymbol{u})\boldsymbol{u}_x \tag{14.42}$$

我们考察逼近

$$\left(\boldsymbol{I}-\frac{k}{2}(1+\boldsymbol{v}(t))\boldsymbol{D}_0\right)\boldsymbol{v}(t+k)$$

$$= \left(\boldsymbol{I} + \frac{k}{2}(1 + \boldsymbol{v}(t))\boldsymbol{D}_0 \right)\boldsymbol{v}(t) \qquad (14.43)$$

$$\left(\boldsymbol{I} - \frac{k}{2}(1 + \boldsymbol{v}(t+k))\boldsymbol{D}_0 \right)\boldsymbol{v}(t+k)$$

$$= \left(\boldsymbol{I} + \frac{k}{2}(1 + \boldsymbol{v}(t))\boldsymbol{D}_0 \right)\boldsymbol{v}(t) \qquad (14.44)$$

$$(\boldsymbol{I} - k\boldsymbol{D}_0)\boldsymbol{v}(t+k) = (\boldsymbol{I} + k\boldsymbol{D}_0)\boldsymbol{v}(t-k) + 2k\boldsymbol{v}(t)\boldsymbol{D}_0\boldsymbol{v}(t) \qquad (14.45)$$

式(14.43)的截断误差为 $O(k+h^2)$,而式(14.44)和(14.45)则为 $O(k^2+h^2)$. 式(14.43)和(14.44)是无条件线性地稳定的,而式(14.45)只当 $vk/h \leqslant 1$ 时才线性地稳定. 应该指出,式(14.45)要求附加一时间层的存储量. 式(14.43)和(14.45)的隐式部分都是线性的,并且可用高斯消去法来解其方程组. 式(14.44)要求解一非线性方程组

$$(\boldsymbol{I} + \boldsymbol{A}(\boldsymbol{y}))\boldsymbol{y} = \boldsymbol{F} \qquad (14.46)$$

其中 $\boldsymbol{y} = (y_1, \cdots y_N)'$,$\boldsymbol{A}$ 是依赖于 $\boldsymbol{y}$ 的 $N \times N$ 矩阵. 最基本的求解方程(14.46)的方法是下列迭代程序

$$\boldsymbol{y}^{(n+1)} = -\boldsymbol{A}(\boldsymbol{y}^{(n)})\boldsymbol{y}^{(n)} + \boldsymbol{F}, \boldsymbol{y}^{(0)} = \boldsymbol{v}(t) \qquad (14.47)$$

一般来说,此法只对充分小的 $\frac{k}{h}$ 收敛,而且可能收敛是慢的. 比较好的是用牛顿法:假设我们已计算出近似解 $\boldsymbol{y}^{(n)}$,然后将方程(14.46)的解表为

$$\boldsymbol{y} = \boldsymbol{y}^{(n)} + \boldsymbol{\delta}$$

将此代入(14.46)

$$(\boldsymbol{I} + \boldsymbol{A}(\boldsymbol{y}^{(n)} + \boldsymbol{\delta}))(\boldsymbol{y}^{(n)} + \boldsymbol{\delta}) = \boldsymbol{F}$$

现在有 $$\boldsymbol{A}(\boldsymbol{y}^{(n)}+\boldsymbol{\delta})=\boldsymbol{A}(\boldsymbol{y}^{(n)})+\boldsymbol{B}(\boldsymbol{\delta})$$

其中 $\boldsymbol{B}(\boldsymbol{\delta})$ 是一个线性地依赖于 $\boldsymbol{\delta}$ 的矩阵. 于是忽略 $\boldsymbol{O}(\boldsymbol{\delta}^2)$ 阶的项后便得一关于 $\boldsymbol{\delta}$ 的线性方程组

$$\begin{aligned}\boldsymbol{C}(\boldsymbol{y}^{(n)})\boldsymbol{\delta}&=\boldsymbol{B}(\boldsymbol{\delta})\boldsymbol{y}^{(n)}+(\boldsymbol{I}+\boldsymbol{A}(\boldsymbol{y}^{(n)}))\boldsymbol{\delta}\\&=\boldsymbol{F}-(\boldsymbol{I}+\boldsymbol{A}(\boldsymbol{y}^{(n)}))\boldsymbol{y}^{(n)}\end{aligned}\tag{14.48}$$

由于 $\boldsymbol{C}$ 仍是带状矩阵,关于 $\boldsymbol{\delta}$ 的方程组是容易求解的. 令 $\boldsymbol{y}^{(n+1)}=\boldsymbol{y}^{(n)}+\boldsymbol{\delta}$,这就完成了全部算法的描述.

若矩阵 $\boldsymbol{C}$ 随 n 变化缓慢,则我们能用 $\boldsymbol{C}(\boldsymbol{y}^{(0)})=\boldsymbol{C}(\boldsymbol{v}(t))$ 代替 $\boldsymbol{C}(\boldsymbol{y}^{(n)})$. 若 $\boldsymbol{C}$ 作为 t 的函数变化缓慢,则我们能用 $\boldsymbol{C}(\boldsymbol{y}^{(0)})=\boldsymbol{C}(\boldsymbol{v}(t))$ 代替 $\boldsymbol{C}(\boldsymbol{y}^{(n)})$. 若 $\boldsymbol{C}$ 作为 t 的函数变化缓慢,则人们可以固定 $\boldsymbol{C}=\boldsymbol{C}(\boldsymbol{v}(t))$ 若干步,并且存储 $\boldsymbol{C}=\boldsymbol{L}\boldsymbol{U}$,其中 $\boldsymbol{L}$ 是下三角形矩阵,而 $\boldsymbol{U}$ 是上三角形矩阵. 此时方程(14.48)的求解是十分简捷的.

第15章 帕塞瓦尔等式在线性积分方程中的应用

在这一章中,我们研究形如

$$\lambda f(x)=\int_0^1 K(x,y)f(y)\,\mathrm{d}y$$

的方程,其中 $K(x,y)$ 是一个连续的对称核,可以展为傅里叶级数.这个方程等价于一个二阶线性微分方程,由于边界条件,它的解属于一个完全确定的函数向量空间.

与此相关,我们将给出帕塞瓦尔公式的一些应用,并用希尔伯特空间 L^2 中的模与数量积来解释它.

问题 设 $K(x,y)$ 是在正方形 $0\leqslant x\leqslant 1,0\leqslant y\leqslant 1$ 中定义的函数,它等于

$$x(1-y)\quad(0\leqslant x\leqslant y\leqslant 1)$$
$$y(1-x)\quad(0\leqslant y\leqslant x\leqslant 1)$$

(1)证明

$$K(x,y)=\frac{2}{\pi^2}\sum_{n=1}^{\infty}\frac{\sin n\pi x\sin n\pi y}{n^2}$$

(2)证明$f(x)$是一个实变量x的实函数,f在区间$0 \leqslant x \leqslant 1$上是连续的. 我们定义

$$g(x) = \int_0^1 K(x,y)f(y)\mathrm{d}y$$

试证明:$g(x)$在$x = 0, x = 1$时为零,它有二阶导数,且等于$-f(x)$.

(3) 设

$$C_n = \sqrt{2}\int_0^1 f(x)\sin n\pi x\mathrm{d}x$$

利用帕塞伐尔等式证明

$$\int_0^1 [g(x)]^2\mathrm{d}x = \frac{1}{\pi^4}\sum_{n=1}^{\infty}\frac{c_n^2}{n^4}$$

由此推导不等式

$$\int_0^1 [g(x)]^2\mathrm{d}x \leqslant \frac{1}{\pi^4}\int_0^1 [f(x)]^2\mathrm{d}x$$

$$\iint K(x,y)f(x)f(y)\mathrm{d}x\mathrm{d}y \leqslant \frac{1}{\pi^2}\int_0^1 [f(x)]^2\mathrm{d}x$$

这里二重积分是在正方形$0 \leqslant x \leqslant 1, 0 \leqslant y \leqslant 1$上取的. 对什么样的函数$f(x)$等式成立?在区间$[0,1]$上一切平方可积的函数所构成的$L^2$空间中,引进模与数量积,用以解释这些不等式.

(4) 考虑积分方程

$$\lambda f(x) = \int_0^1 K(x,y)f(y)\mathrm{d}y$$

这里λ是实非零参数. 证明存在λ的值,使这个方程有非零解. 求出这些值和它们相应的解来.

解 (1) 将$K(x,y)$表示成级数的形式. 函数$K(x,y)$关于x与y是对称的

$$K(x,y) = K(y,x)$$

若我们固定 y，把 K 看作是 x 的函数，则除 $x=0$，$x=1$，$x=y$ 之外，它在 $[0,1]$ 上是连续可微的. 因此，我们可以把它展为傅里叶正弦级数. 把若尔当定理应用于正弦级数，即可知这个级数在 $[0,1]$ 上收敛到 $K(x,y)$.

傅里叶系数是

$$\begin{aligned} k_n(y) &= 2\int_0^1 K(t,y)\sin n\pi t\mathrm{d}t \\ &= 2\int_0^y t(1-y)\sin n\pi t\mathrm{d}t + 2\int_y^1 y(1-t)\sin n\pi t\mathrm{d}t \end{aligned}$$

分部积分可得

$$\begin{aligned} k_n(y) &= -2\frac{y(1-y)}{n\pi}\cos n\pi y + \frac{2(1-y)}{n^2\pi^2}\sin n\pi y \\ &\quad + 2\frac{y(1-y)}{n\pi}\cos n\pi y + \frac{2y}{n^2\pi^2}\sin n\pi y \\ &= \frac{2}{n^2\pi^2}\sin n\pi y \end{aligned}$$

因此，对每一个 y 的值，有

$$K(x,y) = \frac{2}{\pi^2}\sum_{n=1}^{\infty}\frac{\sin n\pi y\sin n\pi x}{n^2} \tag{15.1}$$

注意，这个表达式实际上关于 x，y 是对称的.

(2) 函数 $f(x)$ 与 $g(x)$ 之间的关系. 由 $K(x,y)$ 的定义可得

$$g(x) = (1-x)\int_0^x yf(y)\mathrm{d}y + x\int_x^1 (1-y)f(y)\mathrm{d}y \tag{15.2}$$

函数 $g(x)$ 是可微的，它的导数由下式给出

$$\frac{\mathrm{d}g}{\mathrm{d}x} = -\int_0^x yf(y)\mathrm{d}y + (1-x)xf(x) + \int_x^1 (1-y)f(y)\mathrm{d}y - x(1-x)f(x)$$

$$= -\int_0^x yf(y)\mathrm{d}y + \int_x^1 f(y)\mathrm{d}y - \int_x^1 yf(y)\mathrm{d}y$$

$$= \int_x^1 f(y)\mathrm{d}y - \int_0^1 yf(y)\mathrm{d}y \tag{15.3}$$

右端的最后一项是一个常数. 若再对 x 求微商,则得

$$\frac{\mathrm{d}^2 g}{\mathrm{d}x^2} = -f(x) \tag{15.4}$$

从表达式(15.2) 我们可看出

$$g(0) = g(1) = 0 \tag{15.5}$$

因此,函数 $g(x)$ 是微分方程

$$g''(x) = -f(x) \tag{15.6}$$

的解,它在 $x=0$,$x=1$ 处取值 0.

(3) 含有 $f(x)$ 与 $g(x)$ 的不等式. 函数 $f(x)$ 在[0,1]上是连续的. 因此,它的绝对值以某一个数 M 为上界. 级数

$$\sum_{n=1}^{\infty} \frac{2\sin n\pi x\sin n\pi y}{\pi^2 n^2} f(y)$$

关于 y 在[0,1] 上是一致收敛的. 因此,对它可以逐项积分

$$\int_0^1 K(x,y)f(y)\mathrm{d}y = \sum_{n=1}^{\infty}\int_0^1 \frac{2\sin n\pi x\sin n\pi y}{\pi^2 n^2} f(y)\mathrm{d}y$$

由此可得

$$g(x) = \sum_{n=1}^{\infty} \frac{\sqrt{2}}{\pi^2}\cdot\frac{c_n}{n^2}\sin n\pi x \tag{15.7}$$

因为　　$|c_n| \leqslant \sqrt{2}\int_0^1 |f(y)|\,\mathrm{d}y \leqslant \sqrt{2}M$

所以正弦级数(15.7)一致收敛到以 2 为周期的奇函数,它在区间[0,1]上与 $g(x)$ 重合. 我们可以对它应用帕塞瓦尔公式

$$2\int_0^1 |g(x)|^2\mathrm{d}x = \frac{2}{\pi^4}\sum_{n=1}^{\infty}\frac{c_n^2}{n^4} \tag{15.8}$$

另外,我们可以把函数 $f(x)$ 展开为正弦级数. 它的傅里叶系数是

$$a_n = 2\int_0^1 f(t)\sin n\pi t\mathrm{d}t = \sqrt{2}c_n$$

级数 $\sum\limits_{n=1}^{\infty} a_n\sin n\pi x$ 平均收敛到 $f(x)$,由帕塞瓦尔等式

$$2\int_0^1 |f(x)|^2\mathrm{d}x = \sum_{n=1}^{\infty} a_n^2 = 2\sum_{n=1}^{\infty} c_n^2 \tag{15.9}$$

因为

$$\frac{c_n^2}{n^4} \leqslant c_n^2 \tag{15.10}$$

所以由(15.8)与(15.9)推出我们要证明的第一个不等式

$$\int_0^1 |g(x)|^2\mathrm{d}x \leqslant \frac{1}{\pi^4}\sum_{n=1}^{\infty} c_n^2 = \frac{1}{\pi^4}\int_0^1 |f(x)|^2\mathrm{d}x \tag{15.11}$$

为了证明第二个不等式

$$\iint K(x,y)f(x)f(y)\,\mathrm{d}x\mathrm{d}y \leqslant \frac{1}{\pi^2}\int_0^1 |f(x)|^2\mathrm{d}x \tag{15.12}$$

首先注意到,先对 y 积分,就可使函数 $g(x)$ 出现在二重积分中

$$\iint K(x,y)f(x)f(y)\,\mathrm{d}x\mathrm{d}y = \int_0^1 f(x)g(x)\,\mathrm{d}x$$

利用问题(2) 所得的结果,则

$$\begin{aligned}\int_0^1 f(x)g(x)\,\mathrm{d}x &= -\int_0^1 g''(x)g(x)\,\mathrm{d}x\\ &= -[g'(x)g(x)]_0^1 + \int_0^1 [g'(x)]^2\mathrm{d}x\\ &= \int_0^1 [g'(x)]^2\mathrm{d}x\end{aligned}$$

因此,二重积分是正的. 若对积分 $\int_0^1 f(x)g(x)\,\mathrm{d}x$ 应用施瓦兹不等式,则有

$$\begin{aligned}&\iint K(x,y)f(x)f(y)\,\mathrm{d}x\mathrm{d}y\\ &\leqslant \left\{\int_0^1 [f(x)]^2\mathrm{d}x \cdot \int_0^1 [g(x)]^2\mathrm{d}x\right\}^{\frac{1}{2}}\end{aligned}$$

再由式(15. 11),最后得到不等式(15. 12)

$$\begin{aligned}&\iint K(x,y)f(x)f(y)\,\mathrm{d}x\mathrm{d}y\\ &\leqslant \int_0^1 [g'(x)]^2\mathrm{d}x \leqslant \frac{1}{\pi^2}\int_0^1 [f(x)]^2\mathrm{d}x\end{aligned}$$

要式(15. 11) 与式(15. 12) 中的等式成立,必须式(15. 10) 中的等式成立,即

$$\frac{c_n^2}{n^4} = c_n^2$$

这意味着当 $n \geqslant 2$ 时,$c_n = 0$,c_1 可以取任意的值. 因为三角函数系是完备的,所以使得式(15. 11) 与式(15. 12) 中

等式成立的连续函数(或更一般地,平方可积的函数)只能是形如

$$f(x) = c_1 \sin \pi x$$

的函数.

由问题(2),我们立刻有

$$g(x) = \frac{c_1}{\pi^2}\sin \pi x = \frac{1}{\pi^2}f(x)$$

由此可得 $\int_0^1 [g(x)]^2 \mathrm{d}x = \frac{1}{\pi^4}\int_0^1 [f(x)]^2 \mathrm{d}x$

与 $$\int_0^1 f(x)g(x)\mathrm{d}x = \frac{1}{\pi^2}\int_0^1 [f(x)]^2 \mathrm{d}x$$

在式(15. 11)与式(15. 12)中,当 $f(x) = c_1 \sin \pi x$ 时等式成立,而且仅对这种函数成立.

解释　若 f 是连续的,则它属于由使得 $\int_0^1 [f(x)]^2 \mathrm{d}x$ 存在的实函数组成的 L^2 空间,这是一个向量空间. 这个空间的范数 $\|f\|$ 由

$$\|f\|^2 = \int_0^1 f^2 \mathrm{d}x$$

所定义. 对 L^2 中的任何两个元素 f 与 g,f 与 g 的内积由

$$(f,g) = \int_0^1 f(x)g(x)\mathrm{d}x$$

所定义.

借助算子 K,公式

$$g(x) = \int_0^1 K(x,y)f(y)\mathrm{d}y$$

将 f 映为 g. 我们可以写作 $g = Kf$.

公式(15.11)表示

$$\| g \| \leqslant \frac{1}{\pi^2} \| f \| \quad 或 \quad \| Kf \| \leqslant \frac{1}{\pi^2} \| f \|.$$

公式(15.12)表示

$$(Kf,f) \leqslant \frac{1}{\pi^2} \| f \|^2$$

当 $f(x) = c\sin \pi x$ 时,等式成立.

(4)如果

$$\lambda f(x) = \int_0^1 K(x,y)f(y)\mathrm{d}y$$

那么由问题(2)可得

$$\lambda f'' = -f$$

这样一来,f 是微分方程

$$f'' + \frac{f}{\lambda} = 0$$

的一个解,并满足边界条件

$$f(0) = f(1) = 0$$

分两种情况讨论:

(a)$\lambda < 0$:设 $\frac{1}{\lambda} = -\omega^2$,所以

$$f(x) = a\mathrm{e}^{\omega x} + b\mathrm{e}^{-\omega x}$$

这里 a 与 b 是两个常数,满足

$$a + b = 0, a\mathrm{e}^{\omega} + b\mathrm{e}^{-\omega} = 0$$

在一般情况下,这两个线性方程有唯一解 $a = b = 0$. 唯一可能的例外是 ω 满足方程

$$\mathrm{e}^{\omega} - \mathrm{e}^{-\omega} = 0 \quad 或 \quad \mathrm{e}^{2\omega} = 1$$

但是这蕴涵着 $\omega = 0$,它与方程 $\frac{1}{\lambda} = -\omega^2$ 相矛盾. 当

$\lambda<0$时,积分方程只有唯一解$f=0$.

(b)$\lambda>0$:这时

$$f(x)=a\cos\omega x+b\sin\omega x,\text{其中}\frac{1}{\lambda}=\omega^2$$

常数 a 与 b 满足条件

$$a=0\quad\text{与}\quad b\sin\omega=0.$$

因为 a 与 b 不可能同时为 0,所以 ω 一定是 π 的倍数. 因此,可设 $\omega=n\pi$. 这样一来

$$\lambda=\frac{1}{n^2\pi^2}$$

已给方程有非零解

$$f(x)=b\sin n\pi x$$

确定到差一个常数因子.

值 $\lambda=\frac{1}{n^2\pi^2}$叫做算子 $-\frac{\mathrm{d}^2}{\mathrm{d}x^2}$的特征值,这个算子属于在区间[0,1]上二次可微且在 $x=1$ 和 $x=0$ 处取零值的函数所组成的向量空间.

注 1　当 $\lambda=0$ 时,所有正交于核 $K(x,y)$(作为 y 的函数)的函数都是积分方程的非零解. 这些函数都可展开为余弦级数的偶函数.

注 2　若 $Kf=\lambda f$,则问题(3)中的不等式(15.12)表示

$$|\lambda|\,\|f\|\leqslant\frac{1}{\pi^2}\|f\|\quad\text{或}\quad|\lambda|\leqslant\frac{1}{\pi^2}$$

这就立即给出了积分方程的特征值集合的上界.

克莱鲍尔关于帕塞瓦尔等式的证明

附录1

设 f 是 $(-\pi,\pi)$ 上的黎曼可积函数,证明

$$2a_0^2+\sum_{n=1}^{\infty}(a_n^2+b_n^2)=\frac{1}{\pi}\int_{-\pi}^{\pi}f^2(x)\mathrm{d}x$$

这个结果通常称为帕塞瓦尔等式.

解 我们先证明贝塞尔不等式

$$2a_0^2+\sum_{n=1}^{\infty}(a_n^2+b_n^2)\leqslant\frac{1}{\pi}\int_{-\pi}^{\pi}f^2(x)\mathrm{d}x$$

注意

$$\int_{-\pi}^{\pi}[f(x)-s_n]^2\mathrm{d}x$$

$$=\int_{-\pi}^{\pi}f^2(x)\mathrm{d}x-2\int_{-\pi}^{\pi}f(x)s_n\mathrm{d}x+\int_{-\pi}^{\pi}s_n^2\mathrm{d}x$$

以 s_n 的表达式代入右端,立刻得到

$$\int_{-\pi}^{\pi}[f(x)-s_n]^2\mathrm{d}x$$

$$=\int_{-\pi}^{\pi}f^2(x)\mathrm{d}x-2\pi\left[2a_0^2+\sum_{r=1}^{n}(a_r^2+b_r^2)\right]+$$

$$\pi\left[2a_0^2+\sum_{r=1}^{n}(a_r^2+b_r^2)\right]$$

由此
$$\frac{1}{\pi}\int_{-\pi}^{\pi}[f(x)-s_n]^2\mathrm{d}x$$
$$=\frac{1}{\pi}\int_{-\pi}^{\pi}f^2(x)\mathrm{d}x-\left[2a_0^2+\sum_{r=1}^{n}(a_r^2+b_r^2)\right]$$

于是
$$2a_0^2+\sum_{r=1}^{n}(a_r^2+b_r^2)\leqslant\frac{1}{\pi}\int_{-\pi}^{\pi}f^2(x)\mathrm{d}x \tag{1}$$

从而
$$2a_0^2+\sum_{r=1}^{\infty}(a_r^2+b_r^2)\leqslant\frac{1}{\pi}\int_{-\pi}^{\pi}f^2(x)\mathrm{d}x \tag{2}$$

这正是贝塞尔不等式.

下面证明帕塞瓦尔等式. 由于
$$s_n=\frac{1}{2\pi}\int_{-\pi}^{\pi}f(x')\left[1+2\sum_{r=1}^{n}\cos r(x'-x)\right]\mathrm{d}x'$$

故
$$\sigma_n=\frac{1}{2n\pi}\int_{-\pi}^{\pi}f(x')\frac{\sin^2\frac{1}{2}n(x'-x)}{\sin^2\frac{1}{2}(x'-x)}\mathrm{d}x'$$

又
$$\int_{-\pi}^{\pi}\frac{\sin^2\frac{1}{2}n(x'-x)}{\sin^2\frac{1}{2}(x'-x)}\mathrm{d}x'=2n\pi$$

故
$$\sigma_n-f(x)=\frac{1}{2n\pi}\int_{-\pi}^{\pi}[f(x')-f(x)]\frac{\sin^2\frac{1}{2}n(x^2-x)}{\sin^2\frac{1}{2}(x'-x)}\mathrm{d}x' \tag{3}$$

$$|\sigma_n-f(x)|\leqslant M-m \tag{4}$$

这里,M,m 是 $f(x)$ 在 $(-\pi,\pi)$ 上的上、下确界,x 是这个区间内的任意点.

因为f在$(-\pi,\pi)$上黎曼可积,对任意一对正数α,β,存在分割$(-\pi,\pi)$的一种方法,使在其上f的振幅(即f的上、下确界之差)$\geqslant\beta$的那部分区间的长度之和小于α;这正是f在$(-\pi,\pi)$上的黎曼可积性的充分必要条件. 设Δ表示这种分割方法中f的振幅$\geqslant\beta$的那些区间之集,δ表示其余区间之集.

对δ的区间,在它们的各个端点处割出一部分来,使所割出的线段的长度之和小于α. 设δ''表示所割出的线段,δ'表示δ的其余部分. 于是

$$\int_{-\pi}^{\pi}[\sigma_n-f(x)]^2\mathrm{d}x$$

$$=\left\{\sum_{\delta'}\int_{\delta'}+\sum_{\delta''}\int_{\delta''}+\sum_{\Delta}\int_{\Delta}\right\}[\sigma_n-f(x)]^2\mathrm{d}x \qquad (5)$$

这里所用的记号表示:这些积分分别是在δ',δ'',Δ的区间上取的.

现在,设(a,b)是δ的一个区间,(a',b')是δ'的相应的区间. 又,设x是(a',b')的点. 由式(3)知

$$\sigma_n-f(x)$$

$$=\frac{1}{2n\pi}\left[\int_{-\pi}^{a}+\int_{a}^{b}+\int_{b}^{\pi}\right][f(x')-f(x)]\cdot\frac{\sin^2\frac{1}{2}n(x'-x)}{\sin^2\frac{1}{2}(x'-x)}\mathrm{d}x' \qquad (6)$$

分别估计这三个积分,我们有

$$\left|\frac{1}{2n\pi}\int_{-\pi}^{a}[f(x')-f(x)]\frac{\sin^2\frac{1}{2}n(x'-x)}{\sin^2\frac{1}{2}(x'-x)}\mathrm{d}x'\right|$$

$$< \frac{M-m}{2n\pi}\int_{-\pi}^{a} \operatorname{cosec}^2 \frac{1}{2}(x'-x)\mathrm{d}x' < \frac{K}{n}$$

其中 K 是与 (a,b) 和 (a',b') 的位置有关的整数. 类似有

$$\left|\frac{1}{2n\pi}\int_{b}^{\pi}[f(x')-f(x)]\frac{\sin^2\frac{1}{2}n(x'-x)}{\sin\frac{1}{2}(x'-x)}\mathrm{d}x'\right|$$

$$< \frac{M-m}{2n\pi}\int_{b}^{\pi} \operatorname{cosec}^2 \frac{1}{2}(x'-x)\mathrm{d}x' < \frac{K}{n}$$

显然,在这两种情形里 K 可以取相同值,而且,在后面我们可以随便用一个较大的值代替它. 最后

$$\left|\frac{1}{2n\pi}\int_{a}^{b}[f(x')-f(x)]\frac{\sin^2\frac{1}{2}n(x'-x)}{\sin^2\frac{1}{2}(x'-x)}\mathrm{d}x'\right|$$

$$< \frac{\beta}{2n\pi}\int_{a}^{b}\frac{\sin^2\frac{1}{2}n(x'-x)}{\sin^2\frac{1}{2}(x'-x)}\mathrm{d}x'$$

$$< \frac{\beta}{2n\pi}\int_{-\pi}^{\pi}\frac{\sin^2\frac{1}{2}n(x'-x)}{\sin^2\frac{1}{2}(x'-x)}\mathrm{d}x' = \beta$$

因此,从式(6) 有

$$|\sigma_n - f(x)| \leqslant \left(\beta + 2\cdot\frac{K}{n}\right) \tag{7}$$

但 δ' 的区间的长度之和不超过 2π,故式(5) 中

$$\sum_{\delta'}\int_{\delta'}[\sigma_n - f(x)]^2\mathrm{d}x \leqslant 2\pi\left(\beta + 2\cdot\frac{K}{n}\right)^2 \tag{8}$$

又，由式(4)，因为 δ'' 的区间长度之和小于 α，故

$$\sum_{\delta''}\int_{\delta''}[\sigma_n - f(x)]^2 \mathrm{d}x \leqslant \alpha(M-m)^2 \qquad (9)$$

类似地

$$\sum_{\Delta}\int_{\Delta}[\sigma_n - f(x)]^2 \mathrm{d}x \leqslant \alpha(M-m)^2 \qquad (10)$$

但 β 和 α 是任意的正数，我们可以把它们取得要多小就多小，因此，从(5)，(8)，(9)，(10) 四式得

$$\lim_{n\to\infty}\int_{-\pi}^{\pi}[\sigma_n - f(x)]^2 \mathrm{d}x = 0 \qquad (11)$$

由于 $\sigma_n = a_0 + \sum_{r=1}^{n-1}\left(\frac{n-r}{n}\right)(a_r \cos rx + b_r \sin rx)$

与贝塞尔不等式的证明一样有

$$\begin{aligned}
&\frac{1}{\pi}\int_{-\pi}^{\pi}[\sigma_n - f(x)]^2 \mathrm{d}x \\
&= \frac{1}{\pi}\int_{-\pi}^{\pi} f^2(x)\mathrm{d}x - \left[2a_0^2 + \sum_{r=1}^{n-1}\left(\frac{n^2-r^2}{n^2}\right)(a_r^2 + b_r^2)\right] \\
&= \left\{\frac{1}{\pi}\int_{-\pi}^{\pi} f^2(x)\mathrm{d}x - \left[2a_0^2 + \sum_{r=1}^{n-1}(a_r^2 + b_r^2)\right]\right\} + \\
&\quad \frac{1}{n^2}\sum_{r=1}^{n-1} r^2(a_r^2 + b_r^2) \qquad (12)
\end{aligned}$$

但从式(1) 知道

$$\frac{1}{\pi}\int_{-\pi}^{\pi} f^2(x)\mathrm{d}x - \left[2a_0^2 + \sum_{r=1}^{n-1}(a_r^2 + b_r^2)\right] \geqslant 0$$

因而从(11)，(12) 可知，f 黎曼可积时

$$\frac{1}{\pi}\int_{-\pi}^{\pi} f^2(x)\mathrm{d}x = 2a_0^2 + \sum_{r=1}^{\infty}(a_r^2 + b_r^2)$$

又
$$\lim_{n\to\infty}\left[\frac{1}{n^2}\sum_{r=1}^{n-1} r^2(a_r^2 + b_r^2)\right] = 0$$

(帕塞瓦尔等式的上述证法属于 A. Hurwitz.)

本证明引自:[美]G. 克莱鲍尔(G. Klambauer)著,庄亚栋译著《数学分析》上海科学技术出版社,1981 年,284 - 287 页.

子空间帕塞瓦尔框架的一个基本恒等式[①]

附录2

石家庄铁道学院四方学院的王静，高德智，徐振民三位教授在2009年研究了子空间框架的一个基本恒等式，利用算子理论的两个基本结果，得到了子空间帕塞瓦尔框架的基本恒等式，同时给出了恒等式的几种变形，包括一般子空间框架的情况.

1. 引言

随着人们对框架理论的研究，框架已变成了数据传输等领域的一个基本工具，它的主要优点是在其元素不必互相正交而是有冗余的情况下重构公式仍然成立，这使得它在应用领域有更多的用处. 由于数量的稳定性，紧框架和帕塞瓦尔框架已经引起人们越来越多的关注，

① 选自:数学杂志,2009年第29卷第2期.

特别是在图像处理中,紧框架已经变成一种重要工具(见文献[1,2]),多年来,工程师们认为,在语音识别中,一个信号既使没有位相信息也可重构. 在文献[3]中,这个长期的猜测通过构造一种新的帕塞瓦尔框架而得到验证. 在构造过程中,为了找到信号重构的有效算法,文献[3]的作者发现了帕塞瓦尔框架的一个令人惊奇的恒等式(这一恒等式导入的详细讨论见文献[4]).

子空间框架是抽象框架的推广,它具有很多同框架类似的性质. 而子空间紧框架和子空间帕塞瓦尔框架又是非常特殊的子空间框架,特别是子空间帕塞瓦尔框架,它有很多优于一般子空间框架的结果. 本文把 Radu Balan, Peter G. Gasazza 等人最近提出的帕塞瓦尔框架基本恒等式推广到了子空间帕塞瓦尔框架的情况,事实证明有类似的结论.

子空间帕塞瓦尔框架恒等式可表述为下面的形式(定理3.3):对每一个希尔伯特空间 H 上的子空间帕塞瓦尔框架$\{W_i\}_{i\in I}$,对每一个子集 $J\subset I$, $\forall f\in H$,都有

$$\sum_{i\in J^C} v_i^2 \| \pi W_i(f) \|^2 - \sum_{i\in J^C} \| v_i^2 \pi W_i(f) \|^2$$
$$= \sum_{i\in J^C} v_i^2 \| \pi W_i(f) \|^2 - \sum_{i\in J^C} \| v_i^2 \pi W_i(f) \|^2$$

本文是在算子理论的基础上给出了证明,并推广到任意的子空间框架的情况(定理 3. 1). 然而,我们的重点是子空间帕塞瓦尔框架的情形. 还提出了这一结果的几种有趣变形:例如,子集分法重叠的情况. 然后对恒等式进行了详细讨论,特别地,我们推导出了使得恒等式两边等于零的等价条件.

2. 预备知识

本文考虑的是希尔伯特空间上的子空间框架,用 H 表示可分的复希尔伯特空间,I 表示可数的指标集,Id 表示 H 上的恒等算子. 如果 W 是 H 的一个子空间,用 π_W 表示 H 到 W 上的正交投影. 用 $\text{span}\{W_i\}_{i\in I}$ 表示 H 中子空间 $\{W_i\}_{i\in I}$ 的有限并,其闭包用 $\overline{\text{span}}\{W_i\}_{i\in I}$ 表示. 关于 H 上的框架定义和基本性质我们在此不再叙述,可参考文献[5]. 首先,我们给出子空间框架的定义.

定义 2.1 设 H 是一个可分的希尔伯特空间,$\{W_i\}_{i\in I}$ 是 H 的一列闭子空间,$\{v_i\}_{i\in I}$ 是一组权重即 $v_i>0, i\in I$. 我们称 $\{W_i\}_{i\in I}$ 是 H 的关于 $\{v_i\}_{i\in I}$ 的子空间框架,如果存在常数 $0<C\leqslant D<\infty$,使得下式成立

$$C\|f\|^2 \leqslant \sum_{i\in I} v_i^2 \|\pi_{W_j}(f)\|^2 \leqslant D\|f\|^2, \forall f\in H \tag{1}$$

其中我们把 C,D 叫作子空间框架界. 若 $C=D$,则 $\{W_i\}_{i\in I}$ 是关于 $\{v_i\}_{i\in I}$ 的子空间 C - 紧框架;若 $C=D=1$,称 $\{W_i\}_{i\in I}$ 是关于 $\{v_i\}_{i\in I}$ 的子空间帕塞瓦尔框架;若 $v=v_i=v_j, i,j\in I$,则称 $\{W_i\}_{i\in I}$ 是子空间 v - 一致框架. 若 $H=\oplus_{i\in I}W_i$,则 $\{W_i\}_{i\in I}$ 是 H 关于 $\{v_i\}_{i\in I}$ 的子空间标准正交基,在此指出 $\{W_i\}_{i\in I}$ 是标准正交基的充要条件为 $\{W_i\}_{i\in I}$ 是一个 1 - 一致帕塞瓦尔框架(见文献[6]的命题 3.23). 如果 $\{W_i\}_{i\in I}$ 只满足(1)中右边的不等式,称 $\{W_i\}_{i\in I}$ 是关于 $\{v_i\}_{i\in I}$ 的子空间贝塞尔序列,贝塞尔界为 D. 我们称 $\{W_i\}_{i\in I}$ 是一个子空间框

架序列，如果它仅仅是$\overline{\mathrm{span}}\{W_i\}_{i\in \mathrm{I}}$的一个子空间框架.

同框架情况类似，子空间框架也有一个与$\{W_i\}_{i\in \mathrm{I}},\{v_i\}_{i\in \mathrm{I}}$相联系的框架算子$S_{W,v}$，定义为$S_{W,v}$：$\mathrm{H}\to \mathrm{H}, S_{W,v}(f) = \sum_{i\in \mathrm{I}} v_i^2 \pi_{W_i}(f), \forall f\in \mathrm{H}$，并且$S_{W,v}$是正的，有界可逆算子，并且$C\mathrm{I}d \leqslant S_{W,v} \leqslant D\mathrm{I}d$. 进一步地，我们还可得到重构公式（见文献[6]命题3.16）

$$f = \sum_{i\in \mathrm{I}} v_i^2 S_{W,v}^{-1} \pi_{W_i}(f) = \sum_{i\in \mathrm{I}} v_i^2 \pi_{W_i} S_{W,v}^{-1}(f), \forall f\in \mathrm{H}$$

特殊地，当$\{W_i\}_{i\in \mathrm{I}}$是关于$\{v_i\}_{i\in \mathrm{I}}$的子空间帕塞瓦尔框架时，有

$$\begin{aligned}\langle S_{W,v}(f), f\rangle &= \langle \sum_{i\in \mathrm{I}} v_i^2 \pi_{W_i}(f), f\rangle \\ &= \sum_{i\in \mathrm{I}} v_i^2 \|\pi_{W_i}(f)\|^2 = \|f\|^2\end{aligned}$$

所以$S_{W,v} = S_{W,v}^{-1} = \mathrm{I}d$；当$\{W_i\}_{i\in \mathrm{I}}$是关于$\{v_i\}_{i\in \mathrm{I}}$的子空间贝塞尔序列时，对$\forall J\subset \mathrm{I}$，定义算子$S_{W,v,J}$：$S_{W,v,J}(f) = \sum_{i\in J} v_i^2 \pi_{W_i}(f)$，易得$S_{W,v,J}$是一个正算子.

最后，为方便后面的使用，我们给出一个类似于抽象框架的结论.

引理2.2　设$\{W_i\}_{i\in \mathrm{I}}$是H的关于$\{v_i\}_{i\in \mathrm{I}}$的子空间框架，框架算子为$S_{W,v}$. 则对$\forall f\in \mathrm{H}$，有

（i）$\|\sum_{i\in \mathrm{I}} v_i^2 \pi_{W_i}(f)\|^2 \leqslant \|S_{W,v}\| \sum_{i\in \mathrm{I}} v_i^2 \|\pi_{W_i}(f)\|^2$

（ii）$\sum_{i\in \mathrm{I}} v_i^2 \|\pi_{W_i}(f)\|^2 \leqslant \|S_{W,v}^{-1}\| \, \|\sum_{i\in \mathrm{I}} v_i^2 \pi_{W_i}(f)\|^2$

对于无限维希尔伯特空间上的框架，我们一个富有成效的研究方法就是把框架看作算子，这样算子理

论、C^*－代数中的一些很好的性质就可以应用到框架中来. 有关这种方法见参考文献[5]. 下面给出算子理论的两个基本结果,它们对于基本恒等式的证明是非常有用的,证明见文献[7].

引理 2.3　如果 S,T 是 H 上的算子, 且满足 $S+T=\mathrm{Id}$,则 $S-T=S^2-T^2$.

引理 2.4　设 S,T 是 H 上的算子,且满足 $S+T=\mathrm{Id}$. 则 S,T 是自伴的当且仅当 S^*T 是自伴的.

3. 一个基本恒等式

我们先讨论一下 H 中一般的子空间框架的情况.

定理 3.1　设 $\{W_i\}_{i\in \mathrm{I}}$ 是 H 的关于 $\{v_i\}_{i\in \mathrm{I}}$ 的子空间框架,则对所有的 $J\subset \mathrm{I}$, $\forall f\in$ H 有

$$\sum_{i\in J} v_i^2 \|\pi_{W_i}(f)\|^2 - \sum_{i\in \mathrm{I}} v_i^2 \|\pi_{W_i} S_{W,v}^{-1}(S_{W,v,J}f)\|^2$$
$$= \sum_{i\in J^c} v_i^2 \|\pi_{W_i}(f)\|^2 - \sum_{i\in \mathrm{I}} v_i^2 \|\pi_{W_i} S_{W,v}^{-1}(S_{W,v,J^c}f)\|^2$$

证　设 $S_{W,v}$ 为 $\{W_i\}_{i\in \mathrm{I}}$ 的框架算子. 因为 $S_{W,v}=S_{W,v,J}+S_{W,v,J^c}$,所以 $\mathrm{Id}=S_{W,v}^{-1}S_{W,v,J}+S_{W,v}^{-1}S_{W,v,J^c}$,把引理 2.3 应用到算子 $S_{W,v}^{-1}S_{W,v,J}$ 和 $S_{W,v}^{-1}S_{W,v,J^c}$ 上就有

$$\begin{aligned} & S_{W,v}^{-1}S_{W,v,J} - S_{W,v}^{-1}S_{W,v,J}S_{W,v}^{-1}S_{W,v,J} \\ &= S_{W,v}^{-1}S_{W,v,J^c} - S_{W,v}^{-1}S_{W,v,J^c}S_{W,v}^{-1}S_{W,v,J^c} \end{aligned} \tag{2}$$

因此,对 $\forall f,g\in$ H,有

$$\begin{aligned} & \langle S_{W,v}^{-1}S_{W,v,J}f,g\rangle - \langle S_{W,v}^{-1}S_{W,v,J}S_{W,v}^{-1}S_{W,v,J}f,g\rangle \\ &= \langle S_{W,v,J}f,S_{W,v}^{-1}g\rangle - \langle S_{W,v}^{-1}S_{W,v,J}f,S_{W,v,J}S_{W,v}^{-1},g\rangle \end{aligned} \tag{3}$$

现在我们取 $g=S_{W,v}f$,则式(3) 变为

$$\langle S_{W,v,J}f,f\rangle - \langle S_{W,v}^{-1}S_{W,v,J}f,S_{W,v,J}f\rangle$$

$$= \sum_{i \in J} v_i^2 \| \pi_{W_i}(f) \|^2 - \langle S_{W,v}^{-1} S_{W,v,J} f, S_{W,v,J} f \rangle$$

令 $S_{W,v,J}(f) = \sum_{i \in J} v_i^2 \pi_{W_i}(f) = h$,则

$$\begin{aligned} \langle S_{W,v}^{-1} S_{W,v,J} f, S_{W,v,J} f \rangle &= \langle S_{W,v}^{-1} h, h \rangle = \langle h, S_{W,v}^{-1} h \rangle \\ &= \langle \sum_{i \in I} v_i^2 \pi_{W_i} S_{W,v}^{-1} h, S_{W,v}^{-1} h \rangle \\ &= \sum_{i \in I} v_i^2 \langle \pi_{W_i} S_{W,v}^{-1} h, S_{W,v}^{-1} h \rangle \\ &= \sum_{i \in I} v_i^2 \| \pi_{W_i} S_{W,v}^{-1} h \|^2 \\ &= \sum_{i \in I} v_i^2 \| \pi_{W_i} S_{W,v}^{-1} (S_{W,v,J} f) \|^2 \end{aligned}$$

所以式(3)右边变为 $\sum_{i \in J} v_i^2 \| \pi_{W_i}(f) \|^2 - \sum_{i \in I} v_i^2 \| \pi_{W_i} S_{W,v}^{-1} (S_{W,v,J} f) \|^2$. 对于式(2)右边是关于 J^c 的式子,同理可得到与式(3)类似的结果. 于是两边合起来就得到结论.

推论 3.2　设 $\{W_i\}_{i \in I}$ 是 H 的关于 $\{v_i\}_{i \in I}$ 的子空间 C - 紧框架,则对所有的 $J \subset I$, $\forall f \in$ H 都有

$$\begin{aligned} & C \sum_{i \in J} v_i^2 \| \pi_{W_i}(f) \|^2 - \| \sum_{i \in J} v_i^2 \pi_{W_i}(f) \|^2 \\ = & C \sum_{i \in J^c} v_i^2 \| \pi_{W_i}(f) \|^2 - \| \sum_{i \in J^c} v_i^2 \pi_{W_i}(f) \|^2 \end{aligned}$$

证　设 $\{W_i\}_{i \in I}$ 是子空间 C - 紧框架,则 $S_{W,v} = C\mathrm{I}d$, $S_{W,v}^{-1} = \frac{1}{C}\mathrm{I}d$,由定理 3.1 知

$$\begin{aligned} & \sum_{i \in J} v_i^2 \| \pi_{W_i}(f) \|^2 - \frac{1}{C^2} \sum_{i \in I} v_i^2 \| \pi_{W_i}(S_{W,v,J} f) \|^2 \\ = & \sum_{i \in J^C} v_i^2 \| \pi_{W_i}(f) \|^2 - \frac{1}{C^2} \sum_{i \in I} v_i^2 \| \pi_{W_i}(S_{W,v,J^C} f) \|^2 \end{aligned}$$

此时$\sum_{i\in I} v_i^2 \| \pi_{W_i}(S_{W,v,I}f) \|^2 = C \| S_{W,v,I}f \|^2$,代入上式两边同乘以 C 即得结论.

对于子空间帕塞瓦尔框架的情形,恒等式变成了更特殊的形式,这正是它的奇特之处.

定理 3.3　设$\{W_i\}_{i\in I}$是 H 关于$\{v_i\}_{i\in I}$的子空间帕塞瓦尔框架,则对所有的 $J\subset I$, $\forall f \in H$ 都有

$$\sum_{i\in J} v_i^2 \| \pi_{W_i}(f) \|^2 - \| \sum_{i\in J} v_i^2 \pi_{W_i}(f) \|^2$$
$$= \sum_{i\in J^C} v_i^2 \| \pi_{W_i}(f) \|^2 - \| \sum_{i\in J^C} v_i^2 \pi_{W_i}(f) \|^2$$

证　当$\{W_i\}_{i\in I}$是子空间帕塞瓦尔框架时,常数 $C=1$,由推论 3.2 知结果成立.

我们还可得到下面的变形结果.

定理 3.4　设$\{W_i\}_{i\in I}$是 H 关于$\{v_i\}_{i\in I}$的子空间帕塞瓦尔框架,则对所有的 $J\subset I$, $\forall E \in J^C$, $\forall f \in H$,有

$$\| \sum_{i\in J\cup E} v_i^2 \pi_{W_i}(f) \|^2 - \| \sum_{i\in J^C\setminus E} v_i^2 \pi_{W_i}(f) \|^2$$
$$= \| \sum_{i\in J} v_i^2 \pi_{W_i}(f) \|^2 - \| \sum_{i\in J^C} v_i^2 \pi_{W_i}(f) \|^2 + 2\sum_{i\in E} v_i^2 \| \pi_{W_i}(f) \|^2$$

证　注意$(J\cup E)^C = J^C\setminus E$,应用定理3.3两次得

$$\| \sum_{i\in J\cup E} v_i^2 \pi_{W_i}(f) \|^2 - \| \sum_{i\in J^C\setminus E} v_i^2 \pi_{W_i}(f) \|^2$$
$$= \sum_{i\in J\cup E} v_i^2 \| \pi_{W_i}(f) \|^2 - \sum_{i\in J^C\setminus E} v_i^2 \| \pi_{W_i}(f) \|^2$$
$$= \sum_{i\in J} v_i^2 \| \pi_{W_i}(f) \|^2 - \sum_{i\in J^C} v_i^2 \| \pi_{W_i}(f) \|^2 + 2\sum_{i\in E} v_i^2 \| \pi_{W_i}(f) \|^2$$

$$= \| \sum_{i \in J} v_i^2 \pi_{W_i}(f) \|^2 - \| \sum_{i \in J^C} v_i^2 \pi_{W_i}(f) \|^2 + 2 \sum_{i \in E} v_i^2 \| \pi_{W_i}(f) \|^2$$

进一步地，定理3.3中的恒等式在子空间帕塞瓦尔框架序列时也成立.

推论3.5　设$\{W_i\}_{i \in \mathrm{I}}$是H的关于$\{v_i\}_{i \in \mathrm{I}}$的子空间帕塞瓦尔框架序列，则$J \subset \mathrm{I}$，$\forall f \in \mathrm{H}$都有

$$\sum_{i \in J} v_i^2 \| \pi_{W_i}(f) \|^2 - \| \sum_{i \in J} v_i^2 \pi_{W_i}(f) \|^2$$
$$= \sum_{i \in J^C} v_i^2 \| \pi_{W_i}(f) \|^2 - \| \sum_{i \in J^C} v_i^2 \pi_{W_i}(f) \|^2$$

证　设P_i是H到W_i的正交投影算子，由定理3.3，我们有

$$\sum_{i \in J} v_i^2 \| \pi_{W_i}(P_i f) \|^2 - \| \sum_{i \in J} v_i^2 \pi_{W_i}(P_i f) \|^2$$
$$= \sum_{i \in J^C} v_i^2 \| \pi_{W_i}(P_i f) \|^2 - \| \sum_{i \in J^C} v_i^2 \pi_{W_i}(P_i f) \|^2$$

因为$\pi_{W_i}(P_i f) = \pi_{W_i}^2(f) = \pi_{W_i}(f)$，所以结论成立.

4. 关于恒等式的讨论

子空间帕塞瓦尔框架恒等式的两边所具有的性质是一般子空间框架的情形无法比拟的，它具有一些令人惊奇的结论. 例如，若J是空集，则恒等式的左边为0，是因为

$$\sum_{i \in J} v_i^2 \| \pi_{W_i}(f) \|^2 = 0 = \| \sum_{i \in J} v_i^2 \pi_{W_i}(f) \|^2$$

右边也为0，却是因为

$$\sum_{i \in \mathrm{I}} v_i^2 \| \pi_{W_i}(f) \|^2 = \| f \|^2 = \| S_{W,v}(f) \|^2$$
$$= \| \sum_{i \in \mathrm{I}} v_i^2 \pi_{W_i}(f) \|^2$$

同样地，如果$|J| = 1$，恒等式左边的两项都任意趋近

于零,而右边的两项都近似地等于 $\|f\|^2$,并且两边不再精确地产生恒等式了.

若$\{W_i\}_{i\in I}$是H的关于$\{v_i\}_{i\in I}$的子空间帕塞瓦尔框架序列,则对 $\forall J\subset I, \forall f\in H$ 有

$$\|f\|^2=\sum_{i\in J}v_i^2\|\pi_{W_i}(f)\|^2+\sum_{i\in J^C}v_i^2\|\pi_{W_i}(f)\|^2$$

因此上述等式右边两项中总有一项要大于或等于 $\frac{1}{2}\|f\|^2$. 因此,由定理3.3有,对 $\forall J\subset I, \forall f\in H$,有

$$\begin{aligned}
&\sum_{i\in J}v_i^2\|\pi_{W_i}(f)\|^2+\|\sum_{i\in J^C}v_i^2\pi_{W_i}(f)\|^2\\
\geqslant&\sum_{i\in J^C}v_i^2\|\pi_{W_i}(f)\|^2+\|\sum_{i\in J}v_i^2\pi_{W_i}(f)\|^2\\
\geqslant&\|f\|^2
\end{aligned}$$

事实上,这个不等式的右边还可以再大.

定理4.1 没$\{W_i\}_{i\in I}$是H的关于$\{V_i\}_{i\in I}$的子空间帕塞瓦尔框架,则对 $\forall I\subset I, \forall f\in H$,有

$$\sum_{i\in J}v_i^2\|\pi_{W_i}(f)\|^2+\|\sum_{i\in J^C}v_i^2\pi_{W_i}(f)\|^2\geqslant\frac{3}{4}\|f\|^2$$

证 因为 $\|f\|^2=\|S_{W,v,J}f+S_{W,v,J^C}f\|^2\leqslant\|S_{W,v,J}f\|^2+\|S_{W,v,J^C}f\|^2+2\|S_{W,v,J}f\|\ \|S_{W,v,J^C}f\|\leqslant 2(\|S_{W,v,J}f\|^2+\|S_{W,v,J^C}f\|^2)$,于是得

$$\begin{aligned}
\langle(S_{W,v,J}^2+S_{W,v,J^C}^2f,f\rangle&=\|S_{W,v,J}f\|^2+\|S_{W,v,J^C}f\|^2\\
&\geqslant\frac{1}{2}\|f\|^2=\frac{1}{2}\langle \mathrm{Id}(f),f\rangle
\end{aligned}$$

即 $S_{W,v,J}^2+S_{W,v,J^C}^2\geqslant\frac{1}{2}\mathrm{I}d$,又因为 $S_{W,v,J}+S_{W,v,J}=\mathrm{I}d$,所以有 $S_{W,v,J}+S_{W,v,J}^2+S_{W,v,J^C}^2+S_{W,v,J^C}\geqslant\frac{3}{2}\mathrm{I}d$,把引

理2.3应用到$S = S_{W,v,J}$，$T = S_{W,v,J^C}$，得$S_{W,v,J} + S^2_{W,v,J^C} = S^2_{W,v,J} + S_{W,v,J^C}$，于是有$2(S_{W,v,J} + S^2_{W,v,J^C}) \geqslant \frac{3}{2}\mathrm{I}d$，所以对 $\forall f \in \mathrm{H}$，有

$$\begin{aligned}&\sum_{i\in J} v_i^2 \| \pi_{W_i}(f) \|^2 + \| \sum_{i\in J^C} v_i^2 \pi_{W_i}(f) \|^2 \\ &= \langle S_{W,v,J}f,f\rangle + \langle S_{W,v,J^C}f, S_{W,v,J^C}f\rangle \\ &= \langle (S_{W,v,J} + S^2_{W,v,J^C})f,f\rangle \geqslant \frac{3}{4}\|f\|^2\end{aligned}$$

如果我们能够选择两个不同的子空间序列把$\{W_i\}_{i\in\mathrm{I}}$延拓为一个子空间紧框架，那么这两个空间序列就有几个共同的性质.

定理4.2　设$\{W_i\}_{i\in\mathrm{I}}$是H的关于$\{v_i\}_{i\in\mathrm{I}}$的子空间框架. 假设$\{W_i\}_{i\in\mathrm{I}} \cup \{Z_i\}_{i\in K}$是关于$\{v_i\}_{i\in\mathrm{I}} \cup \{z_i\}_{i\in K}$的子空间$C$－紧框架，$\{W_i\}_{i\in\mathrm{I}} \cup \{U_i\}_{i\in L}$是关于$\{v_i\}_{i\in\mathrm{I}} \cup \{u_i\}_{i\in L}$的子空间$C$－紧框架，则下面的式子成立.

（ⅰ）对$\forall f \in \mathrm{H}$，$\sum_{i\in K} z_i^2 \|\pi_{Z_i}(f)\|^2 = \sum_{i\in L} u_i^2 \|\pi_{U_i}(f)\|^2$；

（ⅱ）对 $\forall f \in \mathrm{H}$，$\sum_{i\in K} z_i^2 \pi_{Z_i}(f) = \sum_{i\in L} u_i^2 \pi_{U_i}(f)$；

（ⅲ）$\mathrm{span}\{Z_i\}_{i\in K} = \mathrm{span}\{U_i\}_{i\in L}$.

证　对 $\forall f \in \mathrm{H}$，我们有

$$\begin{aligned}&\sum_{i\in\mathrm{I}} v_i^2 \| \pi_{W_i}(f) \|^2 + \sum_{i\in K} z_i^2 \| \pi_{Z_i}(f) \|^2 = C\|f\|^2 \\ &= \sum_{i\in\mathrm{I}} v_i^2 \| \pi_{W_i}(f) \|^2 + \sum_{i\in L} u_i^2 \| \pi_{U_i}(f) \|^2.\end{aligned}$$

于是得$\sum_{i\in K} z_i^2 \| \pi_{Z_i}(f) \|^2 = \sum_{i\in L} u_i^2 \| \pi_{U_i}(f) \|^2$.

同样地，$\sum_{i\in\mathrm{I}} v_i^2 \pi_{W_i}(f) + \sum_{i\in K} z_i^2 \pi_{Z_i}(f) = Cf =$

$\sum_{i\in I} v_i^2\pi_{W_i}(f) + \sum_{i\in L} u_i^2\pi_{U_i}(f)$，于是(ⅱ)成立.

由(ⅱ)知此 C－紧框架的两个子空间框架算子相等，易推出(ⅲ)成立.

注意到对任意的 H 上的正算子 T 来说，对 $\forall f\in$ H，$Tf=0\Leftrightarrow\langle Tf,f\rangle=0$. 又任意到帕塞瓦尔恒等式中一边为0的充要条件是另一边也为0，于是我们得到下面的结果.

定理 4.3　设 $\{W_i\}_{i\in I}$ 是 H 的关于 $\{v_i\}_{i\in I}$ 的子空间帕塞瓦尔框架，则 $J\subset I$，$\forall f\in$ H，下面条件是等价的.

(ⅰ) $\sum_{i\in J} v_i^2\|\pi_{W_i}(f)\|^2 = \|\sum_{i\in J} v_i^2\pi_{W_i}(f)\|^2$；

(ⅱ) $\sum_{i\in J^C} v_i^2\|\pi_{W_i}(f)\|^2 = \|\sum_{i\in J^C} v_i^2\pi_{W_i}(f)\|^2$；

(ⅲ) $\sum_{i\in J} v_i^2\pi_{W_i}(f) \perp \sum_{i\in J^C} v_i^2\pi_{W_i}(f)$；

(ⅳ) $f\perp S_{W,v,J}S_{W,v,J^C}f$；

(ⅴ) $S_{W,v,J}f = S_{W,v,J}^2f$；

(ⅵ) $S_{W,v,J}S_{W,v,J^C}f=0$.

证　(ⅰ)⇔(ⅱ)：由定理 3.3 即得.

(ⅲ)⇔(ⅳ)：由 $\langle \sum_{i\in J} v_i^2\pi_{W_i}(f), \sum_{i\in J^C} v_i^2\pi_{W_i}(f)\rangle = \langle S_{W,v,J}f, S_{W,v,J^C}f\rangle = \langle f, S_{W,v,J}S_{W,v,J^C}f\rangle$，即得.

(ⅴ)⇔(ⅵ)：由 $S_{W,v,J}^2f = S_{W,v,J}(\mathrm{I}d - S_{W,v,J^C})f = S_{W,v,J}f - S_{W,v,J}S_{W,v,J^C}f$ 立刻得到.

(ⅰ)⇔(ⅴ)：由

$$\sum_{i\in J} v_i^2\|\pi_{W_i}(f)\|^2 - \|\sum_{i\in J} v_i^2\pi_{W_i}(f)\|^2$$

$$= \langle S_{W,v,J}f,f\rangle - \langle S_{W,v,J}f, S_{W,v,J}f\rangle$$

$$= \langle (S_{W,v,J} - S_{W,v,J}^2)f,f\rangle$$

知 $S_{W,v,J} - S_{W,v,J}^2 \geqslant 0$,所以上述等式中右边为零当且仅当$(S_{W,v,J} - S_{W,v,J}^2)f = 0$,即(v)成立.

(i)⇒(iv):由(i)知$\langle S_{W,v,J}f,f\rangle = \langle S_{W,v,J}f, S_{W,v,J}f\rangle$,因此有$\langle (S_{W,v,J} - S_{W,v,J}^2)f,f\rangle = \langle S_{W,v,J}S_{W,v,J^C}f, f\rangle = 0$,即$f \perp S_{W,v,J}S_{W,v,J^C}f$.

(iv)⇔(vi):由于$\{W_i\}_{i\in I}$是子空间帕塞瓦尔框架,所以对 $\forall J \subset I, \forall f \in H$,运用引理2.2有

$$\langle S_{W,v,J}^2 f,f\rangle = \langle S_{W,v,J}f, S_{W,v,J}f\rangle$$

$$= \| \sum_{i\in J} v_i^2 \pi_{W_i}(f) \|^2 \leqslant \sum_{i\in J} v_i^2 \| \pi_{W_i}(f) \|^2$$

$$= \langle S_{W,v,J}f,f\rangle$$

这就说明$S_{W,v,J} - S_{W,v,J}^2 \geqslant 0$,又因为$S_{W,v,J} = S_{W,v,J}(S_{W,v,J} + S_{W,v,J^C}) = S_{W,v,J}^2 + S_{W,v,J}S_{W,v,J^C}$ 故有 $S_{W,v,J} - S_{W,v,J}^2 = S_{W,v,J}S_{W,v,J^C} \geqslant 0$, 因此$\langle S_{W,v,J}S_{W,v,J^C}f,f\rangle = 0$ 当且仅当 $S_{W,v,J}S_{W,v,J^C}f = 0$.

参考文献

[1] CHAN R H, RIEMENSCHNEIDER S D, SHEN L, SHEN Z. Tight frame: an efficient way for high - resolution image reconstruction[J]. Appl. Comput. Harmon. Anal., 2004,17:91 - 115.

[2] VALE R. WALDRON S. Tight frames and their symmetries[J]. Constr. Approx., 2005,21: 83 - 112.

[3] BALAN R. CASAZZA P G, EDIDIN D. Signal reconstruction without noisy phase[J]. Appl. Comput. Harmon. Anal. ,2006,20(6):345 - 356.

[4] BALAN R. CASAZZA P G, EDIDIN D, KUTYNIOK GITTA. Decompositions of frames and a new frame identity[J]. Proceedings of the SPIE. 2005,59(14):379 - 388.

[5] CHRISTENSEN O. An introduction to frames and Riesz bases[M]. Boston: Birkhauser, 2003,88 - 98.

[6] CASAZZA P G, KUTYNIOK G. Frames of subspaces[J]. Contemp. Math., 2004,345(2): 87 - 113.

[7] BALAN R, CASAZZA P G, EDIDIN D, KUTYNIOK G. A fundamental identity for Parseval frames[J]. Proceedings of the AMS, 2006,185(4):1007 - 1015.